Vereinbarungen

zur

einheitlichen Untersuchung und Beurtheilung

von

Nahrungs- und Genussmitteln

sowie Gebrauchsgegenständen

für das

Deutsche Reich.

Ein Entwurf

festgestellt

nach den Beschlüssen der auf Anregung des
Kaiserlichen Gesundheitsamtes einberufenen Kommission
deutscher Nahrungsmittel-Chemiker.

Heft II.

Springer-Verlag Berlin Heidelberg GmbH
1899.

Buchdruckerei von Gustav Schade (Otto Francke) Berlin N.

ISBN 978-3-642-98926-1   ISBN 978-3-642-99741-9 (eBook)
DOI 10.1007/978-3-642-99741-9

Softcover reprint of the hardcover 1st edition 1899

Vorwort.

Seit der Herausgabe des ersten Heftes der „Vereinbarungen" sind in dem Mitgliederbestande der Vereinigung mehrere Veränderungen zu verzeichnen. Der Ehrenpräsident der Vereinigung, Geheimer Hofrath Professor Dr. Remigius Fresenius und der Direktor der landwirthschaftlichen Versuchsstation zu Colmar i. E., Professor Dr. M. Barth wurden der gemeinsamen Arbeit durch den Tod entrissen. Freiwillig ausgeschieden ist Professor Dr. A. Stutzer (Breslau) wegen Aenderung seines Arbeitsgebietes. Neu eingetreten sind Regierungsrath Professor Dr. von Buchka (Berlin), zugleich als Mitglied des geschäftsführenden Ausschusses, und Geheimer Regierungsrath Professor Dr. M. Delbrück (Berlin).

Die dritte Plenar-Versammlung der Vereinigung fand am 5. und 6. August 1897 in Eisenach statt; an derselben nahm ausser den ständigen Mitgliedern noch der Chemiker Dr. Metzger aus Nürnberg als Referent für den Abschnitt Essig Theil. Berathen wurden die Abschnitte Mehl und Brot, Gewürze, Essig, Honig, Thee, Kakao und Chokolade, sowie Tabak.

An der vierten Plenar-Versammlung, die am 2. und 3. November 1898 in Berlin stattfand, nahmen ausser den ständigen Mitgliedern Theil: als Referenten der bayerischen Vereinigung: Ober-Inspektor Dr. Röttger-Würzburg, Inspektor Dr. Schlegel-Nürnberg und Dr. Weigle-Nürnberg; als Mitverfasser einzelner Abschnitte: Professor Dr. Herzfeld (Zucker), Professor Dr. Hintz (Wasser), Regierungsrath Dr. Ohlmüller (Wasser), Professor Dr. Reinke (Bier), Professor Dr. Saare (Stärkezucker); ausserdem vom Kaiserlichen Gesundheitsamte: Dr. Busse, Dr. Kerp, Dr. Rost. In dieser Tagung wurde über die Abschnitte Zucker, Zuckerwaaren, Fruchtsäfte und Gelées, Gemüse und Fruchtdauerwaaren, künstliche Süssstoffe, Branntweine und Liköre, Wasser und Bier Beschluss gefasst.

In das vorliegende zweite Heft der „Vereinbarungen" haben Aufnahme gefunden die Abschnitte Mehl und Brot, Gewürze, Essig,

Zucker (Rübenzucker, Stärkezucker, Stärkesyrup), Zuckerwaaren, Fruchtsäfte und Gelées, Gemüse- und Fruchtdauerwaaren, Honig, Branntweine und Liköre, künstliche Süssstoffe und Wasser.

Für das noch ausstehende dritte Heft der „Vereinbarungen" sind die Abschnitte Bier, Kaffee, Thee, einschliesslich Mate, Kakao und Chokolade, Tabak, Luft und Gebrauchsgegenstände vorbehalten. Von diesen sind Bier, Thee einschliesslich Mate, Kakao und Chokolade sowie Tabak bereits berathen und liegen in druckfertigen Entwürfen vor. Auch von den übrigen Abschnitten sind die Entwürfe bereits ausgearbeitet und an die Mitglieder der Kommission vertheilt; sie werden auf die Tagesordnung der nächsten Plenar-Versammlung, die in Leipzig stattfinden soll, gesetzt werden.

Der Vorsitzende:

Wirklicher Geheimer Oberregierungsrath Dr. Köhler,
Direktor des Kaiserlichen Gesundheitsamts.

Der geschäftsführende Ausschuss:

Regierungsrath Professor Dr. von Buchka,
Hofrath Professor Dr. Hilger,
Geheimer Regierungsrath Professor Dr. König.

Inhalt.

Honig.

Branntweine und Liköre.

Künstliche Süssstoffe.

Wasser.

Mehl und Brot.

Referent des Ausschusses: **A. Hilger.**
Referenten und Verfasser: **L. Wittmack, A. Halenke, W. Möslinger.**

I. Rohstoffe.

1. Weizen. Botanisch zerfällt der angebaute Weizen, Triticum vulgare,
in 2 Gruppen: 1. Nackte Weizen mit zäher Aehrenspindel, bei denen das Korn
beim Dreschen aus den beiden Spelzen der Blüthe herausfällt; 2. bespelzte
Weizen mit brüchiger Aehrenspindel, bei denen das Korn von den Spelzen umgeben bleibt und die ganze Aehre in die einzelnen Aehrchen zerbricht. Letztere
sind jedenfalls die ursprünglicheren, doch können sie nicht gut Gegenstand des
Welthandels sein, da sie zu viel Raum einnehmen.

Von den nackten Weizen unterscheidet man 3 Unterarten, die man auch
als eigene Arten ansehen kann: 1. Triticum vulgare im engeren Sinne oder
gemeiner Weizen, auch Triticum sativum genannt, die am meisten gebaute Art;
2. Triticum turgidum, bauchiger oder sogen. englischer Weizen; 3. Triticum
durum, Hartweizen, im Süden gebaut, wo auch Triticum turgidum mehr gebaut
wird als im Norden. Triticum vulgare, der gemeine Weizen, wird deshalb am
meisten benutzt, weil in ihm das Verhältniss der stickstoffhaltigen Substanz zur
stickstofffreien das für die Ernährung günstigste ist, etwa wie $13 : 65\,\%$ in der
lufttrockenen Substanz; dagegen ist der Proteïngehalt des englischen Weizens meist
zu niedrig, bei der wegen ihrer hohen Erträge in der Provinz Sachsen viel gebauten,
hierher gehörigen Sorte „Rivett's bearded“, kurzweg „englischer Rauhweizen“ genannt, mitunter nur $6—8\,\%$. M. Märcker fand im Mehl desselben nur $18{,}5\,\%$ feuchten
Kleber, gleich $5{,}07\,\%$ trockenen, dagegen in einem Mehl von einem zu Triticum
vulgare gehörenden Sommerweizen $35{,}1\,\%$ feuchten oder $9{,}08\,\%$ trockenen Kleber.
— Andererseits ist der Proteïngehalt des Hartweizens, Triticum durum, wieder zu
hoch, oft $18—20\,\%$, selbst bis $24\,\%$. Letzterer Weizen ist dagegen ausgezeichnet
zur Fabrikation von Nudeln, und die südeuropäischen Maccaroni verdanken ihm
ihre Vorzüglichkeit. Bis vor einigen Jahren war man in Deutschland nicht in
der Lage, Hartweizen mahlen zu können, jetzt aber hat man die Maschinen dazu
eingerichtet und vermahlt ihn besonders zu Gries. Zu Gries wird auch der
englische Rauhweizen, der übrigens wegen seiner geringen Backfähigkeit von dem
Terminhandel, als dieser noch bestand, ausgeschlossen war, bei uns viel verarbeitet.

Eine sichere Unterscheidung der Körner von Triticum vulgare und Triticum
turgidum ist nicht immer möglich, obwohl das für die Entscheidung der Frage,
ob ein gewöhnlicher Weizen mit Rauhweizen vermengt ist, wichtig wäre. Der

bei uns gebaute Rauhweizen hat immer „rothe“, d. h. in Wirklichkeit gelb-rothe Körner, die aber auch beim gewöhnlichen Weizen bekanntlich bei vielen Sorten vorkommen. Das Hauptmerkmal ist die dickbauchige Gestalt und die tiefe Furche des Kornes bei Triticum turgidum, das dabei ziemlich kurz ist. Die südlichen Sorten des Triticum turgidum sind durchaus nicht immer mehlig, wie auch bei uns auf gewissen Bodenarten, oder wenn die Reife nicht vollständig war, die Körner glasig bleiben. Andererseits giebt es einige wenige Hartweizen. besonders in Egypten, welche mehlig sind; im Uebrigen sind diese alle glasig.

In der Gruppe der bespelzten Weizen giebt es auch drei Unterarten oder Arten:

1. **Triticum Spelta**, Spelz oder Dinkel, 2. **Triticum dicoccum**, oder **Triticum amyleum**, Zweikorn oder Emmer, 3. **Triticum monococcum**, Einkorn. — Spelz und Emmer werden viel in Süddeutschland gebaut und geben ein sehr gutes, backfähiges Mehl; der unreife Spelz dient gedörrt als **Grünkern** zur Herstellung von Suppen. Das Einkorn wird auf geringem Boden, in Höhen-lagen kultivirt, bei uns fast nur in Thüringen und Süddeutschland, aber auch dort nur stellenweise, da es ein dunkles Mehl liefert. Am ausgedehntesten ist sein Anbau in Spanien, wo es besonders als Pferdefutter dient.

Eine eigene Art ist **Triticum polonicum**, der aber sehr selten vor-kommt. (Der polnische Weizen des Handels ist Triticum vulgare.) Seine Spelzen sind sehr gross und papierartig, sein Korn sieht aus wie ein sehr grosses Roggen-korn und wird zuweilen, jetzt sehr selten, als Riesenroggen angepriesen, ist aber ganz werthlos. In Zweifelfällen mache man mit einem scharfen Messer einen Quer-schnitt durch das Wurzelende des Korns und betrachte den Querschnitt mit der Lupe; alle Weizen, also auch Triticum polonicum, zeigen 3, der echte Roggen aber 4 Würzelchen.

Handelssorten des gewöhnlichen Weizens.

Im Grosshandel unterscheidet man den gewöhnlichen Weizen, Triticum vulgare, meist nach seiner Herkunft, als polnischen, pommerschen, russischen, argentinischen etc., ferner nach seiner Farbe als weissen, gelben, rothen und bunten Weizen. Die weissen Weizen sind nicht rein weiss, sondern weisslich-gelb, die bunten weniger ein Gemisch von rothen und gelben, als von glasigen und meh-ligen rothen Körnern. Weisse und gelbe, sowie auch viele rothe Weizen sind sehr mehlig, daher reich an Stärke, und geben, namentlich die weissen, ein sehr weisses Mehl; aber dasselbe enthält oft weniger Kleber und ist deswegen nicht sehr backfähig. Der Müller zieht glasige oder wenigstens halbglasige Weizen, die erfahrungsgemäss mehr Kleber enthalten, vor und ist oft genöthigt, verschiedene Sorten zu mischen, um seinen Kunden immer annähernd das gleiche Mehl zu liefern. Er prüft beim Einkauf die Körner durch Zerschneiden oder Zerbeissen, ob sie mehlig, halbglasig oder glasig sind. Die Backfähigkeit ermittelt er noch besser durch Zerkauen der Körner; ein kleberreicher Weizen lässt sich wie Gummi kauen. — Eine genauere Prüfung erfolgt durch Auswaschen des Klebers aus dem Mehl. (Siehe unten bei Weizenmehl.) Kleine Körner sind meist kleber-reicher als grosse, Sommerweizen schon aus diesem Grunde kleberreicher als Winterweizen. Die Stärkekörner des Weizens sind von zweierlei Art: Grosskörner von linsenförmiger Gestalt, und Kleinkörner von rundlicher oder eckiger Form, diese öfter zu 2, 3 oder mehreren zusammengesetzt.

2. Roggen. Vom Roggen wird nur eine Art: Secale cereale, gemeiner Roggen, gebaut; die einzelnen Sorten sind botanisch kaum zu unterscheiden und werden im Handel meist nur nach ihrer Herkunft bezeichnet. Die Farbe der Roggenkörner ist entweder gelbgrau oder blaugrau (grünlichblau); letzteres beruht auf einem blauen Farbstoff in den Kleberzellen, wie man am besten auf einem Flächenschnitt von der Schale, den man nicht in Wasser, sondern in Nelkenöl betrachtet, sieht. Der Mehlkörper ist bei $^2/_3$ der Körner glasig, doch ist das äusserlich nicht erkennbar. Die Stärkekörner sind wie beim Weizen, die Grosskörner aber zum Theil grösser und oft mit einfacher oder kreuzförmiger Spalte im Innern.

3. Gerste. Von der Gerste unterscheidet man drei Arten: Hordeum hexastichum, sechszeilige, Hordeum tetrastichum, vierzeilige, Hordeum distichum, zweizeilige Gerste. Erstere beiden führen im Handel den Namen: kleine Gerste, letztere den Namen: grosse Gerste. Mitunter kommt es darauf an, zu entscheiden, welche von beiden vorliegt, oder ob eine grosse Gerste mit kleiner Gerste gemischt ist, wie das vor einigen Jahren bei Gersten aus den Donauländern öfter der Fall war. Der Brauer will nämlich grosse Gerste, da sie reicher an Stärkemehl ist und daher mehr Extrakt liefert. Meist sind die kleinen Gersten flacher im Korn, mit breitem, plattem Rücken und einem breiten, platten Grannenrest; das sicherste Kennzeichen sind aber die bei ihnen vielfach vorhandenen, etwas spiralig gedrehten, sozusagen „windschiefen" Körner. Dies sind die Körner der 4 seitlichen Reihen, während die Körner der beiden Mittelreihen gerade sind. Letztere sind bei der grossen oder zweizeiligen Gerste allein entwickelt. Von zweizeiligen Gersten giebt es wieder nickende (die meisten) und aufrechte (Imperialgerste). Letztere ist nicht so beliebt, obwohl sie schön aussieht. Man erkennt sie an der Querfurche an der Basis auf der Rückenseite; die nickenden Gersten sind dort abschüssig. Unter den nickenden unterscheidet man wieder Landgersten und veredelte Gersten, die im Grosshandel fast alle unter dem Namen Chevalier-Gerste gehen. Die Landgersten haben auf der Furchenseite eine längere, stark behaarte Basalborste (Stielchen einer zweiten, nicht entwickelten Blüthe), die veredelten Gersten eine schwach behaarte, was man unter der Lupe deutlich sieht.

Die Gerste wird ausser zur Bierbereitung hauptsächlich zur Graupenfabrikation benutzt; das dabei abfallende Mehl wird mitunter dem Roggenmehl zugesetzt und bewirkt dann, dass das Brot sich nicht gut bäckt oder doch, dass dasselbe bald trocken wird. Bekanntlich sind bei der Gerste die Spelzen mit dem Korn verwachsen; es giebt jedoch auch nackte Gersten, die indess bei uns im Grossen gar nicht, und auch sonst nur selten gebaut werden. Solche nackten Gerstenkörner kann man von andern nackten Getreidekörnern, namentlich Weizen, dadurch unterscheiden, dass sie einen kahlen Scheitel haben. Ihre Farbe ist entweder bräunlich-gelb, graublau oder schwarzblau. Der blaue Farbstoff liegt wie beim Roggen und auch beim blauen Mais in den Kleberzellen, die bei der Gerste in drei Reihen (nicht in einer) hinter einander liegen. Die Stärkekörner sind wie beim Weizen, aber die Grosskörner etwas kleiner.

Bei keiner Getreideart ist es von so grosser Wichtigkeit zu prüfen, ob der Mehlkörper glasig oder mehlig ist, als bei der Gerste. Der Brauer will mehlige Gerste, der Brenner glasige, da letztere mehr Proteïn enthält und mehr Diastase liefert. Braugerste hat aber bekanntlich meist einen viel höheren Preis als Brenngerste, daher ist es viel wichtiger, mehlige Gersten zu erzeugen. Die Mehligkeit hängt aber nicht nur von der Sorte und von der Düngung, sondern viel mehr von der Witterung und dem Klima überhaupt ab.

Prüfung auf Glasigkeit. Diese erfolgt am einfachsten mit dem von Paul Grobecker in Artern, Thüringen, hergestellten Gerstenprober, einem Instrument, welches gestattet, 50 Körner auf einmal zu durchschneiden.

Aehnlich wie der Grobecker'sche Gerstenprober ist das Farinotom von Emil Printz, Karlsruhe in Baden, und am bequemsten der Kornprüfer von Direktor P. Heinsdorf in Hannover, sowie der von Pohl.

Dürfen die Körner nicht verletzt werden, so benutze man das Princip des Eierprüfers; man fertige sich eine schwarze Pappröhre, die unten in einem Ausschnitt einen Spiegel trägt, auf den der Schein eines Lichtes fällt. In das obere Ende der senkrecht zu stellenden, etwa 20—25 cm langen Röhre stecke man ein Becherglas, das aussen mit Seidenpapier beklebt ist, bringe die Körner auf den Boden des Becherglases und schaue von oben hinein: die mehligen Körner erscheinen schwarz, die glasigen durchscheinend, die halbglasigen lassen oft genau die mehligen Theile von den glasigen unterscheiden. Ein grösserer Apparat ist das von von Neergard erfundene, auf demselben Princip beruhende, aber sehr theure Diaphanoskop. Einfacher ist Stutzer's Apparat[1]).

4. Hafer. Von Hafer wird nur eine Art gebaut: Avena sativa, der Rispenhafer. Die früher als eigene Art angesehene Avena orientalis, der Fahnenhafer, wird jetzt nur als Unterart des Rispenhafers angesehen, da viele Uebergänge vorkommen. Der Hafer dient ausser zu Pferdefutter bei uns besonders zur Darstellung von Grütze, neuerdings auch zur Bereitung von Suppenmehlen. Das Korn ist bekanntlich von den Spelzen umschlossen, wie bei der Gerste, doch nicht mit ihnen verwachsen. Es giebt auch nackten Hafer, derselbe wird jedoch bei uns nicht, und überhaupt nur selten gebaut. Die Stärkekörner sind zusammengesetzt, zum Theil aber in die kleinen eckigen Theilkörner zerfallen.

5. Mais. Die einzige Art des Maises, Zea Mays zerfällt in mehrere Unterarten und diese wieder in viele Varietäten. Im Handel werden nur unterschieden gemeiner oder gewöhnlicher Mais und Pferdezahnmais, beide wieder mit Bezeichnung der Herkunft, sowie auch der Früh- oder Spätreife und der Farbe, im Samenhandel auch noch der Zuckermais, der halbreif wie grüne Erbsen (Schoten) gegessen wird. Der Pferdezahnmais hat bekanntlich an der Spitze des Kornes eine Vertiefung, die den sogenannten Kunden an den Schneidezähnen des Pferdes nicht unähnlich ist. Der Zuckermais besitzt Körner, die im reifen Zustande ganz verschrumpft aussehen, in ihnen ist die Stärke zum grössten Theil in einem amorphen Zustande enthalten und giebt die Reaktionen des Amylodextrins. Die Farbe der Maiskörner ist weiss, gelb oder roth, seltener blau, im letzteren Falle ist die Färbung durch die blauen Kleberzellen wie bei Roggen und Gerste hervorgerufen. Der Mehlkörper erscheint am Rande gewöhnlich glasig, oft bis weit ins Innere hinein, ein Theil im Innern ist aber stets mehlig. Die Glasigkeit ist hier aber nicht durch einen höheren Proteïngehalt bedingt, wie bei Weizen und Gerste, sondern durch die dichtere Aneinanderlagerung der Stärkekörner, welche im äussern Theile eckig, im Innern mehr abgerundet und etwa so gross wie die der Gerste, aber mit einer centralen Höhlung (Kern) versehen sind.

––––––––––––

[1]) Journ. f. Landwirthschaft 1896, S. 97.

6. Reis. Die Körner des Reises, Oryza sativa, sind von den harten, an Kieselerde reichen Spelzen umgeben, elliptisch, stark von der Seite zusammengedrückt. Die Spelzen wurden früher meist erst in Europa in besonderen Reismühlen entfernt; jetzt geschieht das gewöhnlich schon im Ursprungslande. Die eigentliche Kornschale, das sogenannte Silberhäutchen, wird jedoch erst bei uns in besonderen Reismühlen entfernt, da der seiner Schale beraubte Reis auf der Seereise von seinem angenehmen Geschmack verlieren soll. Nach der Entfernung des Silberhäutchens werden die Körner polirt und so der Tafelreis gewonnen. Vor dem Schälen wird der Bruchreis ausgeschieden, der meist zur Stärkefabrikation dient. Beim Schälen wird auch der sehr fettreiche Keim entfernt, und dieser nebst den entstehenden mehligen Abfällen und dem Silberhäutchen bildet das Reisfuttermehl. Der Mehlkörper ist meist ganz oder theilweise glasig, im Bruch glänzend, nur bei der in Europa wenig eingeführten Unterart, dem Klebreis, Oryza sativa glutinosa, stearinartig und matt. Die Stärkekörner sind klein, vieleckig, oft wie beim Hafer zusammengesetzt und sehr dicht gelagert. Die Stärkekörner des Klebreises färben sich mit wässeriger Jod-Jodkaliumlösung nicht blau, sondern braun, geben also die Reaktion des Amylodextrins.

7. Hirse. Man unterscheidet Rispenhirse, Panicum miliaceum, und Kolbenhirse, Panicum italicum (Syn. Setaria italica). Die Bluthirse, Panicum sanguinale, nicht zu verwechseln mit einer blutrothen Sorte der gewöhnlichen Rispenhirse, wird selten gebaut. Die Frucht der Hirsen ist eng von den pergamentartigen Spelzen umschlossen; diese Scheinfrucht, gewöhnlich Korn genannt, ist bei der Rispenhirse eiförmig, vom Rücken her zusammengedrückt, spitzlich, 3 mm lang, 2 mm breit, stark glänzend, weiss oder roth, die entspelzte eigentliche Frucht breit oval, abgerundet, etwas vom Rücken her zusammengedrückt, an den Kanten abgerundet, glatt und weiss. — Die Scheinfrucht, d. h. die noch von den Spelzen umgebene Frucht der Kolbenhirse ist eiförmig oder länglich eiförmig, ziemlich mattglänzend, selten matt, 2—2,5 mm lang, 1,3—1,5 mm breit und meist weisslichgelb. Die äussere Spelze ist überall, die innere auf dem Mittelfelde, und hier sehr deutlich, mit sehr kleinen, in Querreihen stehenden Höckerchen versehen. Sie unterscheidet sich ferner von der Rispenhirse dadurch, dass sie an der Basis der äusseren Spelze eine kleine Platte, welche von zwei niedrigen Seitenwülsten eingefasst ist, aufweist. Die Frucht selbst ist bei der Kolbenhirse breit-eiförmig und abgerundet oder kugelig, der Keim, bezw. die Keimgrube ist eiförmig-länglich und reicht bis über die Mitte der Frucht, während er bei der Kolbenhirse breit ist und nur die halbe Länge der Frucht erreicht. Die Stärkekörner sind bei beiden klein und vieleckig.

8. Mohrenhirse. Andropogon Sorghum oder Sorghum vulgare. Diese Frucht kommt unter den Namen Dari, Durra, Besenkorn, Zuckerhirse u. s. w. jetzt immer mehr in den europäischen Handel. Meist ist sie nicht mehr von den Spelzen umgeben und dann verkehrt eiförmig, an der Spitze abgerundet, mit den etwas seitlich stehenden Griffelresten gekrönt, bei andern Sorten breit lanzettlich, bei noch andern oval oder fast kreisförmig und flacher. Stets ist sie matt. Der Mehlkörper hat manche Aehnlichkeit mit dem des Maises, indem er im äussern Theile mehlig, im innern glasig ist. Die Stärkekörner haben wie beim Mais eine centrale Höhlung oder Spalte und sind wie bei diesen im äusseren Theile des Mehlkörpers vieleckig, im innern rundlich.

9. Buchweizen. Bei uns wird fast nur der gemeine Buchweizen, Fago-

pyrum esculentum Moench, oder Polygonum Fagopyrum L. gebaut, selten
der durch ausgeschweift-gezähnte Kanten seiner Frucht sich unterscheidende
tatarische Buchweizen, Fagopyrum tataricum. Letzterer findet sich aber mitunter in eingeführtem, besonders russischem Buchweizen. Der Buchweizen dient
entweder zur Bereitung von Mehl oder von Grütze. Seine holzige braune Fruchtschale wird vorher entfernt und dient meist nur als Packmasse. Die Samenschale
ist dünn, die Stärkekörner des Mehlkörpers sind zusammengesetzt und sehr klein.

10. Hülsenfrüchte. Die Hülsenfrüchte, welche zur menschlichen Nahrung
bei uns dienen, zeichnen sich neben ihrem Reichthum an Stärkemehl alle auch
durch hohen Proteïngehalt aus. Die Stärkekörner sind bei allen mit einer
grossen, meist zackigen Kernhöhle versehen und deutlich geschichtet. Im Uebrigen
sind sie bei jeder Art etwas anders gebaut, meist nierenförmig oder oval. Die
Wände der Zellen, in denen die Stärkekörner liegen, also die der grossen dicken
Kotyledonen, sind viel dickwandiger als bei den Getreidearten und oft an den
Ecken stark quellbar. Dadurch fällt Hülsenfruchtmehl, welches einem Getreide-
mehl zugesetzt ist, ebenfalls leicht auf. Charakteristisch sind ferner die langen,
schmalen, mit einer tangential durchlaufenden „Lichtlinie" versehenen Pallisadenzellen der Oberhaut der Samenschale, die sich hin und wieder auch finden, obwohl die zu Mehl verwendeten Hülsenfrüchte vorher geschält werden. Ueber
die Erkennung der einzelnen Arten siehe: Wiesner, Rohstoffe des Pflanzenreiches, Wien 1872; Möller, Mikroskopie der Nahrungsmittel; Tschirch, Angewandte Pflanzen-Anatomie; derselbe, Atlas der Pharmakognosie; Schimper,
Anleitung zur mikroskop. Untersuchung der Nahrungsmittel, Jena 1886; König,
Chemie der menschlichen Nahrungsmittel, 3. Aufl. und viele andere Werke.

Verfälschungen und Verunreinigungen der Rohstoffe.

Verfälschungen des rohen Getreides oder der Hülsenfrüchte
kommen selten vor, abgesehen davon, dass öfter verschiedene Sorten einer
und derselben Art mit einander gemengt werden. Beim Getreide ist das
Mischen theilweise nothwendig (siehe oben beim Weizen). Als eine Verfälschung wird gewöhnlich das Anfeuchten oder Netzen des Getreides bezeichnet und ebenso das nur selten vorkommende Oelen. Ersteres
würde nöthigenfalls durch eine Wasserbestimmung zu ermitteln sein; das
Oelen ist aber schwerer zu erkennen. Methoden und Kritik siehe bei
König, Untersuchung landwirthschaftlich und gewerblich wichtiger Stoffe,
2. Aufl. S. 249. — Einen gewissen Anhalt giebt das einstündige Einlegen in
Wasser; geölter Weizen ist dann nicht so gequollen als ungeölter, weil das
Wasser schwerer in ihn eindringt. Bei Hülsenfrüchten wird mitunter über-
jährige Waare mit der neujährigen versetzt, was dann ein ungleiches Garkochen
veranlasst. Man würde das durch einen Keimungsversuch ermitteln können.

Desto häufiger sind in den Rohstoffen Verunreinigungen. Unkrautsamen, Mutterkorn, Brandsporen etc. finden sich vielfach, vor allem aber
auch andere Getreidearten. So ist der Roggen, namentlich aus Gegenden
mit nicht sehr hoher Kultur, wie z. B. der aus dem südöstlichen Europa,
oft mit 5, selbst bis 8 % Weizen verunreinigt, der so kleinkörnig ist, dass
er durch die Sortirmaschinen nicht ganz entfernt werden kann.

II. Mehl und Brot.

A. Vorbemerkungen.

1. Begriffserklärung und Charakteristik.

Unter Mehl im engeren Sinne versteht man die durch den technischen Betrieb hergestellten Mahlerzeugnisse der Getreidearten. Von diesen Mahlerzeugnissen kommen für den Nahrungsmittelchemiker hauptsächlich Roggen- und Weizenmehl in ihren verschiedenen Feinheitsgraden in Betracht.

Die Mahlerzeugnisse des Hafers haben in der Gegenwart wesentliche Bedeutung nur für die Kinderernährung, und das Gerstenmehl findet rein nur ab und zu noch auf dem Lande in der Hausbäckerei Verwendung.

Nur untergeordnete Bedeutung für den Nahrungsmittelchemiker besitzen die Mahlerzeugnisse der Leguminosen und die aus Reis, Mais, Kartoffeln u. s. w.

Die aus den Mehlen verschiedener Feinheitsgrade in der Bäckerei unter Anwendung von Lockerungsmitteln hergestellten Erzeugnisse heissen „Brot" oder „Brotwaaren".

Obwohl man aus allen Getreidearten Mehl gewinnen kann, werden zur Brotbereitung meist nur Weizen und Roggen benutzt, da die übrigen theils kein lockeres, theils kein schmackhaftes Brot liefern.

2. Verunreinigungen und Verfälschungen.

Als Verunreinigungen der Mehle haben wir in erster Linie die verschiedenen Unkrautsamen als die ständigen Begleiter des Roggens und Weizens zu berücksichtigen, ferner auch die Verunreinigungen parasitärer Herkunft. Zu den ersteren gehören als die wichtigsten: Samen von Agrostemma, Lolium, Melampyrum, Rhinanthus, Polygonum und in Oesterreich nach Vogl Bifora radians, ein Doldengewächs, zu den letzteren das Mutterkorn (Secale cornutum) und die verschiedenen Gattungen der Brandarten (Ustilago, Tilletia, Urocystis). — Daneben sind auch die häufig vorkommenden Samen der Leguminosen (u. a. Vicia) zu nennen. Endlich sind noch als Verunreinigungen Sand, Mühlstaub, Schmutz und Mäusekoth zu erwähnen, ebenso die durch fehlerhafte Mahlvorrichtungen gelegentlich in das Mehl gelangenden metallischen Beimengungen, z. B. Blei.

Naturgemäss können sich alle die genannten Verunreinigungen auch im Brote finden.

Verfälschungen des Mehles, bezw. Brotes von praktischer Bedeutung sind:

a) Zusätze, welche eine Gewichtsvermehrung bewirken, als da sind:

1. Mineralstoffe, und zwar insbesondere gemahlener Gyps, Schwerspath, Kreide, Magnesit, Magnesiasilikat (holl. Kunstmehl), Thon- und Infusorienerde. (Alle diese Zusätze kommen jetzt wohl gar nicht mehr oder nur sehr selten vor.)

2. Mehle oder Mahlerzeugnisse aus Hülsenfrüchten und Mais. Hierbei ist jedoch zu berücksichtigen, dass in der Neuzeit Mehl von Pferdebohnen (Vicia Faba) als sogenanntes „Kastormehl" bisweilen zur Aufbesserung von Mehlen Verwendung findet.

3. Beimischungen von Mehlen anderer Getreidearten, als der Bezeichnung des betreffenden Mehles entspricht.

b) Zusätze, welche die Verschleierung der schlechten Beschaffenheit des Mehles bezwecken. Hierher gehören Alaun und andere Thonerdesalze, ferner Kupfer- und Zinksulfat. Letztere spielen deshalb auch in den „Backpulvern" eine Rolle.

3. Fehlerhafte Beschaffenheit.

Die fehlerhaften Eigenschaften des Mehles: dumpfiger Geruch, Ranzigkeit, mangelnde Griffigkeit, schlechte oder mangelhafte Backfähigkeit können herrühren von:

1. klimatischen Einflüssen auf das Getreide selbst (Auswachsen des Getreides),

2. Fehlern im Mühlenbetriebe (z. B. Verbrennen des Mehles bei zu starker Mahlung, Verschmieren),

3. fehlerhafter Aufbewahrung des Getreides, sowie des Mehles selbst, und infolge davon Auftreten und Entwickelung von Milben und Mikroorganismen mit allen Folgenerscheinungen,

4. der Art des Getreides (Mehl aus Rauhweizen backt sich schlecht).

Eine fehlerhafte Beschaffenheit des Brotes kann entweder durch die für die Mehle bereits unter 1. bis 4. aufgeführten Verhältnisse oder durch falsch geleiteten Fermentations- und Backprocess verursacht werden. Solche Fehler sind: Auftreten von Wasserstreifen, Losreissen der Krume, zu feuchte, dichte, porenarme Beschaffenheit, Uebermass von Säure.

Veränderungen des Brotes können auftreten als Folge ungeeigneter Aufbewahrung und in weiterer Wirkung der fehlerhaften Beschaffenheit der verwendeten Mehle und deren Behandlung in der Bäckerei. Solche Erscheinungen sind das Auftreten von Schimmel, Verfärbungen und Zersetzung unter dem Einflusse von Bakterien.

B. Chemische und mechanische Untersuchung.

I. Uebersicht der nothwendigen und wünschenswerthen Bestimmungen.

1. Mehl.

Der chemischen Untersuchung hat eine Feststellung der äusseren Beschaffenheit des Mehles, soweit sie durch die Sinne wahrnehmbar ist (organische Prüfung) vorauszugehen. Hierzu leistet unter anderen das sogenannte Pekarisiren gute Dienste.

Die Untersuchung selbst muss sich nach den Erfordernissen des Einzelfalles richten. In Betracht kommen gewöhnlich:

1. Bestimmung des Wassergehalts;
2. Bestimmung der Gesammtasche und, wenn nöthig, des in Salzsäure unlöslichen Theiles der Asche;

ferner unter Umständen:

3. Bestimmung des Säuregehaltes;
4. Bestimmung der Proteïnstoffe;
5. Bestimmung der Gesammtmenge der Kohlenhydrate und der Stärke;
6. Bestimmung des Zuckers;
7. Bestimmung des Fettes;
8. Bestimmung der Rohfaser.

In besonderen Fällen sind erforderlich:

9. der Nachweis von Mutterkorn bezw. Unkrautsamen;
10. der Nachweis von Alaun, Kupfer, Zink und Blei.

Handelt es sich um Ermittelung der Tauglichkeit der Mehle zu Backzwecken (Backfähigkeit), so können ausser den Bestimmungen 1.—3. noch aufklärend zur Seite stehen:

11. die Bestimmung des Klebers (bei Weizenmehlen);
12. die Teigprobe;
13. die Verkleisterungsprobe;
14. die diastatische Probe;
15. die Backprobe.

Zur Feststellung der äusseren Eigenschaften, sowie der Identität von Mehlen, ferner des Feinheitsgrades derselben, zum Nachweise des Weizenmehles im Roggenmehle, endlich zur Erkennung der Milben können dienen:

16. das Pekarisiren;
17. die Siebprobe;
18. die Bamihl'sche Probe;
19. die Milbenprobe.

2. Brot.

Auch hier muss der chemischen Untersuchung eine Feststellung der äusseren Eigenschaften vorangehen.

Die chemische und mechanische Untersuchung erstreckt sich auf:

1. Bestimmung des Wassergehaltes;
2. Bestimmung der Gesammtasche; wenn nöthig, die Bestimmung des in Salzsäure unlöslichen Theiles der Asche;
3. Bestimmung des Säuregehaltes;
4. Nachweis von Alaun, von Kupfer- und Zinksalzen;
5. wenn erforderlich, Bestimmung der gesammten Nährstoffe;
6. wenn erforderlich, Feststellung des Verhältnisses zwischen Krume und Rinde, Bestimmung von Porenvolumen, Trockenvolumen und Porengrösse.

II. Methoden für die chemische und mechanische Untersuchung.

1. Mehl.

1. Bestimmung des Wassergehaltes.

(Siehe „Allgemeine Untersuchungsmethoden", Vereinbarungen Heft I. S. 1 u. ff.)

2. Bestimmung der Gesammtasche und des in Salzsäure unlöslichen Theiles der Asche.

(Siehe „Allgemeine Untersuchungsmethoden", Vereinbarungen Heft I. S. 17 u. 18.)

Bei sehr schwer veraschbarem Mehle kann die ausgelaugte Kohle mit salpetersaurem Ammon verbrannt werden. Handelt es sich bei einem Mehle um die Ermittelung des in Salzsäure unlöslichen Theiles der Asche (Sand etc.), so wird die erhaltene Asche mit verdünnter Salzsäure (10procentiger) in der Wärme behandelt. Der so verbleibende Rückstand wird abfiltrirt, ausgewaschen, geglüht und gewogen. Die Differenz zwischen der Gesammtasche und dem erhaltenen Rückstande ist die Menge der in Salzsäure löslichen Bestandtheile.

Zur vorläufigen Orientirung über das Vorhandensein grösserer Mengen von Mineralstoffen in Mehlen kann auch die sogenannte Chloroformprobe dienen, bei deren Ausführung 2 g Mehl mit 30 ccm Chloroform geschüttelt werden, wobei sich die künstlich zugesetzten oder als Verunreinigung vorhandenen Mineralstoffe nach kurzer Zeit zu Boden setzen, während das reine Mehl sich der Hauptmenge nach an der Oberfläche sammelt.

3. Bestimmung des Säuregehaltes.

Eine genaue Methode zur Bestimmung der verschiedenen Säuren im Mehl besteht zur Zeit nicht[1]).

---

[1]) Nach Hilger und Günther (Mittheilungen aus dem pharmac. Institut Erlangen, 1889. H. II. S. 13) werden 10 g Mehl mit der gleichen Menge reinen

4. Bestimmung der Proteïnstoffe.

Die Bestimmung der Proteïnstoffe erfolgt nach der Methode Kjeldahl unter Anwendung der Heft I, S. 3 angegebenen Säuren und Zusätze. Der gefundene Stickstoff multiplicirt mit 6,25 ergiebt den Gehalt an Gesammtproteïn. Zur Beschleunigung der Zersetzung der organischen Substanz können gegen Ende des Kochens auf 1 g Substanz ca. 20 g Kaliumsulfat zugesetzt werden. Erscheint eine Bestimmung der löslichen Eiweissstoffe und Amide erforderlich, so wird dieselbe nach der Methode von Stutzer (vergl. Heft I, S. 3) ausgeführt.

5. Bestimmung der Kohlenhydrate.

Die Bestimmung der Kohlenhydrate[1]) zerfällt in 2 Ermittelungen, erstens in die Ermittelung der Gesammtmenge an Kohlenhydraten, bezw. an Stärke, Zucker und Dextrin, zweitens in die Ermittelung der Stärke allein, die nur in den selteneren Fällen erforderlich sein wird.

a) *Bestimmung der Gesammtmenge der Kohlenhydrate.*

3 g Mehl werden mit 100 ccm Wasser gut vermengt und das Gemenge in genügend grossen Glas- oder Metallbechern im Dampftopf 3 bis 4 Stunden bei 3 Atmosphären Druck erhitzt. An Stelle des Dampftopfes kann auch die Verwendung von Lintner'schen Druckflaschen im Kochsalzbade treten. Im Uebrigen verfahre man nach Heft I, S. 14. Bei Anwendung von 3 g Mehl werden 25 ccm der erhaltenen Zuckerlösung in Arbeit genommen. Die vorhandene Menge Stärke in mg wird aus der Tabelle[2]) von Wein abgelesen. Eine noch genauere in der Praxis des Nahrungsmittelchemikers wohl nur selten nothwendig werdende Bestimmung der Gesammtmenge der Kohlenhydrate ermöglicht die Methode von Märcker und Morgen[3]).

b) *Bestimmung der Stärke.*

Um die Stärke in Mehlen für sich, mit Ausschluss von Dextrin und Zucker, zu bestimmen, wird als der einfachste und dem Zweck genügend

---

Sandes innig gemischt; die Mischung wird in eine Papierpatrone gebracht und 12 Stunden lang mit absolutem Alkohol ausgezogen. In einem aliquoten Theile des auf 100 ccm gebrachten Auszuges wird die vorhandene Säure unter Benutzung von Lackmuspapier bestimmt und dabei der Säuregehalt des ursprünglich verwendeten Alkohols in Abzug gebracht. Im Uebrigen sei auf die Arbeiten von Thal (Pharm. Zeitschr. Russl. 1894, S. 641) und Balland (Journ. Pharm. et Chim. 1893, V. Ser. Bd. 28, S. 159) verwiesen.

[1]) König, Chemie der menschl. Nahrungs- und Genussmittel. III. Aufl. Band II. — Bestimmung von Zucker und Stärke im Mehl. S. 547.

[2]) Ernst Wein, Tabellen zur quantitativen Bestimmung der Zuckerarten. — Stuttgart 1888, Einleitung S. V—XI.

[3]) M. Märcker, Handbuch der Spiritusfabrikation. Berlin 1898. VII. Aufl. S. 106.

entsprechende Weg die Differenzmethode gewählt. Die Mehle werden zu diesem Zwecke mit kaltem Wasser ausgezogen und zwar in der Weise, dass 5—10 g Mehl mit 1 l kalten destillirten Wassers durchgeschüttelt werden. Man lässt in der Kälte absetzen, filtrirt durch ein dichtes Faltenfilter oder mit Hülfe der Luftpumpe und bestimmt in einem abgemessenen Theile des klaren Filtrats nach genügender Koncentration des letzteren und Inversion mittelst Salzsäure von 1,125 spec. Gewicht Zucker und Dextrin nach der bei a) angegebenen Methode. In einer zweiten Probe bestimmt man, wie in a) angegeben, die Summe der Kohlenhydrate und findet so durch Subtraktion der für Zucker und Dextrin gefundenen Zahlen von der Gesammtzahl für die Kohlenhydrate unter entsprechender Umrechnung die Menge der vorhandenen Stärke.

6. Bestimmung des Zuckers.

10 g Mehl werden mit kaltem Wasser in reichlicher Menge bis zur völligen Zertheilung der Klümpchen angerührt und mit Wasser in einen Literkolben übergespült. Es wird zur Marke aufgefüllt, wiederholt geschüttelt und durch ein dichtes Faltenfilter filtrirt. In 25 ccm des klaren Filtrats wird der reducirende Zucker nach E. Wein unter Benutzung der Maltosetabelle[1]) bestimmt. Findet man bei dieser Arbeit wesentliche Mengen von Zucker, wie solches bei Mehl von ausgewachsenem Getreide vorkommen kann, so ist das Ausziehen mit Alkohol nothwendig. (Siehe Hilger und Günther in den auf Seite 49 erwähnten Litteraturangaben.)

7. Bestimmung des Fettes.

Die Ermittelung des Fettgehaltes geschieht in der üblichen Weise durch Ausziehen von 5—10 g Mehl in einer Papierpatrone des Soxhletschen Extraktionsapparates mittelst wasserfreien Aethers.

8. Bestimmung der Rohfaser (Holzfaser).

Die Rohfaser wird nach der bekannten Weender Methode bestimmt. Bezüglich der Definition von Rohfaser, sowie der näheren Ausführung der Rohfaserbestimmung siehe „Allgemeine Untersuchungsmethoden" Heft 1 S. 10.

Bei Mehlen werden zweckmässig 5 g der nöthigenfalls entfetteten Substanz in Arbeit genommen.

Wo eine Centrifuge zur Verfügung steht, erleidet durch Benutzung der letzteren die Weender Methode eine zweckmässige zeitersparende Abänderung. Die Koncentration der Auskochflüssigkeit und die Zeit der Auskochungen werden beibehalten, dagegen werden an Stelle der grösseren

---

[1]) Ernst Wein, Tabellen zur quantitativen Bestimmung der Zuckerarten. — Stuttgart 1888, S. 52.

Mengen von Schwefelsäure, Natronlauge und Auswaschflüssigkeiten jeweils nur 50 ccm in Anwendung gebracht.

Bei Feinmehlen, wo es sich um die Bestimmung geringer Mengen von Rohfaser handelt, wird nach folgendem, abgeändertem Verfahren[1] gearbeitet:

Man verflüssigt in einer grösseren Probe (10—20 g) Mehl entweder durch Malzaufguss bei 70° oder durch mehrstündiges Kochen mit verdünnter Salzsäure die Stärke, verdünnt in hohen Cylindern stark mit Wasser und lässt absetzen. Hierauf hebert man die überstehende klare Flüssigkeit ab, spült den Rückstand in eine Kochflasche zurück und verfährt nun mit dem letzteren nach dem vorher angegebenen Weender Verfahren.

Ueber die Frage, ob die Rohfaserbestimmung nach der ursprünglichen Weender Methode oder nach der in obiger Weise für Feinmehle abgeänderten vorgenommen werden soll, entscheidet das Ergebniss der Siebprobe (No. 16). Bleibt auf dem 0,2 mm-Siebe bezw. auf Müllergaze No. 8 ein Rückstand von mehr als 2 % des Mehles, so wird nach der ursprünglichen Methode, bleibt ein solcher von weniger als 2 %, so wird nach der abgeänderten Methode gearbeitet.

9. Nachweis von Mutterkorn bezw. Unkrautsamen.

Soweit für den Nachweis von Mutterkorn und Unkrautsamen chemische Methoden überhaupt in Betracht kommen, ist die nachstehende Hoffmann'sche Probe, modificirt durch Hilger[2], anzuwenden: 10 bezw. 15 g Mehl werden mit 20 bezw. 30 ccm Aether und 10 Tropfen verdünnter Schwefelsäure (1 : 5) in einem verschliessbaren Glaskölbchen unter zeitweiligem Umschütteln 5—6 Stunden stehen gelassen, hierauf wird filtrirt und mit Aether bis auf 20 bezw. 30 ccm nachgewaschen. Dieses ätherische Filtrat wird in einem engen Probirröhrchen oder einem Glascylinder mit 10 bis 15 Tropfen einer kalt gesättigten Lösung von Natriumbikarbonat versetzt und kräftig durchgeschüttelt. Die sich zu Boden setzende Natriumbikarbonatlösung ist bei Gegenwart von Mutterkorn violett gefärbt. Aus der violetten Lösung lässt sich durch Uebersättigen mit verdünnter Schwefelsäure und erneutes Ausschütteln mit Aether eine reine Lösung des Mutterkornfarbstoffes erzielen, die weiter zur spektroskopischen Prüfung verwendet werden kann.

Bezüglich des Nachweises der Kornrade sei auf die Arbeit von Petermann (Bullet. de l'Académ. d. Belgique 47, 1879, sowie J. König, Chemie d. Nahrungs- und Genussmittel III. Aufl., S. 551), behufs des chemischen Nachweises von Unkrautsamen auf die Probe von Vogl (Die

---

[1] König, Chemie der menschl. Nahrungs- und Genussmittel III. Aufl., Band II. S. 548. — Bestimmung der Rohfaser im Feinmehl.

[2] A. Hilger, Arch. f. Pharmac. 1885, S. 828.

wichtigsten vegetabilischen Nahrungs- und Genussmittel u. s. w. von A. E. Vogl. Wien und Leipzig, Urban & Schwarzenberg 1898, S. 24) verwiesen.

10. Nachweis von Alaun, Kupfer, Zink und Blei.

Zum Nachweise von Alaun[1]) im Mehle wird dasselbe in einem Probirglase mit etwas Wasser und Alkohol durchfeuchtet. Dann werden einige Tropfen frisch bereiteter Kampecheholztinktur (5 g Kampecheholz auf 100 ccm 96 %-igen Alkohol) zugefügt, das Ganze wird gut umgeschüttelt und das Glas mit gesättigter Kochsalzlösung aufgefüllt. Bei einem Alaungehalte von 0,05 — 0,10 % nimmt die überstehende, klar gewordene Flüssigkeit eine blaue, bei einem Alaungehalte von 0,01 % eine violettrothe Färbung an.

Um Zink nachzuweisen, ist die Einäscherung des Mehles nicht statthaft. Es muss vielmehr in diesem Falle die Zerstörung der organischen Substanz mittelst koncentrirter Schwefelsäure wie bei der Stickstoffbestimmungsmethode nach Kjeldahl erfolgen. Man verfährt zweckmässig folgendermaassen:

25 g Mehl werden in einem geräumigen, zur Erhitzung auf freiem Feuer geeigneten Rundkolben mit einer Messerspitze voll reinem gelbem Quecksilberoxyd und mit 30 ccm konc. Schwefelsäure versetzt. Nach tüchtigem Umschütteln ist die Masse in etwa 10 Minuten ohne Anwendung von Feuer zur Trockne verkohlt. Nun erhitzt man den Kolben unter allmählichem Zufügen von jedesmal 10 ccm konc. Schwefelsäure bei ganz kleiner Flamme. Diese Behandlung wird in 3 Absätzen in ungefähren Zwischenräumen von 10 Minuten wiederholt, so dass man nunmehr im Ganzen ca. 60 ccm konc. Schwefelsäure verbraucht hat. Nach etwa halbstündigem Erhitzen kann man die noch fehlenden ca. 65 ccm Schwefelsäure zufügen und, ohne ein Ueberschäumen der Masse befürchten zu müssen, stärker erhitzen. Die vollkommene Aufschliessung bis zur Erzielung einer wasserhellen Flüssigkeit ist in etwa 5 Stunden beendigt. Der gesammte Rückstand soll nicht mehr als höchstens 20 ccm betragen; ist die genügende Aufschliessung früher erfolgt, so verdampft man die überschüssige Säure in einer Platinschale bis zu diesem Volumen, wobei der in dem Aufschliesskolben befindliche Rest bis zur weiteren Verwendung beiseite gestellt wird. Das Ganze wird nun nach dem Erkalten mit destillirtem Wasser bis zu 250 ccm gelöst. In der Lösung wird mittelst lebhaften Schwefelwasserstoffstromes das Quecksilber ausgefällt. Das Filtrat vom Schwefelquecksilber wird in einer Porzellanschale erhitzt, bis der Schwefelwasserstoff verjagt ist, sodann zur Oxydation des etwaigen Ferrosulfates etwas Salpetersäure zugefügt. Man lässt die Flüssigkeit abkühlen, da sonst die folgende Operation zu stürmisch verläuft, über-

------

[1]) Herz, Repert. f. anal. Chem. 1886, S. 359.

sättigt mit konc. Ammoniak und filtrirt den entstandenen gelblichen Niederschlag nach einigem Stehen ab. Das Filtrat wird mit Essigsäure schwach angesäuert und mittelst Schwefelwasserstoffs auf Zink geprüft. Entsteht ein weisser Niederschlag von Schwefelzink, so wird mit Wasser verdünnt und der Niederschlag nach 24stündigem Stehen abfiltrirt, mit Schwefelwasserstoff und salpetersaures Ammon enthaltendem Wasser ausgewaschen, geglüht und als Zinkoxyd gewogen.

Sollen grössere oder kleinere Mengen als 25 g Mehl in Arbeit genommen werden, so sind für je 1 g Mehl ca. 5 ccm konc. Schwefelsäure in Anwendung zu bringen; die Anwendung von grösseren Mengen als 25 g Mehl erscheint jedoch nicht rathsam.

In analoger Weise kann die Zerstörung der organischen Substanz mittelst Schwefelsäure auch zum Nachweise und zur Bestimmung anderer Metalle im Mehle Verwendung finden. Der Nachweis, bezw. die Bestimmung erfolgt in der schwefelsauren Lösung nach den bekannten Methoden. Sollte es sich in den wohl seltenen Fällen um den Nachweis von Quecksilber-Verbindungen im Mehle handeln, so ist bei der Zerstörung der organischen Substanz an Stelle des Quecksilberoxydes Kupferoxyd in Anwendung zu bringen.

11. Bestimmung des Klebers (bei Weizenmehlen).

25 g Mehl werden mit 13 ccm Wasser in einer Porcellanschale mit Hilfe eines Spatels zu gleichmässigem Teig verknetet. Man lässt diesen Teig mit einem Glase bedeckt 1 Stunde lang liegen und wäscht ihn frei oder, in leinenem Beutel eingeschlagen, unter dem dünnen Strahle der Wasserleitung in bekannter Weise so lange aus, bis das Waschwasser klar, also frei von Stärke abläuft. Es empfiehlt sich, zur Vermeidung von Verlusten das ablaufende Wasser durch ein Sieb aus feiner Müllergaze (No. 12) fliessen zu lassen, um auf diesem etwa losgerissene Klebertheile schliesslich zu sammeln. Der erhaltene Kleber wird in frischem Zustande gewogen[1]), die äusseren Eigenschaften — Farbe, Dehnbarkeit — ohne Verzug festgestellt und in einem abgewogenen Theile die beim Trocknen bei 105° verbleibende Trockensubstanz ermittelt.

Die Bestimmung des Klebers ist mindestens zweimal auszuführen.

12. Die Teigprobe.

Die Teigprobe hat den doppelten Zweck, einerseits Aufschluss über die wasserbindende Kraft des Mehles und andererseits über die Fähigkeit zur Bildung normalen Teiges zu geben.

---

[1]) Sellnick empfiehlt, wenn es sich um Vergleiche handelt, das Volumen des Klebers zu bestimmen, indem man ihn in einen mit Wasser halb gefüllten Messcylinder wirft. Siehe auch S. 17 Sellnick's „Artopton".

Die wasserbindende Kraft des Mehles wird in folgender Weise be-stimmt[1]):

Es wird eine beliebige Menge Mehl in einer geräumigen Porcellan-schale 2—3 cm hoch aufgeschichtet und in die Oberfläche des Mehles mit einem geeigneten Gegenstande, z. B. mit einem kleinen Schälchen, eine Mulde geformt, in welche man genau 10 ccm Wasser vorsichtig einfliessen lässt. Man rührt nun von dem Mehle mittelst eines Glasstabes so viel in das Wasser, bis eine kompakte, am Glasstabe hängenbleibende Masse gebildet ist. Letztere wird auf die mit Mehl gut bestreute Handfläche gebracht und noch so viel Mehl in dieselbe geknetet, bis ein nicht mehr an den Fingern klebender, zusammenhängender, steifer, aber noch leicht knetbarer Teig entstanden ist.

Die so hergestellte Teigmasse wird gewogen und die wasserbindende Kraft des Mehles nach folgendem Ansatze berechnet:

$$(G - 10) : 10 = 100 : W$$

worin W die wasserbindende Kraft des Mehles, ausgedrückt in Theilen Wasser, welche 100 Theile Mehl zu binden vermögen, G das Gewicht des erhaltenen Teiges bedeutet. Der Versuch ist mindestens dreimal anzu-stellen und aus den Ergebnissen das Mittel zu nehmen.

Die Fähigkeit zur richtigen Teigbildung ergiebt sich aus der nach-stehenden Probe:

50 g Mehl werden mit 25 ccm Wasser mittelst des Spatels, zuletzt zwischen den Händen, zu gleichmässigem Teig verknetet.

Man stellt die äusseren Eigenschaften dieses Teiges unmittelbar nach seiner Herstellung sowohl, wie nach kürzerem (1-stündigem) und längerem (24-stündigem) Liegen unter Glasbedeckung fest, indem man gleichzeitig hergestellte Teige aus anerkannt guten Mehlen derselben Ge-treideart zum Vergleich heranzieht.

13. Die Verkleisterungsprobe[2]).

Man rührt 10 g Mehl und 50 ccm Wasser in einer Porcellanschale mit Hilfe des Spatels oder Pistills bis zur möglichst vollständigen Zer-theilung der Klümpchen, setzt die Schale auf ein Wasserbad, das mit kleiner Flamme langsam erwärmt wird, und rührt den Brei anfangs von Zeit zu Zeit, sobald die Temperatur auf 45° gestiegen ist, be-ständig um. Durch Regulirung der Flamme wird die Temperatur des

---

[1]) Rupp, Nahrungs- u. Genussmittel, Heidelberg 1894. — Ermittelung der wasserbindenden Kraft des Mehles, S. 181.

Halenke und Möslinger, Die Teigprobe beim Mehl. — Korrespondenz-blatt der freien Vereinigung bayer. Vertreter d. angew. Chemie 1884 No. 1.

[2]) Halenke und Möslinger, Die Prüfung der Mehle auf Grund ihrer diastatischen Eigenschaften. — Korrespondenzbl. der freien Vereinigung bayer. Ver-treter der angew. Chem. 1884 No. 1.

Breies zwischen 60—70⁰ langsam ansteigend etwa eine Viertelstunde hindurch gehalten und, sobald die Kleisterbildung zu Ende ist, die äussere Beschaffenheit des erzielten Kleisters festgestellt. Dieselbe kann je nach der Beschaffenheit des Mehles zwischen starr gelatinös und leichtflüssig schwanken.

Es ist stets ein gleichzeitiger Parallelversuch mit anerkannt gutem Mehl anzustellen.

14. Die diastatische Probe.

2 g Mehl werden mit 100 ccm Wasser und zwar unter allmählichem Zufügen des letzteren in einer Porcellanschale fein zerrieben und hierauf in einen 250 ccm-Kolben gespült, welcher in einem Wasserbade $1^1/_2$—2 Stunden bei 60—70⁰ stehen bleibt und hierauf kurze Zeit auf 100⁰ erwärmt wird. Nach dem Erkalten wird mit Wasser auf 250 ccm aufgefüllt und filtrirt. Im Filtrat wird die Zuckermenge bestimmt und zwar unter Verwendung der Maltosetabelle.

15. Die Backprobe.

Zur Ausführung der Backprobe empfiehlt sich als das Zweckmässigste die Anstellung eines Backversuches nach den Regeln der Bäckerei einschliesslich der Einteigung. Wo der Kreusler'sche Backapparat[1]) zur Verfügung steht, kann auch dieser für die Backprobe Verwendung finden[2]).

---

[1]) Kreusler, Apparat zu Backversuchen. — Centralbl. f. Agrik.-Chem. 1887, S. 773.

[2]) In allerneuester Zeit ist von H. Sellnick in Leipzig-Plagwitz ein Backapparat, genannt Artopton, konstruirt worden, in welchem der in Schälchen befindliche Teig mit Dampf von 100⁰ gebacken wird. Hierbei tritt natürlich keine Krustenbildung ein, das Volumen lässt sich aber sehr gut bestimmen und die Porosität erkennen. Siehe dessen Schrift: Das Artopton (1898, Selbstverlag), die auch über Kleber- und Wasserbestimmung Beachtenswerthes bietet. Sellnick vertritt mit Recht die Ansicht, dass Wasseraufnahme und Volumen gemeinsam zu betrachten seien. Ergeben z. B. 30 g Mehl, dem $^1/_2$ g Natriumbikarbonat und 1 g Weinstein zugesetzt sind, mit

18	20	22 ccm Wasser eingeteigt,
82	90	90 ccm Grösse, und 30 g eines anderen Mehles,
82	93	104 ccm Grösse,

so hat letzteres eine grössere Backfähigkeit, die sich procentisch, wie folgt, stellt:

$$100 : 109 : 109$$
$$100 : 113 : 126.$$

Die Backfähigkeit des ersten Mehles ist bei 20 ccm, d. h. 66⁰/₀ Wasserzusatz, erschöpft, die des zweiten Mehles hat eine Steigerung bis 73⁰/₀ Wasserzusatz zugelassen. Sellnick nennt diesen Unterschied „procentische Backfähigkeit" und sagt: Das erste Mehl hat bis 109, das zweite 113 bis 126⁰/₀ procentische Backfähigkeit.

16. Das Pekarisiren.

Auf einer Glasscheibe, oder besser auf einem dünnen, glatten Brettchen aus hartem Holze wird aus etwa 2 Theelöffeln (15—20 g) des fraglichen Mehles ein Parallelepiped von etwa 5 cm Länge, 3 cm Breite und 3 mm Höhe geformt. Die Oberfläche wird mit einer zweiten Glasscheibe durch Aufpressen oder durch Auflegen eines Stückes starken Schreibpapiers und Flachdrücken mittelst eines Lineals geebnet; durch Beschneiden mit dem Messer wird für scharfe Begrenzung gesorgt. Sollen mehrere Mehle mit einander verglichen werden, so bringt man die aus demselben zu formenden rechteckigen Schichten möglichst nahe aneinander, event. derartig, dass die Parallelepipeda sich berühren. Schon auf diese Weise lassen sich geringe Unterschiede der Farbe wahrnehmen, die aber noch viel schärfer hervortreten, wenn man die Platten schwach geneigt vorsichtig unter Wasser hält und in dieser Stellung etwa 1 Minute belässt. Auch minimale Unterschiede in der Farbe, bezw. Gehalte an dunkleren Fragmenten lassen sich alsdann leicht erkennen, insbesondere leicht durch vergleichende Beobachtung an der Berührungslinie der Mehlschichten.

Das Pekarisiren ist in fast allen Mühlen und seit 1894 auch bei den Steuerbehörden in Gebrauch und hat sich namentlich für letztere bei Beurtheilung von Ausfuhrmehlen gut bewährt.

Bei Ausfuhr von Mehlen wird der Eingangszoll für den Rohstoff zurückerstattet und dabei angenommen, dass aus 100 kg Weizen 75 kg ausfuhrfähiges Mehl, aus 100 kg Roggen 65 kg ausführbares Mehl gewonnen werden können. Um den vielen Streitigkeiten, ob ein Mehl noch innerhalb der Grenze liegt oder ob der Müller mehr gezogen hat, aus dem Wege zu gehen, hat der Verband deutscher Müller im Einverständniss mit dem Reichsschatzamt sogenannte „Typen“ aufgestellt, welche zum Vergleich dienen. Diese Typen sind ausserordentlich grobe Mehle, wie sie im inländischen Handel wenig vorkommen, denn es sind eben die letzten, zwischen etwa 60—65, bezw. 70—75 liegenden Procente der Ausbeute. Wenn sich bei Anwendung der Type Zweifel ergeben, so ist die Aschenbestimmung durch einen vereidigten Chemiker vorgeschrieben. In neuester Zeit sind von einigen Mühlen Roggenmehle ausgeführt worden, die aus gutem und geringem Mehl gemischt waren, das Ganze grob gemahlen; solche Mehle haben einen niedrigeren Aschengehalt als die Type, trotzdem bis 80 und mehr Procent gezogen waren. Man erkennt sie an den gröberen Kleientheilchen und daran, dass beim Sieben durch Müllergaze No. 8 nach 5 Minuten langem Schütteln 12—25% Kleie und Gries als Rückstand bleiben, während bei der Type kaum 2—3% sich finden.

Zur leichteren Herstellung der Mehlparallelepipeda empfiehlt sich der Formstecher des Modellschlossers Kulitz, Berlin, Invalidenstrasse 42.

17. Die Siebprobe.

Für die Siebprobe wird ein rechteckiger Holzrahmen von 22 cm lichter Länge, 15 cm lichter Breite und 5 cm Höhe, der mit Müllergaze[1] No. 8 überzogen ist, benutzt. Zur Untersuchung werden 50 g Mehl verwendet, diese bis 3 Minuten gesiebt und der Versuch wiederholt. Der Rückstand wird gewogen, der Verlust als Feinmehl bezeichnet. Nach dem am 1. Januar 1898 in Kraft getretenen Regulativ für Getreidemühlen und Mälzereien ist als gebeuteltes Weizenmehl nur das anzusehen, welches höchstens 7% Rückstand, als gebeuteltes Roggenmehl das, welches höchstens 3% Rückstand hinterlässt.

18. Die Bamihl'sche Probe[2].

15 g des fraglichen Mehles werden mit 9 ccm Wasser und 1,5 g stärkefreien Weizenschalen zum Teig verknetet. Der Teig wird in einen doppelten Beutel gebracht, von welchem der innere, aus Müllergaze No. 10 bestehend, fest an den Teig angelegt wird, während der äussere aus Müllergaze No. 14 den inneren Beutel lose, im Abstand von einigen Millimetern, umgiebt. Um Verluste zu vermeiden, werden die beiden Beutel mit Schnüren fest verschlossen. Die hierauf folgende Knetung unter Wasser wird so lange fortgesetzt, bis das ab und zu erneuerte Wasser vollkommen klar bleibt. Nach dem Oeffnen der Beutel finden sich bei Abwesenheit von Weizenmehl im Roggenmehl zwischen dem inneren und äusseren Beutel lediglich geringe Mengen von gelatinöser Substanz, die der Klebereigenschaft vollständig ermangelt, während sich das Gewicht der Weizenschalen nach dem Trocknen nicht oder nur wenig vermehrt hat. Bei Anwesenheit von Weizenmehl besitzt die zwischen den Beuteln abgeschiedene grössere Menge Substanz mehr oder weniger deutlich die Eigenschaften des Klebers (Zusammenknetbarkeit, Elasticität). Das Gewicht der Weizenschalen nach dem Trocknen hat merklich zugenommen; aus dieser Zunahme zusammen mit dem Gewichte der zwischen den Beuteln abgeschiedenen getrockneten Substanz bildet man einen ungefähren Maassstab für die Menge des jeweilig vorhandenen Weizenmehls. Parallelversuche mit bekannten Mischungen von reinen Roggen- und Weizenmehlen sind unentbehrlich.

Die für die Bamihl'sche Probe erforderlichen Weizenschalen werden aus Weizenkleie in der Weise hergestellt, dass man die Kleie einige Tage in Wasser eingeweicht stehen lässt, bis eine deutliche Säuerung eingetreten ist und sich alles anhaftende Stärkemehl durch mehrmaliges Waschen

---

[1] Da die Müllergaze der einzelnen Fabriken nicht gleich ist, empfiehlt es sich, die für die Zollbehörde eingeführte zu nehmen. Diese ist von Gebrüder Stallmann in Dortmund zu beziehen. No. 8 entspricht etwa dem 0,2 mm-Siebe.

[2] Danckwortt, Die Bamihl'sche Probe. — Zeitschr. f. anal. Chem. X. 1871, S. 366.

mit Wasser entfernen lässt. Die so erhaltene reine Weizenschale wird scharf getrocknet und in wohlverschlossenem Glase aufbewahrt. Diese Probe bewährt sich nur, wenn gutes, kleberreiches Weizenmehl dem Roggenmehl zugesetzt ist.

19. Die Milbenprobe.

300—500 g des fraglichen Mehles werden in einem weissen Pulverglase durch Aufstossen desselben auf Holz- oder Tuchunterlage dicht zusammen geschüttelt und die Oberfläche geebnet.

Nach längerem Stehen (mindestens 24 Stunden) zeigen sich hinter den Glaswandungen die bekannten, durch die Bewegungen der Milben verursachten Gänge und die Oberfläche erscheint bei Anwesenheit grösserer Mengen von Milben eigenartig verändert (fein gefurcht).

2. Brot.

1. Bestimmung des Wassergehaltes.

Der Wassergehalt des Brotes wird durch Trocknen von 5—10 g der nach Heft I, S. 1 vorgetrockneten und dann zu Pulver zerriebenen Krume bei 105° bestimmt.

2. Bestimmung der Gesammtasche bzw. des in Salzsäure unlöslichen Theiles derselben.

Diese Bestimmung erfolgt in gleicher Weise wie beim Mehl (S. 10).

3. Bestimmung des Säuregehaltes.

Wie bei der Untersuchung des Mehles, so besteht auch bei derjenigen des Brotes eine allgemein brauchbare Methode zur Bestimmung des Säuregehaltes nicht.

Nach K. B. Lehmann[1]) wird der Gesammtsäuregehalt im Brote in der Weise bestimmt, dass der wässerige Brotbrei (50 g rindenfreie Brotkrume auf ca. 200 ccm Wasser) mit $\frac{1}{4}$-Normal-Natronlauge unter Verwendung von Phenolphtaleïn als Indikator titrirt wird. Lehmann drückt den Säuregehalt eines Brotes durch die Anzahl von ccm Normalnatronlauge aus, welche zur Titration von 100 g frischer Krume erforderlich sind.

4. Nachweis von Alaun, von Kupfer- und Zinksalzen.

Zum Nachweis von Alaun tauche man das Brot 6—7 Minuten in Kampecheholztinktur (durch Digeriren von 5 g Kampecheholz mit 100 ccm 96 % igem Alkohol erhalten) und drücke es aus. Nach 2—3 Stunden

---

[1]) K. B. Lehmann, Säurebestimmung im Brot. Arch. f. Hygiene XIX, 363.

zeigt das Brot bei Alaunzusatz eine violette Färbung. Kupfer- und Zinkverbindungen werden, wie bei Mehl angegeben, nachgewiesen.

5. Bestimmung der gesammten Nährstoffe.

Siehe beim Mehl (S. 11 u. 12, B. II, 1, 4—8).

Bei der Bestimmung des Fettgehaltes im Brote ist zu bemerken, dass vor der Behandlung mit Aether eine Inversion erforderlich ist[1]. Diese, sowie die später nöthige Ausziehung erfolgt nach Polenske[2] in nachstehender Weise:

In einer 200 ccm fassenden Glasstöpselflasche werden 10 g Brotpulver mit 50 ccm Wasser und 1 ccm Salzsäure von 1,124 spec. Gew. gemischt. Hierauf wird durch $1\frac{1}{2}$-stündiges Einstellen des lose verschlossenen Gefässes in kochendes Wasser die Inversion der Stärke herbeigeführt. Die noch heisse Flüssigkeit wird vorsichtig mit ca. 1 g gepulvertem Marmor versetzt und nach dem Erkalten mit genau 50 ccm Chloroform 15 Minuten lang ausgeschüttelt. Nach 24-stündigem Stehen werden aus der klaren Chloroformfettlösung 20—25 ccm mittelst Pipette entnommen. Bei der Einführung derselben ist es nothwendig, solange sie noch in die überstehende wässerige Flüssigkeit taucht, einen schwachen Luftstrom zuzuleiten. Der Inhalt der Pipette wird durch ein mit Chloroform befeuchtetes Filter filtrirt, das Filter mit Chloroform nachgewaschen und das gesammte Filtrat verdunstet, der Rückstand bei 105° getrocknet und gewogen.

6. Feststellung des Verhältnisses zwischen Krume und Rinde, Bestimmung von spec. Gewicht, Porenvolumen, Trockenvolumen und Porengrösse.

Je nach der Grösse des Brotes wird entweder ein ganzes Brot oder ein geeignetes Segment mittelst des Messers in Rinde und Krume zerlegt und das Gewicht der beiden festgestellt.

Bezüglich der Bestimmung von spec. Gewicht, Porenvolumen, Trockenvolumen und Porengrösse muss auf die Arbeiten von K. B. Lehmann[3] über diesen Gegenstand verwiesen werden.

C. Mikroskopische Untersuchung.

I. Mikroskopische Prüfung des Mehles.

Vorbereitung. Zunächst untersuche man das Mehl ohne alle weitere Vorbereitung in einem Tropfen Wasser, mit Deckglas, anfangs bei schwacher, dann bei stärkerer Vergrösserung, um namentlich die Formen

---

[1] Weibull, Fettbestimmung im Brot. Ztschr. f. angew. Chemie 1892, 450.

[2] Polenske, Fettbestimmung im Brot. Arbeiten aus dem Kaiserl. Gesundheitsamt 1893, VIII, 678.

[3] K. B. Lehmann, Hygienische Studien über Mehl und Brot. Arch. f. Hygiene XXI, 215.

der Stärkekörner, der Haare etc. zu studieren. Man mache recht viele Präparate und erhitze auch einen Theil derselben auf dem Objektträger über einer Flamme, um die Stärke zu verkleistern. Man wird dann die übrigen Theile, namentlich die Schale, die Haare, auch Reste des Keimes, den man nicht mit dem Keim der Rade verwechseln darf und der sich durch seine, in regelmässigen Längsreihen stehenden kleinen, proteïnreichen Zellen und zarten Gefässbündel auszeichnet, viel leichter finden. Man kann auch etwas salzsaures Anilin und Salzsäure oder schwefelsaures Anilin und Schwefelsäure oder Phloroglucin und Salzsäure zusetzen; in den ersten beiden Fällen färben sich die verholzten Theile, Schale und Haare gelb, im letzten Falle roth[1]). — Um die Präparate durchsichtiger zu machen, kann man auch einen Tropfen Chloralhydrat zusetzen, oder direkt in Chloralhydrat-Lösung untersuchen (8 Theile Chloralhydrat zu 5 Theilen Wasser). Die Haare quellen aber dadurch etwas. Noch stärker quellen sie, wenn man dem Präparat etwas Kali- oder Natronlauge zusetzt, was im Uebrigen sehr zu empfehlen ist, da sich die Schalentheile gelb färben und das Ganze sehr durchsichtig wird. Für die Untersuchung auf Haare sind derartige Präparate indess nicht brauchbar. Untersucht man Roggenmehl in Nelkenöl, so wird man vielfach blaue Kleberzellen finden, doch sind nicht alle Kleberzellen blau (ähnlich bei manchen Gersten und blauem Mais).

Um mehr Schalentheilchen, Haare etc. beisammen zu haben, kann man verschiedene Vorbereitungen anwenden, die alle darauf hinauslaufen, die Stärke zu verkleistern und theilweise auch das Proteïn zu entfernen.

1. **Kochen mit Salzsäure.** *a)* **Bodensatzprobe nach A. F. W. Schimper**[2]). Man mischt 2 g des betr. Mehles mit 100 g Wasser, fügt 2 ccm starker Salzsäure zu und lässt in einer Porzellanschale etwa 10 Minuten kochen. Man lässt die sehr trübe, aber nicht mehr kleisterige Flüssigkeit absetzen, giesst das Ueberstehende vorsichtig ab und untersucht den Bodensatz, indem man etwas davon mit einer Pipette auf den Objektträger bringt und 1 Tropfen Chloralhydratlösung hinzufügt.

---

[1]) Vogl empfiehlt in den inzwischen veröffentlichten Entwürfen für den Codex alimentarius Austriacus (Zeitschr. f. Nahrungsmittel-Unters., Hyg. u. Waarenkunde 1897 und 1898) folgendes Verfahren: Etwa 2 g Mehl werden mit alkoholischer Naphtylenblaulösung (1 : 5000, nämlich 0,1 Naphtylenblau, 100 absolutem Alkohol und 400 destill. Wasser) mit einem Glasstabe innig gemischt, davon etwas auf den Objektträger gestrichen, eintrocknen gelassen und sodann unter einem Tropfen ätherischen Sassafrasöles (oder eines analogen ätherischen Oeles oder von Kreosot, Guajakol u. s. w.) mikroskopirt. Naphtylenblau färbt alles blau mit Ausnahme der Membranen der Stärkezellen und der Stärkekörner, die in dem Oele durchsichtig werden, so dass man die Schalentheile, Kleberzellen u. s. w. leicht sieht.

[2]) A. F. W. Schimper, Anleitung z. mikr. Untersuchung der Nahrungs- und Genussmittel. Jena 1886, S. 15.

b) **Filterprobe nach A. Stutzer**[1]). Ungefähr 5 g Mehl werden in einer Porzellanschale mit einigen Tropfen Alkohols durchfeuchtet und dann allmählich, zunächst in kleinen Portionen, unter Umrühren $\frac{1}{2}$ l Wasser zugesetzt. Man erhitzt im Wasserbade, bis das Mehl vollständig verkleistert ist; nun füge man 20 ccm koncentrirte Salzsäure hinzu und erwärme die Mischung eine Stunde lang, indem man das inzwischen verdunstete Wasser von Zeit zu Zeit durch neues ersetzt. Jetzt ist das Stärkemehl vollständig gelöst; man giesst die Flüssigkeit durch ein glattes Filter, sammelt die Gewebselemente in der Spitze des Filters, breitet dieses auf einem Teller flach aus und entnimmt die nöthigen Proben zur mikroskopischen Prüfung. Einen Theil der Gewebselemente durchfeuchtet man in einem Glasschälchen zunächst mit Kalilauge und führt dann die mikroskopische Untersuchung aus. Hierbei ist zu beachten, dass die Haare durch Kalilauge quellen.

2. **Kochen mit Schwefelsäure und Natron- oder Kalilauge** (Weender Methode). Energischer als das Kochen mit Salzsäure wirkt die bei der Bestimmung der Rohfaser bisher meist angewandte Weender Methode, die zur Vorbereitung von Mehlen, Kleien, Oelkuchen etc. für die mikroskopische Untersuchung von H. Lauck in folgender Weise vereinfacht ist: man kocht ca. 5 g der Substanz mit 200 ccm Schwefelsäure von 1,25 % Säuregehalt höchstens eine Viertelstunde (bei Kleie $\frac{1}{2}$ Stunde), filtrirt durch ein Tuch und kocht den Rückstand mit 200 ccm $2\frac{1}{2}$ procentiger Natronlauge nur 5 Minuten. Die mikroskopischen Präparate werden sehr durchsichtig, weil das Proteïn und das Fett durch die Natronlauge entfernt sind. Die Haare sind ausserordentlich gequollen; wo es also auf die Haare ankommt, ist die Methode nicht anwendbar, im Uebrigen gut.

3. **Kochen mit Wasserstoffsuperoxyd und Ammoniak nach Lebbin**[1]). Diese neue Methode, die eigentlich zur Rohfaserbestimmung dienen soll, giebt auch für das Mikroskop sehr gute Bilder; das Proteïn aus den Kleberzellen wird zwar nicht ganz entfernt, aber dafür quellen die Haare fast gar nicht.

3—5 g Mehl oder Kleie werden, wenn nöthig, soweit zerkleinert, dass das Ganze durch ein Sieb von 0,2 mm Maschenweite oder durch Müllergaze No. 8 geht. Alsdann wird die Substanz in einem geräumigen (ca. 500 ccm fassenden) Becherglase mit 100 ccm Wasser (allmählich) fein verrührt, so dass keine Klümpchen vorhanden sind. Das Gemisch wird erhitzt und $\frac{1}{2}$ Stunde gekocht, damit die Stärke vollständig quillt, und auch die wasserlöslichen Bestandtheile sich auflösen; dann werden 50 ccm 20 procentige Wasserstoffsuperoxydlösung zugesetzt und es wird noch 20 Minuten gekocht. Hierzu sind während des Kochens 15 ccm 5 pro-

---

1) A. Stutzer, Nahrungs- und Genussmittel, Handbuch d. Hygiene Bd. III, 1. Abth., 2. Lief., S. 243.
2) Lebbin, Arch. f. Hygiene XXVIII, 212.

centigen Ammoniaks in kleinen Portionen von 1 ccm zuzusetzen. Nach vollendetem Zusatz ist das Kochen noch 20 Minuten fortzusetzen. Man giesst die Masse in ein Spitzglas oder in einen Cylinder, lässt absetzen und untersucht den Bodensatz.

1. Weizenmehl.

Die Stärkekörner sind von zweierlei Art: Grosskörner und Kleinkörner. Die Grosskörner sind linsenförmig, sehr verschieden gross, im Maximum nur bis etwa 42 μ Durchmesser. Die Kleinkörner sind rundlich oder eckig, oft haften mehrere zusammen und bilden ein sog. zusammengesetztes Stärkekorn. Die Schale besteht aus Frucht- und Samenschale, jede im Wesentlichen wieder aus 2 Schichten (die Fruchtschale streng genommen aus 3 Schichten). Die Fruchtschale hat aussen eine Längszellenschicht, die aus mehreren Reihen Längszellen hintereinander besteht, darunter eine Quer- oder Gürtelzellenschicht (nur eine Reihe Zellen), endlich ganz innen noch eine Reihe sehr auseinander gerückter knochen- oder schlauchförmiger Zellen, die innere Oberhaut. Die Samenschale ist sehr dünn und besteht aus 2 gekreuzten, scheinbar in einer Ebene liegenden Systemen länglicher Zellen, die meist gelb gefärbt sind und dadurch dem ganzen Korn seine Farbe geben.

Charakteristisch sind für den Weizen, gegenüber dem Roggen, die verhältnissmässig kurzen Oberhautzellen der Fruchtschale (die äusserste Schicht der Längszellen), noch mehr aber deren stark poröse Verdickung. — Noch charakteristischer ist die oft grosse Länge und besonders die stark poröse Verdickung der Querzellen am Aequator des Korns. Diese stossen auch meist ohne Intercellularräume an einander. (Ausnahme: Triticum monococcum, Einkorn, bei welchem die Querzellen kürzer und weniger porös verdickt, also roggenähnlicher sind. Diese Getreideart kommt aber selten vor.) — Weiter sind ganz besonders von Wichtigkeit die Haare an der Spitze der Körner, von denen immer einige oder wenigstens Bruchstücke derselben mit ins Mehl gelangen. In groben Weizenmehlen sind sie massenhaft vorhanden. Das Lumen bildet nur einen engen Kanal, der meist dünner als die Dicke der Wand, höchstens ihr gleich ist; oft ist er nur strichförmig. Ausgenommen ist hiervon die zwiebelartige Basis mancher Haare. Ferner ist bei Mehlen aus Spelz, der viel in Süddeutschland gebaut wird, wohl zu beachten, dass der Spelz dünnwandige Haare hat, wie der Roggen.

Erkennung von Reismehl im Weizenmehl.

Nicht ganz selten werden dem Weizenmehl Abfälle der Reisstärkefabrikation zugesetzt. Dies erkennt man mikroskopisch meist leicht an den zusammengesetzten Stärkekörnern des Reises, sowie an dessen dünner Schale, an welcher die Schlauchzellen sehr hervortreten und auch die

Farbstoffschicht, falls es sich etwa um rothen Reis handelt, sehr deutlich ist, während die Längs- und Querzellen sehr zart sind. Die einzelnen Theilkörner sind scharfkantig, vieleckig, 3—7, selten bis 10 μ im Durchmesser. Oft hängen noch alle Stärkekörner in einer Zelle zusammen, so dass man ganze „Stärkekörper" findet.

In einzelnen Fällen sind sogar gemahlene Reisspelzen oder gemahlener ungeschälter Reis dem Weizenmehl zugesetzt worden. Der Aschengehalt ist dann sehr hoch.

2. Roggenmehl.

Die Stärkekörner sind wie beim Weizen, die Grosskörner sind ebenfalls sehr verschieden gross, werden aber z. Th. grösser als beim Weizen, und das Maximum beträgt etwa 52 μ im Durchmesser. Dabei zeigt die Roggenstärke oft kreuzweise Sprünge im Innern, doch ist das nicht immer der Fall. Die Schale hat längere, dünnwandigere Oberhautzellen als der Weizen, so dass die poröse Tüpfelung nicht so deutlich wird. Besonders charakteristisch sind die Querzellen, welche kürzer und meist weniger porös verdickt als beim Weizen, dagegen an den Enden plötzlich sehr stark verdickt sind, hier, da sie meist abgerundet sind, oft Intercellularräume bilden und nicht so eng zusammenschliessen wie beim Weizen. — Die Verdickung an den Enden tritt nach Gregory[1]) erst kurz vor der Reife ein. Mehl aus nicht ganz reif gewordenem Roggen lässt sich daher an dem Fehlen dieser Verdickungen erkennen. Das Lumen der Haare ist meistens grösser als die Wand dick, doch kommen einzelne Ausnahmen vor. So sind zunächst die ganz kurzen Haare ausser Acht zu lassen, denn diese sind auch beim Roggen oft dickwandig; ferner kommen aber, namentlich bei südeuropäischem Roggen, auch mitunter längere Haare mit engem Lumen vor, zuweilen beide an demselben Korn. Nie werden aber die Haare so lang wie beim Weizen, auch hat der Roggen an und für sich viel weniger Haare.

In Zeiten, wo Roggen theuer war, ist das Roggenmehl vielfach mit Weizenmehl verfälscht worden. Oft freilich ist seitens der Abnehmer, welche auf lange Zeit zu theuren Preisen Lieferungen abgeschlossen hatten, später, wenn das Roggenmehl billiger wurde, nur um von ihrem Vertrage entbunden zu werden, unrechtmässigerweise behauptet worden, das betr. Roggenmehl müsse mit Weizenmehl verfälscht sein, da es sich nicht gut backe. In manchen Gegenden ist es übrigens Sitte, dem Roggenmehl, wenn es sich nicht gut backen will, gerade einen Zusatz von Weizenmehl zu geben, ganz besonders, wenn das Mehl aus ausgewachsenem Roggen

---

[1]) A. Gregory, Die Membranverdickungen der sogen. Querzellen in der Fruchtwand des Roggens in Fünfstück, Beiträge zur wissenschaftlichen Botanik II, 165.

bereitet war. — Dem Weizenmehl pflegt man in solchen Fällen, wie oben schon erwähnt, Mehl von Ackerbohnen, Vicia Faba, zuzusetzen, das unter dem Namen „Kastor-Mehl" bekannt ist.

Die Erkennung von Weizenmehl im Roggenmehl

ist eine der wichtigsten, aber auch schwierigsten Aufgaben des Nahrungsmittel-Untersuchers. Bei feinen Mehlen ist sie um so schwieriger, als sich in solchen wenig Schalentheile, Haare etc. finden; glücklicherweise werden aber selbstverständlich die feinen Weizenmehle seltener als Zusatz benutzt.

a) Verkleisterungsmethode.

Man füge unter fleissigem Umrühren zu 1 g des fraglichen Mehles 50 ccm Wasser (oder zu 2 g 100 ccm Wasser) und erwärme den Brei in einem Bechergläschen auf einem Wasserbade langsam unter stetem Umrühren genau auf $62\frac{1}{2}^0$. Am besten ist es, die Flamme zu entfernen, wenn das als Rührer dienende Thermometer 60^0 zeigt; das heisse Wasser giebt noch so viel Wärme ab, dass das Thermometer bald auf $62\frac{1}{2}^0$ im Becherglase steigt. Ist letzteres eingetreten, so nehme man sofort das Becherglas heraus und tauche es in kaltes Wasser. (Am geeignetsten ist ein Thermometer, das zwischen 50 und 80^0 zeigt und in Zehntelgrade getheilt ist.)

Man mache denselben Versuch hierauf mit reinem Weizenmehl und dann mit reinem Roggenmehl. Es empfiehlt sich nicht, alle 3 Proben auf einmal anzusetzen, da es zu schwierig ist, allen dreien die gleiche Temperatur zu geben.

Hierauf untersuche man die Stärkekörner mikroskopisch, wobei etwaige Klümpchen unberücksichtigt bleiben. Die Roggenstärkekörner sind bei $62\frac{1}{2}^0$ fast sämmtlich aufgequollen, die meisten schon geplatzt; ihre Form, die ursprünglich linsenförmig war, ist oft sackartig geworden, z. Th. ins Unkenntliche verändert; nur einzelne, besonders die kleinsten Stärkekörner sind unverändert geblieben; solche kleine runde Körner muss man unberücksichtigt lassen.

Ganz anders die Weizenstärkekörner. Diese sind zum grössten Theil noch fast unverändert, sie sind noch so stark lichtbrechend wie normale Stärkekörner und zeigen deshalb scharfe schwarze Ränder, während die Roggenstärkekörner, selbst wenn sie ihre linsenförmige Gestalt noch behalten haben sollten, meist von weichen Umrisslinien begrenzt sind. Einzelne Weizenstärkekörner können allerdings auch schon stark gequollen sein und deutliche Schichtung zeigen, allein das sind Ausnahmen. Mehl aus härterem Weizen zeigt besonders viele scharfe Ränder.

Man prüfe mit reinen Mehlen und mache sich selbst Mischungen von Roggenmehl mit 5—10 % Weizenmehl-Zusatz. Man achte auch auf das Absetzen der festen Bestandtheile in den Bechergläschen. Roggenmehl setzt sich schwer ab, die überstehende Flüssigkeit bleibt lange trübe und wird eigentlich nie ganz klar. Weizenmehl setzt sich schnell ab und die Flüssigkeit erscheint nach spätestens 24 Stunden wasserklar.

b) Untersuchung der Haare und Querzellen.

Bei dem Erwärmen auf $62^{1}/_{2}{}^{0}$ gelangen viele Haare und Schalentheile, falls solche vorhanden, in den sich an der Oberfläche bildenden Schaum (manche bleiben auch unten). Man untersuche nun auf Haare und Querzellen, indem man von dem Schaum (oder auch vom Bodensatz) etwas unter das Mikroskop bringt. Weizenmehl giebt viel mehr Schaum als Roggenmehl und bildet oft eine Art Kaseïnhaut, wie gekochte Milch, wenn auch in schwächerem Grade. Man kann auch etwas von dem Schaum in dünner Schicht auf dem Objektträger ausbreiten, denselben vollständig eintrocknen lassen, ev. durch Erwärmen über einer Flamme, und nachher einen Tropfen Nelken- oder Citronenöl hinzufügen. Das Lumen der Haare erscheint dann beim Weizen in Form dünner schwarzer Striche, beim Roggen breiter und mehr grau.

Will es nicht gelingen, genügend viele Haare und Querzellen im Schaum oder aus dem Bodensatz zu erhalten, so müssen die oben S. 22 u. 23 angegebenen Verfahren zur Koncentrirung derselben durch Zerstörung der Stärke eingeschlagen werden, wobei aber solche vollständig ausgeschlossen sind, die ein Quellen der Haarwandungen hervorrufen. Also dürfen keine starken Säuren oder starken Alkalien, sondern nur ganz verdünnte angewendet werden. Am besten ist die Lebbin'sche Methode.

Immer aber überzeuge man sich auch durch Untersuchen des unbehandelten und des behandelten Mehles unter dem Mikroskop, ob nicht die Haare oder die Querzellen Veränderungen erlitten haben.

Fast bei allen Methoden, welche zur Entfernung der Stärke angewendet werden, werden auch einzelne feinere Membranstücke der Schale vom Roggen und Weizen wie es scheint mit zerstört.

Für gerichtliche Untersuchungen darf man sich die Mühe des direkten Aufsuchens der Haare und der Querzellen unter dem Mikroskop nicht verdriessen lassen, denn nur das ist endgültig entscheidend. Um sie leichter zu finden, verkleistere man die kleine Mehlprobe, die man auf dem Objektträger in Wasser gebracht und mit einem Deckglase versehen hat, indem man den Objektträger über einer Flamme langsam erwärmt. Man setze aber darauf sofort wieder etwas Wasser am Rand des Deckglases zu, damit das Präparat nicht eintrocknet. Um die Haare noch leichter zu finden, kann man etwas salzsaures Anilin und dann noch etwas Salzsäure zusetzen. Ebenso findet man sie leicht im dunklen Felde des Polarisationsmikroskops. Zum Messen der Wanddicken wende man aber wieder gewöhnliches Licht an. Wie schon oben gesagt, hat aber der Spelz dünnwandige Haare, wie der Roggen, und man muss also, wenn es sich um einen Zusatz von Spelzmehl handeln könnte (was zwar selten der Fall ist), nicht die Haare, sondern besonders die Querzellen beachten.

Findet man dickwandige Haare, so untersuche man weiter, ob viele Querzellen auch dickwandig und stark porös getüpfelt sind. Erst wenn das der Fall ist, und wenn ausserdem bei der Verkleisterungsprobe viele Stärkekörner unverändert geblieben sind, kann man mit Sicherheit behaupten, dass das Roggenmehl mit Weizenmehl verfälscht ist.

Aeusserst schwierig ist es, die Menge des zugesetzten Weizenmehles annähernd zu bestimmen. Nur durch zahlreiche mikroskopische Vergleiche von Mischungen, die man selbst zusammengesetzt hat (5%, 10%, 15%, 20%), kann man zu einem ungefähren Urtheil gelangen.

Besonders vergesse man niemals, dass der Weizen viel mehr Haare hat als der Roggen und dass man daher, wenn selbst kleine Mengen Weizenmehl zugesetzt sein sollten, verhältnissmässig viel mehr Haare findet, als dem Procentsatz des Zusatzes entspricht, namentlich wenn es sich um geringeres Weizenmehl handelt, wie das gewöhnlich der Fall ist. Findet man z. B. in 20 Präparaten zusammen 8 Roggen- und 4 Weizenhaare, so wäre der Schluss, dass ein Weizenmehlzusatz von $33\frac{1}{3}\%$ anzunehmen sei, ein ganz irriger. Man wird 4 Weizenhaare nur gleich einem Roggenhaar setzen können, denn der Weizen hat wohl 4 mal so viel Haare. Also wäre das Verhältniss dann wie 8 : 1 oder 11,0 % Zusatz.

Man berücksichtige ferner vor allem auch die Menge der Schalenstücke, welche sicher in den Querzellen durch deren stark perlschnurartige Verdickung den Weizencharakter zeigen; man zähle sie in mindestens 20 Präparaten, vergesse aber auch niemals, ebenfalls die Menge der Roggenschalenstückchen zu zählen, welche gleichzeitig mit einem Weizenschalenstück im Gesichtsfeld des Mikroskops sichtbar sind, wobei eine Vergrösserung von 100 : 1 ausreichend ist. Zur sicheren Feststellung, ob das fragliche Schalenstück vom Weizen stammt, ist aber oft eine Vergrösserung von 250—300 nothwendig.

Man kann auch die Weizenschalen, Haare und Stärkekörner mittelst eines Zeichenapparates auf Karton zeichnen, ausschneiden und wägen. Hat man sich vorher Zeichnungen nach künstlichen Mischungen mit verschiedenem Procentgehalt an Weizenmehl gemacht und auch diese gewogen, so hat man beim Vergleich einen ungefähren Anhalt.

Hat man hierbei dasselbe Verhältniss gefunden, wie bei der Berechnung nach den Haaren (4 Weizenhaare $=$ 1 Roggenhaar gerechnet), so ist das eine gute Bestätigung der Untersuchung. Stimmen beide nicht ganz überein, so nehme man das Mittel, sind sie sehr verschieden, so nehme man die Untersuchung noch einmal wieder auf.

Schliesslich ist nicht zu vergessen, dass, wie bereits erwähnt, der ausländische Roggen, namentlich der südosteuropäische, vielfach mit Weizen verunreinigt ist, der sich nicht ganz entfernen lässt.

Erkennung von Roggenmehl im Weizenmehl.

Zusatz von Roggenmehl zum Weizenmehl kommt sehr selten vor. Es sollen allerdings einige Exportmühlen dem geringen, noch eben ausfuhrfähigen Weizenmehl Roggenmehl zugesetzt haben, um den Aschengehalt zu erniedrigen. — Die Erkennung ist leicht. Einmal haben die Roggenstärkekörner vielfach Sprünge oder gekreuzte Spalten im Kern, zweitens sind die Maximaldurchmesser der Roggenstärkekörner etwa 52 μ, die der Weizenstärkekörner nur etwa 42 μ, drittens sind viele Kleberzellen bei manchen Roggenarten blau gefärbt. Letzteres muss man nicht in Wasser, sondern in Nelken- oder Citronenöl oder einem anderen, fetten Oele prüfen.

Erkennung von Hafermehl im Weizen- oder Roggenmehl.

Zusatz von Hafermehl kommt selten vor. Der Hafer hat zusammengesetzte Stärkekörner und einfache. Letztere bilden die Grundsubstanz, in welcher die ellipsoïdischen oder kugeligen, zusammengesetzten eingebettet sind. Die Theilkörner sind denen des Reises ähnlich, meist etwas kleiner, 3—7, meist 5 μ. Charakteristisch sind ferner die vielen dickwandigen Haare, welche auf der ganzen Oberfläche des entspelzten Kornes, nicht bloss wie bei Roggen und Weizen am Scheitel, sich finden. — Oefter findet man auch noch Theile der Spelzen, deren Oberhautzellen wie die der Gerste verkieselt, lang gestreckt und mit zackig-welligen Rändern versehen sind. Ausserdem findet man zwischen den langen Epidermiszellen auch kurze ring- oder halbmondförmige, die sog. „Kurzzellen", die stark verkieselt und daher stark lichtbrechend sind. Eigentlich sind diese Kurzzellen als Basen nicht entwickelter Haare aufzufassen. Beim Reis sieht man die Haare auf den Kurzzellen besser ausgebildet.

Im Hafer kommt nicht selten Taumellolch, Lolium temulentum, vor. Seine Erkennung im Hafermehl ist schwierig, da er auch zusammengesetzte Stärkekörner hat; er besitzt aber nicht die langen dickwandigen Haare des Hafers, und die Spelzen haben sehr dichtstehende Kurzzellen. (Siehe auch S. 36.)

Erkennung von Gerstenmehl im Roggenmehl oder Weizenmehl.

Es ist leider, namentlich in Graupenfabriken, mitunter üblich, die Gerstenabfälle gemahlen dem Roggenmehl zuzusetzen. Man erkennt den Zusatz ziemlich leicht durch die fast nie fehlenden Theile von Spelzen, die ähnlich wie beim Hafer wellig-gezackte, nur etwas schmälere und kürzere Oberhautzellen haben. Ausserdem findet man bei der Gerste 2 Schichten Querzellen hintereinander (beim Roggen nur eine). Diese sind kurz und dünnwandig, aber die beiden Schichten sind oft nicht deutlich geschieden. Die Kleberzellen sind kleiner und liegen in 3 Schichten hintereinander (nicht in einer wie beim Roggen).

Man muss sich hüten, Spelzen des Weizens oder Roggens für Gerstenspelzen anzusehen, oder solche von zufällig beigemengten Haferkörnern. Die Epidermiszellen der Weizen- und Roggenspelzen sind breiter und dünnwandiger[1]).

Auch einzelne Gerstenkörner können als zufällige Beimengungen im Rohstoff gewesen sein. Um die Spelzenbruchstücke im Mehl leichter aufzufinden, kann man das Mehl, wie bei der Vorbereitung gesagt ist, behandeln. Man wird dann aber meist im Verhältniss zu viel Gerstenspelzenfragmente erhalten, da diese widerstandsfähiger sind als die Roggenschale und durch die angewandten Alkalien oder Säuren nicht so leicht zerstört werden. Vor allem verkleistere man das fragliche Mehl auch noch direkt auf dem Objektträger. Man untersuche künstliche Gemische mit 5, 10 etc. % Gerstenmehlzusatz. Wie viel Gerstenspelzen in ein Mehl gelangen, hängt auch von der Feinheit der Beutelung ab.

Die Kleberschicht besteht bei der Gerste aus 3 Reihen Kleberzellen; leider aber kann man dieses ausgezeichnete Erkennungsmittel nur gut verwenden, wenn zufällig einmal ein Stück Schale so liegt, dass man den Querschnitt sieht. Meist sieht man bekanntlich in Mahlprodukten nur Flächenschnitte.

Die Grosskörner der Stärke der Gerste sind in ihren Maximaldimensionen kleiner als die vom Roggen und selbst vom Weizen, die grössten sind 27—30 μ, selten bis 34 μ im Durchmesser, die meisten nur 22 μ, der Durchmesser sinkt aber bei den Gerstenkörnern bis 10 μ, ähnlich wie bei Roggen und Weizen.

Auch in der Asche kann man mikroskopisch die zackigen Epidermiszellen der Gerste nachweisen, am besten, nachdem man etwas verdünnte Salzsäure zugesetzt hat.

Erkennung von Maismehl im Weizen- oder Roggenmehl.

Die Erkennung ist leicht, wenn es sich um hartkörnigen glasigen Mais handelt, weniger leicht bei mehligem Mais. Im äusseren Theile des Maiskornes, der fast bei allen Sorten glasig ist, sind die Stärkekörner sehr eng aneinander gelagert und daher scharfkantig (5—6eckig), und 8—30, meist 16—22 μ im Durchmesser. Im Innern ist das Maiskorn mehr oder weniger mehlig, bei hartem Mais nur ein sehr kleiner Theil; die Stärkekörner liegen im mehligen Theile lockerer, sind rundlich oder rundlich-eckig und infolge der eingelagerten Luft sieht dieser Theil weiss, nicht glasig aus. Allen diesen Stärkekörnern, mögen sie rund oder eckig sein, ist aber gemeinsam ein deutlicher, meist spaltenförmiger Kern, während die gleich-

---

[1]) Einen guten Unterschied zwischen Gersten- und Haferspelzen bieten nach Emmerling die Parenchymzellen. Diese sind bei der Gerste regelmässig leiterartig angeordnet, beim Hafer unregelmässig (Landwirthsch. Versuchsstationen 1898. *50*. 1).

grossen Körner von Gerste etc. einen solchen nicht besitzen. Ausserdem haben die Maisstärkekörner eine grosse „Körperlichkeit".

In neuester Zeit ist in Amerika das Weizenmehl mit Maismehl verfälscht worden. Man erwärme 2 g Mehl mit 100 ccm Wasser im Wasserbade auf 70—72°. Die Weizenstärke beginnt bei 65° zu verkleistern und ist bei 70° stark verquollen, die Maiskörner, runde wie eckige, sind dann noch ganz erhalten.

Man kann auch eine kleine Probe Mehl 24 Stunden (aber nicht kürzer) in Chloralhydrat in einem verschlossenen Glase stehen lassen, die Maisstärkekörner sind dann weniger gequollen als die des Weizens. In beiden Fällen erhält man ein besseres Bild von der Menge des Zusatzes, als wenn man direkt ohne Vorbereitung untersucht. Wenn man sich z. B. selbst ein Gemisch von 10% Mais- mit 90% Weizenmehl macht und direkt untersucht, findet man nicht so viel Maisstärke, dass man auf 10% Zusatz schliessen würde; die vielen Weizenstärkekörner, besonders die kleinen, hindern die Uebersicht.

Die dicke Schale des Maiskornes besteht hauptsächlich aus Längszellen, von denen die innersten den rothen oder gelben Farbstoff enthalten. Beim blauen Mais ist die Kleberzellenschicht blau gefärbt.

3. Buchweizenmehl.

Der Buchweizen wird wohl selten zu Verfälschungen verwendet und unterliegt selbst auch wenig Fälschungen. Er kommt meistens als Grütze in den Handel. Die braune lederartige Schale wird vor dem Zerkleinern entfernt. Die Stärkekörner sind klein, meist einfach, scharfkantig, oft zu scharfkantigen Stärkekörpern, welche die ganze Zelle ausfüllen, verklebt. Die einzelnen Körner sind 5—13 μ gross. Oft sind mehrere reihenförmig aneinandergefügt, was als ein besonderes Merkmal gilt. Die gelbbräunliche Schale des Kerns (des Samens) hat einen zusammengesetzten Bau. Besonders treten deutlich die länglichen, wellig gebuchteten Oberhautzellen hervor, welche aber viel breiter sind und unregelmässigere, grössere Buchten zeigen als die der Hafer- und Gerstenspelzen, auch viel zarter sind.

Verfälschung von Buchweizenmehl mit Reismehl soll hier und da vorkommen. Das sicherste Kennzeichen des letzteren sind Theile der Reisschalen, des Silberhäutchens. Da die zwischen Frucht- und Samenschale liegenden charakteristischen Schlauchzellen (eigentlich innere Epidermiszellen der Fruchtschale) beim Silberhäutchen leicht durch heisse Alkalien zerstört werden, wie überhaupt das ganze Silberhäutchen, so setze man nur kalte verdünnte Kalilauge dem betr. Mehl zu. Auf dem Objektträger färbe man die hellen Wände des Silberhäutchens mit salzsaurem Anilin und Salzsäure oder schwefelsaurem Anilin und Schwefelsäure gelb, um sie sichtbarer zu machen.

Oefter finden sich in groben Weizen- und Roggenmehlen Stücke der schwarzen oder schwarzbraunen Schale von wilden Buchweizen- oder Knöterricharten, besonders von Polygonum Convolvulus, dem windenden Knöterich. Dieselbe ist durch starke ein- oder zweireihige Zeilen von Kuticularwarzen charakterisirt, die ebenso wie der äussere aus Längszellen gebildete Theil der Schale unter dem Mikroskop tief gelbbraun erscheinen.

4. Erkennung von Hülsenfruchtmehlen.

Zusatz von Ackerbohnen würde man an der Form der Stärkekörner, die meist oval, mitunter auch rundlich und 10—35 μ gross sind, erkennen. Die Erbsenstärkekörner zeigen verschiedene Form, rundlich, oval, nierenförmig, mitunter sind sie dreilappig; diese sieht Tschirch als die charakteristischsten an. — Mehl von gedarrten Hülsenfrüchten zeigt die Stärkekörner mitunter etwas gequollen.

Die Stärkekörner der meisten Hülsenfrüchte sind in einer proteïnreichen Grundsubstanz, die sich auf Zusatz von Alaun - Karmin oder dgl. schön roth färbt, eingebettet. Diese Grundsubstanz tritt bei den Leguminosen viel mehr hervor als beim Getreide. Aus dem vereinzelten Vorkommen von Leguminosen-Bruchstücken in Getreidemehlen darf man noch nicht auf Fälschung schliessen, sie können von Wicken etc., die als Unkraut im Getreide vorkommen, herrühren. (Siehe auch Rohstoffe No. 10, S. 6.)

5. Chemischer und mikroskopischer Nachweis anderer Verfälschungen und Verunreinigungen im Mehl.

A. Mineralische Verunreinigungen kommen selten als Verfälschung vor. Ihren Nachweis s. S. 10. Bei gröberen Mehlen findet man auch immer etwas Mühlsteinstaub als Bodensatz. Die Art derselben muss meist in der üblichen Weise chemisch nachgewiesen werden. Kohlensaurer Kalk und Alaun lassen sich aber auch leicht in anderer Weise erkennen.

Kohlensaurer Kalk. Man überträgt etwas von dem erhaltenen Bodensatz (am besten aus der Chloroform-Ausschüttelung) auf einen Objektträger, vertheilt es in einem Wassertropfen, legt ein Deckgläschen auf und beobachtet bei schwacher Vergrösserung.

Während der Beobachtung setzt man 1 Tropfen Schwefelsäure zu. Ist kohlensaurer Kalk vorhanden, so werden sofort Gasblasen und kleine Krystallnadeln (Gyps) auftreten.

Alaun. Man rührt 10 g des Mehls in 50 g Wasser, filtrirt und giebt zu dem Filtrat einige Tropfen gesättigte alkoholische oder essigsaure Kochenilletinktur. Ist Alaun vorhanden, so wird die gelbrothe Farbe der Tinktur in karminroth verwandelt. (Man mache eine Kontrollprobe mit reinem Mehl.) Die Probe mit Kochenille ist schärfer als diejenige mit Kampecheholz-Tinktur.

B. Organische Verunreinigungen. 1. **Mutterkorn.** Das Mutterkorn, Secale cornutum, ist bekanntlich der Dauerzustand des Pilzes Claviceps purpurea. Es kommt hauptsächlich auf Roggen vor und bildet schwarzbraune cylindrische oder hornförmige Körper, die aus den veränderten Fruchtknoten des Roggens hervorgegangen sind. Das Mutterkorn soll nach Kobert kurz vor und nach der Ernte am giftigsten sein; bekannt ist, dass es die Kriebelkrankheit erzeugt, wenn es in grösserem Maasse oder andauernd genossen wird[1]). Bruchstücke des Mutterkorns können trotz allen Absiebens in das Mehl gelangen. Namentlich in nassen Jahren und besonders in Gebirgsgegenden ist das Mutterkorn häufig.

Vorprüfung. Man schüttelt etwa 3 g Mehl in einem Reagensglase mit etwa der 3—4 fachen Menge Wasser unter Zusatz von einigen Tropfen Salzsäure. Ist Mutterkorn reichlich vorhanden, so sieht man schon mit blossem Auge braunrothe oder rothe Pünktchen, die man mikroskopisch näher untersuchen muss; denn sie können auch von Raden und Wicken etc. herrühren (Schimper).

Es bleibt zur sichersten Feststellung immer noch die mikroskopische Untersuchung übrig. Man mache sich erst dünne Querschnitte und Flächenschnitte vom Mutterkorn und untersuche sie in Wasser bei starker Vergrösserung (mindestens 250—300). Das Pilzgewebe zeigt am Rande eine braunrothe Färbung und bildet hier wie weiter im farblosen Innern scheinbar sehr kleine, regelmässige, oft fast quadratische Zellen, die dicht aneinanderschliessen (Pseudoparenchym), deren Membranen (die Pilzfäden) weder durch Chlorzinkjod noch durch Jod und Schwefelsäure blau gefärbt werden. Die inneren Zellen führen einen farblosen glänzenden Inhalt, der hauptsächlich aus fettem Oel besteht und dementsprechend durch Ueberosmiumsäure schwarz gefärbt wird. — In Chloralhydratlösung erscheint der ölige Inhalt in Gestalt kugeliger Tropfen, die zum Theil heraustreten.

Man untersuche nun den durch Kochen mit angesäuertem Wasser (oder nach einer der anderen Methoden) erhaltenen Bodensatz des fraglichen Mehles, gebe etwas davon mit einer Pipette auf einen Objektträger und trockne über einer Flamme oder auf dem Ofen. Man untersuche das getrocknete Präparat bei schwacher Vergrösserung, falls es zu trübe sein sollte, unter Zusatz eines Tropfens Nelken- oder Citronenöl. Das Mutterkorn zeigt dann rosenrothe Flecke.

Für eine genauere Prüfung bringe man etwas von dem Bodensatz auf einen Objektträger und füge Chloralhydrat zu. Man wird dann die Fragmente des Mutterkorns bei schwacher Vergrösserung als unregelmässige

---

[1]) Lehmann, Archiv f. Hygiene XIX. S. 109. — v. Franqué, Die Kriebelkrankheit in Nassau 1855/56. Med. Jahrbuch f. d. Herz. Nassau 1856 (Cit. v. Lehmann).

Klumpen finden, die von glänzenden, farblosen Kugeln (Fett) umhüllt sind. Diese Kugeln färben sich mit Ueberosmiumsäure braun bis schwarz. Bei stärkerer Vergrösserung wird man die kleinzellige Struktur, auch die Rindentheile genauer erkennen.

Nach K. B. Lehmann[1]) wird viel zu viel Werth auf die mehr oder weniger kubischen Zellen der Randschicht des Mutterkorns gelegt. Er findet noch viel charakteristischer das aus kurzen, in einander geflochtenen Hyphen bestehende Innere des Mutterkorns. Dünne Schnittchen aus dem schwach befeuchteten Kern liefern, mit einem Tropfen Natronlauge befeuchtet und etwas gedrückt, sehr hübsche Bilder. Es tritt eine Reihe der verschiedensten knorrigen, gekrümmten Zellformen auf, alle entweder ganz mit etwas glänzendem Inhalt gefüllt oder scharf umschriebene, sehr stark glänzende Fettkügelchen einschliessend.

Ed. Spaeth[2]) empfiehlt folgendes Verfahren: In eine 20 cm lange und $2\frac{1}{2}$ cm weite Röhre, die an einem Ende verjüngt ist und hier mit einem Stöpsel verschlossen wird, giebt man 20 g des fraglichen Mehles und dann so viel Chloroform, dass die Röhre zu $^3/_4$ gefüllt ist. Nach gutem Durchschütteln wird die Röhre ganz mit Chloroform gefüllt und 1—2 Minuten centrifugirt. Das Mutterkorn hat sich dann oben auf dem Mehle oder der Chloroformschicht mit anderen specifisch leichteren Theilen des Mehls, Haaren, Schalenbestandtheilen abgeschieden. Die charakteristischen Gewebe des Mutterkorns sind bei der mikroskopischen Untersuchung dann leicht zu unterscheiden[3]).

2. Brandsporen. Im Weizenmehl finden sich öfter die schwarzen Sporen des Weizenbrandes (Stinkbrand). Von ihm giebt es 2 Arten, den gewöhnlichen, Tilletia Caries, und den glatten, T. laevis. Beide sind meist kugelig, mit dicker äusserer Membran (Exosporium) versehen, etwa 0,017 mm im Durchmesser, unter dem Mikroskop braungelb; Tilletia Caries hat eine netzmaschige Membran, T. laevis eine glatte. Im Roggenmehl kommt der Roggenkörnerbrand, T. secalis, vor, aber nur selten; seine Sporen sind grösser, 0,018—0,023 mm, und noch stärker netzmaschig. Im Gersten- und Hafermehl, aber nicht selten auch im Weizenmehl und selbst Roggenmehl finden sich die viel kleineren braunen, runden, glatten, nur 0,005—0,008 mm grossen Sporen des Flugbrandes, Ustilago Carbo, den man neuerdings in mehrere Arten zerlegt hat. Hinsichtlich der Grösse steht in der Mitte zwischen dem Weizenbrande und dem Flugbrande der Maisbrand oder Beulenbrand, Ustilago Maydis, der sehr häufig ist. Seine kugeligen Sporen haben 0,009 — 0,011 mm Durchmesser und ein netzmaschiges Exosporium, mit nur wenigen als Stacheln hervortretenden

---

[1]) Arch. f. Hygiene XIX, p. 86.

[2]) Pharm. Centralh. N. F. 1896, 17, 542; Vierteljahresschr. d. Chem. d. Nahrungs- und Genussmittel XI, 411.

[3]) Siehe auch Gruber, Vierteljahresschr. d. Chem. d. Nahrungs- und Genussmittel X, 437.

Leisten. Ustilago destruens bewohnt die Hirse, Sporen 0,008—0,012 mm Durchmesser, braun, kugelig, undeutlich netzig. Andere Arten von Brandsporen finden sich auf anderen Pflanzen.

Der Weizen-Stinkbrand enthält Trimethylamin und riecht deshalb frisch nach Häringslake. Man hält ihn für giftig, obwohl bei Thieren durch Fütterungsversuche oft keine schädliche Wirkung nachgewiesen ist.

3. Schimmelpilze, bezw. deren Fortpflanzungsorgane finden sich nur in verdorbenem Mehl, besonders Penicillium glaucum, der graugrüne Pinselschimmel. Seine Sporen (Konidien) sind sehr klein, kaum 0,003 mm im Durchmesser, kugelig und farblos.

4. Kornrade, Agrostemma Githago, ist ein zur Familie der Nelken gehörendes Unkraut im Wintergetreide mit zahlreichen, kohlschwarzen, meist nierenförmigen, höckerigen, bis 4 mm grossen Samen. Unterhalb der Schale liegt peripherisch der gekrümmte Embryo, welcher allein das Gift, das Agrostemmasapotoxin (benannt von Kruskal[1])), einen Körper aus der Gruppe der Saponin-Substanzen, zu enthalten scheint. Im Innern ist kreideweisses Nährgewebe, das sehr charakteristische, keulen- oder spindelförmige zusammengesetzte Stärkekörner enthält, deren Theilkörner so winzig klein sind, dass sie Molekularbewegung zeigen.

In groben Mehlen erkennt man die Rade leicht an den schwarzen Schalenstückchen, auch bei mittelfeinen kann man unter der Lupe die feinen Bruchstücke der Schale ziemlich leicht finden; in ganz feinen Mehlen sind selten Theile der Schale enthalten. Man hüte sich übrigens, Schalen von dunklen Wicken, oder von echtem oder wildem Buchweizen, Polygonum Convolvulus, dafür zu halten. Das Mikroskop entscheidet leicht. Die Samenschale der Rade hat grosse (0,1—0,3 mm Durchmesser), tief braunrothe, zackig-wellig gebuchtete, stark verdickte Oberhautzellen, die nach aussen buckelartig vorspringen; häufig ist der Buckel kegelförmig, oben oft mit einer Vertiefung versehen, also kraterförmig, oft aber auch unregelmässig und ebenfalls oben mitunter vertieft. Die Böschung der Buckel ist mit kleinen Höckerchen besetzt. Die übrigen Theile der Samenschale sind weniger charakteristisch. Wenn keine Schalentheile vorhanden sind, ist der Nachweis schwieriger. Man muss dann auf die 0,02—0,1 mm grossen, spindelförmigen, zusammengesetzten Stärkekörner achten, die zwischen anderen, einfachen, sehr kleinen im Nährgewebe sich finden. Vogl empfiehlt, in Glycerin-Wasser zu untersuchen, da darin sich diese sog. „Stärkekörper" länger erhalten. In reinem Wasser zerfallen sie schneller, die Stärkekörnchen werden dabei frei und zeigen die oben erwähnte Molekularbewegung. In verdünntem Alkohol und beim Erwärmen lösen sie sich bald von einander. Benecke[2])

---

[1]) Kruskal, Ueber Agrostemma Githago. — Arb. d. pharmakol. Inst. Dorpat, 1891, VI. K. B. Lehmann im Arch. f. Hygiene XIX, 1893, S. 104.

[2]) Landw. Versuchsstat. Bd. 31, 1885, S. 407, m. Abb.

hat nachgewiesen, dass auch verwandte Samen aus der Familie der Caryophyllaceen und den ihr benachbarten Familien, z. B. Spörgel, Spergula arvensis, etc. ähnliche zusammengesetzte Stärkekörner (Stärkekörperchen) haben. Meistens sind diese kleiner, doch ist die Unterscheidung sehr schwer; nur wenn man Stärkekörper von über 70 μ sieht, kann man annehmen, dass sie von der Kornrade stammen. Einen Anhaltspunkt für Spörgel geben nach Benecke noch vielleicht die keulenförmigen, warzig punktirten Haare der Samenschale, welche leicht abgerissen werden und in das Mehl gelangen können.

5. Wicken. Vielfach kommen Samen verschiedener Wickenarten im Getreide vor, so Futterwicke (Vicia sativa), Vogelwicke (V. Cracca), zottige oder Sandwicke (V. villosa — diese wird sogar meist im Gemenge mit Roggen gebaut), schmalblätterige Wicke (V. angustifolia), rauhhaarige Wicke (V. hirsuta, Ervum hirsutum), viersamige Wicke (V. tetrasperma, Ervum tetraspermum); in Getreide aus südlichen Gegenden auch Ervum Ervilia. Am häufigsten sind V. hirsuta, tetrasperma und Cracca, erstere mit grünlichbraunen bis schwärzlichen, letztere beide mit grünlichen oder bräunlichen, fein gefleckten Samen, die von V. tetrasperma etwas kleiner; aber auch V. angustifolia, sativa und villosa sind nicht selten; sie haben meist eine schwarze Samenschale und dürfen diese, wie die aller dunklen Wicken, nicht mit der Schale der Kornrade verwechselt werden. Man kann sie schon mit der Lupe unterscheiden, da sie keine Höcker haben. Mikroskopisch erkennt man sie an den pallisadenartigen langen Oberhautzellen, die allen Hülsenfrucht-Samenschalen eigenthümlich sind. (Siehe Hülsenfrüchte.) Im Allgemeinen kann man die Wicken als unschädlich ansehen.

6. Taumellolch (Lolium temulentum) kommt hauptsächlich unter Hafer und Gerste vor, aber auch im Sommerroggen. Er wird meist beim Sortiren des Getreides entfernt. Die Körner sind mit den Spelzen verwachsen und einschl. dieser 6—7,5 mm lang, bis 2,5 mm breit. Die äussere Spelze hat eine Granne, die meist länger ist als sie selbst. Die Spelzen sind charakterisirt durch 1—3 stark quellende Zelllagen unter der Epidermis. Ebenso sind die eigentliche Fruchtschale und die Samenschale sowie der Eikern stark quellbar in kochendem Wasser oder in Kalilösung. Die Stärkekörner sind kugelig oder oval, bis 45 μ, zusammengesetzt (die Theilkörner nur 3—5 μ gross), mit z. Th. sehr deutlicher centraler Höhlung. Taumellolch ist eins der wenigen giftigen Gräser; oft ist er mit Brandsporen erfüllt, und in manchen Fällen mögen die brandigen Körner Ursache der Erkrankung sein. (Siehe auch S. 29 u. No. 53, 56, 76 der Litteratur, S. 51 f.)

7. Wachtelweizen und Klappertopf[1]). Die Samen des Wachtelweizens (Melampyrum arvense), einer Rhinanthacee, welche nebst denen

---

[1]) Siehe K. B. Lehmann, Ueber blaues Brot. Arch. f. Hygiene IV. 1886 S. 149.

des verwandten Klappertopfes (Rhinanthus) das Brod blau färben, sind in der Grösse den Weizenkörnern ähnlich, etwa 5 mm lang und $2^{1}/_{2}$ mm dick, unterscheiden sich aber von den Weizenkörnern dadurch, dass sie am Grunde einen stielchenförmigen konischen, etwas schwammigen Anhang besitzen. Sie unterscheiden sich ferner dadurch, dass sie ihre anfangs weisslichgelbe Farbe beim Lagern in ein bläuliches Schwarz verändern, was auf dem Gehalt an einem blauen Pigment beruht, das K. B. Lehmann Rhinanthocyan nennt und das er auch in dem Samen von Rhinanthus gefunden hat.

Uebergiesst man nach Lehmann Rhinanthaceen-Samen (Melampyrum oder Rhinanthus) enthaltendes Mehl mit Vogl'scher Lösung (95 Theile 70 procentigen Alkohols $+ 5^{0}/_{0}$ Salzsäure), so erhält man zuerst nur einen bräunlichen bis bräunlichrothen Auszug. Lässt man diesen 3—4 Stunden stehen, so färbt er sich immer stärker blau oder blaugrün, im Wasserbade bei 40^{0} schon in 10—30 Minuten. Der Farbstoff zeigt auch ein dem Indigo fast identisches spektroskopisches Verhalten, ist aber viel leichter zersetzbar.

Die Frage, ob man es mit Wachtelweizen oder mit Klappertopf zu thun hat, lässt sich nur mikroskopisch entscheiden. Man verkleistert nach Lehmann etwa 10 g Mehl mit nicht zu wenig Wasser, lässt absitzen und untersucht den Bodensatz. Ist Wachtelweizen zugegen, so sieht man, falls man Stücke aus dem Innern vor sich hat, grosse, meist sechseckige 100—150 μ im Durchmesser haltende Endospermzellen, die sehr dicke (bis 6 μ stark), stark lichtbrechende und dicht rosenkranzartig getüpfelte Wände aufweisen. Die Tüpfel sind sehr weit, oft 6—7 μ im Durchmesser.

Der Zellinhalt besteht bei Wachtelweizen, der etwas älter geworden ist, aus braunschwarzem Protoplasma, welches deutlich zapfenartige Fortsätze in die Tüpfel- oder Porenkanäle sendet. Eine an der Peripherie gelegene Reihe Zellen ist pallisadenartig, auf der Flächenansicht pflastersteinähnlich, stark verdickt, aber nicht rosenkranzartig getüpfelt. Ueber diesen Zellen liegt noch eine zarte Oberhaut mit rechteckigen Zellen.

Klappertopf. Von den verschiedenen Arten des Klappertopfes (Alectorolophus Haller, Rhinanthus L.) kommt nur die durch zottige Kelche und schmälere Flügel am Samen charakterisirte Varietät des grossen Klappertopfes, Alectorolophus major var. hirsutus (Alectorolophus hirsutus Allioni als Art) unter der Saat vor, und zwar in Deutschland nur im mittleren und südlichen Theile. Die Samen sind flach, ohrförmig oder nierenförmig und 3,5 mm lang, 2,2 mm breit, am konvexen Rande mit einem in der Breite oft variirenden, mitunter ganz fehlenden häutigen Flügel versehen, während dieser am konkaven Rande verkümmert und in ein schwieliges Gebilde verwandelt ist. Die Farbe der Samen ist frisch gelblich, nach längerem Liegen grünlich blau bis schwarzblau. Die inneren Zellen des Samens, die Endospermzellen, bieten nichts Charakteristisches;

sie sind polygonal, 20—30 μ breit, 35—50 μ lang, dünnwandig und mit Protoplasma und Fett erfüllt. Viel charakteristischer sind die Zellen des Flügels, der eine Fortsetzung der Samenschale darstellt. Diese sind gross, gelbbraun bis blassgelb und mit grossen schlitzförmigen Tüpfeln versehen. Nach Lehmann sind am geeignetsten für die Diagnose die grossen gelbbraunen bis 100 μ langen, oft keil- und birnförmigen Zellen an dem am stärksten entwickelten Theil des Flügels. IhreWanddicke beträgt 3—4 μ, ihre Tüpfel sind kleiner, weniger spaltenförmig, meist nur 1,5—3 μ breit und 3—4,5 μ lang, und ihre Zahl in jeder Zelle nicht sehr gross. Mitunter gelingt es nach Lehmann, aus blauem Brot mittelst sauren Alkohols (Alkohol, dem 5 % Salzsäure zugesetzt sind) schön blaugefärbte Auszüge zu erhalten, aber nicht immer, indem dann wahrscheinlich durch die Backhitze aus dem Glykosid ein anderer, violetter, in saurem Alkohol unlöslicher Körper gebildet wird. Man präparire deshalb aus blauem Brot die dunkelsten Stückchen heraus und untersuche diese mikroskopisch.

Man findet dann oft die Rhinanthaceen-Samen-Fragmente mit ihrem dunklen Inhalt, der bei Alectorolophus dunkelviolett bis bräunlichroth ist. Mitunter sieht man aber gar keine Fragmente dieser Samen, man findet dann die Haare des Weizens, bezw. Roggens, ebenso Schalentheile des Korns schön himmelblau oder anilinblau. Es muss also der blaue Farbstoff aus den Zellen, in denen er ursprünglich enthalten war, ausgetreten sein und muss die Haare, Schalen u. s. w. gefärbt haben. — Da wenigstens in einem Fall von zwei Untersuchern trotz allen Suchens gar keine ckarakteristischen Fragmente von Rhinanthaceen gefunden wurden, so entsteht die Frage, ob nicht vielleicht auch mitunter der blaue Farbstoff in der Kleberschicht derjenigen Roggenkörner, die eine blaugraue Farbe haben, austreten und diese Färbung herbeiführen kann. Es fanden sich in dem erwähnten Falle auch kleine scharfeckige, dunkel-, fast schwarzblaue Stückchen, und es wäre denkbar, dass eine zufällige Verunreinigung des Mehles mit Waschblau erfolgt sei oder vielleicht eine absichtliche, um das Mehl weisser erscheinen zu lassen, wie das beim Zucker geschieht. Letzteres scheint allerdings bei der vielen Mühe, die das verursachen würde, fast unwahrscheinlich.

Schädlich scheint das durch Rhinanthaceen blau gefärbte Brot nicht zu sein.

8. Ob die Samen (eigentlich Schliessfrüchte) der Cephalaria syriaca, einer zu den Scabiosen gehörenden Pflanze, wirklich das Brot blau färben, steht nach Lehmann's Versuchen noch nicht fest. Nach unseren Erkundigungen wird in Jaffa (Palästina) darüber geklagt, dass die länglichen, wie ein zusammengeklappter Schirm aussehenden Früchte, die nahezu gleichgross und gleichschwer wie Weizen sind und daher sich schwer entfernen lassen, so bitter sind, dass nur wenige genügen, um eine grosse Menge Mehl zu verderben. Die Schliessfrüchte sind beschrieben und gut farbig abgebildet in dem vom preussischen Kriegs-

ministerium herausgegebenen Werk „Getreide und Hülsenfrüchte“ [1]). Doch sind die 4 längeren Grannen viel zu kurz dargestellt. — Die Früchte sind von einem 8-furchigen Aussenkelch dicht umschlossen, von dessen 8 Zähnen 4 sehr lang, 4 etwas kürzer begrannt sind; die Grannen sind jedoch durch das Dreschen meist abgebrochen. Die Früchte laufen oben in eine Spitze, den Innenkelch, aus, sie sind länglich-rund, 8-furchig, mit dem Kelch 5—7 mm lang, aber ohne die Grannen meist 5—6 mm; Farbe mattgelb, bräunlich oder grünlichgelb, im Alter dunkelbraun. Zwischen Papier gedrückt geben sie stark ölige Flecke, beim Zerkauen haben sie anfangs einen süsslichen Geschmack, der nach und nach sehr bitter und kratzend wird. Derselbe Geschmack theilt sich dem Mehl mit. Es sollen $\frac{1}{4}$—$\frac{1}{2}$ % Scabiosenmehl bereits dem Brot eine wahrnehmbar blaue, 3 % eine dunkelblaue Farbe verleihen. Da die Pflanze von Spanien bis Persien verbreitet ist, so kann sie unter Weizen der verschiedensten südlichen Länder vorkommen. Nach den Angaben der Verwalter französischer Militär-Magazine sollen die Früchte (graines de datte) auch in indischem Getreide (Bombay-Weizen) gefunden sein, obwohl die indischen Floren die Pflanze nicht angeben.

Mikroskopisch zeigt der mit tiefen Längsfurchen versehene Aussenkelch von Cephalaria syriaca auf der Aussenseite eine gelb gefärbte, auf der Innenseite eine blassere Epidermis, beide von einer dicken glashellen Cuticula überzogen. Die Zellen der äusseren Epidermis sind mit grossen fast hervorragenden Krystallen von Calciumoxalat erfüllt, welche zierliche parallele Längsreihen bilden und eine interessante, selten vorkommende Schutzeinrichtung darstellen. — Zwischen den beiden Epidermen bildet eine aus faserförmigen, porös verdickten Zellen bestehende breite Schicht, die im äussern Theile dicht, nach innen lockerer ist, die Hauptmasse des Aussenkelches. Die Fruchtschale ist dünn und farblos, die Samenschale gleichfalls dünn, aber braun. Diese Samenschale färbt sich mit saurem Alkohol intensiv roth, indess bei älteren Samen nicht.

Dann folgt das reichlich vorhandene Endosperm, welches bei mikroskopischer Betrachtung eine glasige Beschaffenheit zeigt, während die beiden platt aneinanderliegenden breiten Keimblätter, welche in der Längsachse liegen, gelblichweiss oder an älteren Samen grünlichgelb sind. — Das Endosperm oder Nährgewebe besteht aus sehr dünnwandigen, dicht mit kleinen Proteïnkörnchen und Fett erfüllten 5—7-eckigen Zellen, die Keimblätter des Embryos aus ähnlichen, mehr quer gestreckten Zellen mit gleichem Inhalt, aber noch kleineren Proteïnkörnchen. (Diese Beschreibung weicht etwas ab von der von Lehmann [2]) gegebenen, wo von einer „bläulich-weissen Zone“ die Rede ist, „welche unter der Rindenschicht

---

[1]) II, 304 und Taf. VI, Fig. 6.
[2]) Archiv f. Hygiene IV, 1886, S. 149.

den ganzen Samen umgiebt und sich mit Säuren intensiv roth färbt". Die bläuliche Schicht ist offenbar das glasige Endosperm, die rothe Färbung tritt, wie Lehmann neuerdings an frischen Früchten fand, in der Samenschale ein, wenn man sie mit angesäuertem Alkohol behandelt. Sie mag von dort in das Endosperm diffundiren.)

Es soll auch Mehl mit Anilinblau versetzt werden, um ihm, wenn es gelblich ist, eine weissere Farbe zu geben. Nach C. Violette gebe man in eine flache Schüssel eine 2—3 mm dicke Wasserschicht, lege darauf ein Stück Filtrirpapier und darauf das verdächtige Mehl. Bei Gegenwart von Anilinblau entstehen schwarze kleine Punkte, welche bald grösser werden und sich in kreisrunde, blaue Flecke von einigen Millimetern Durchmesser verwandeln, welche im Mittelpunkt dunkler gefärbt erscheinen[1]).

II. Mikroskopische Prüfung des Brotes.

Diese hat sich auf dieselben Gegenstände zu erstrecken, die beim Mehl angegeben sind. Da die Stärke verkleistert ist, so kann sie nicht mehr als Anhalt dienen. Die Verunreinigungen lassen sich aber sehr gut auffinden, allenfalls muss das Brot vorher eingeweicht werden. — In Weissbrot findet man oft Hefezellen, die theilweise noch vermehrungsfähig sind; man hüte sich, sie als Pilzsporen anzusehen. Auch die zugesetzten Gewürze werden sich öfter finden. Im Uebrigen siehe bei Mehl.

D. Beurtheilung.

I. Mehl.

Je nach der Herkunft des Getreides und nach dem Feinheitsgrade des Mahlproduktes zeigen die Mehle eine zum Theil sehr verschiedene Zusammensetzung und Beschaffenheit. Zusammensetzung und Beschaffenheit werden ausserdem beeinflusst durch:

> Auswachsen des Getreides,
> Pflanzliche und thierische Parasiten,
> Lagerung der Brotfrucht,
> Aufbewahrung der Mehle,
> Fehlerhaften Mühlenbetrieb.

Die aus diesen Umständen herrührenden Fehler des Mehles treten

[1]) Bull. soc. chim. [3] 15, 456. Daraus in Chem. Centralblatt 1896, I, 1112 und in Vierteljahresschrift über die Fortschritte der Chemie der Nahrungs- und Genussmittel, XI, 258.

oft schon in den äusseren Eigenschaften, zuweilen erst in der Zusammensetzung und damit zusammenhängend in der Tauglichkeit zur Brotbereitung (Backfähigkeit) hervor.

1. Aeussere Eigenschaften.

Normale Mehle besitzen den reinen, von Schimmel- und Modergeruch freien charakteristischen Geruch der betreffenden Brotfrucht. Der Geschmack ist neutral, d. h. in keiner Richtung besonders hervortretend, insbesondere dürfen normale Mehle nicht kratzend, ranzig, bitterlich, süsslich oder säuerlich schmecken. Mehle, welche durch Feuchtigkeit verdorben sind, zeigen im Gegensatz dazu einen unangenehmen mulstrigen Geruch und Geschmack und lassen dann in der Regel auch Schimmelpilze erkennen.

Die Farbe bietet nur dann einen Anhaltspunkt für die Beurtheilung, wenn der Feinheitsgrad des betreffenden Mehles, d. h. die Handelsmarke, bekannt ist oder wenn grössere Mengen fremdartiger, wesentlich verschieden gefärbter Bestandtheile die Farbe beeinflussen.

Auch in der Zolltechnik spielt die Farbe eine grosse Rolle, da die Frage, ob für ein geringes Ausfuhrmehl noch die Wiedererstattung des Getreidezolles gefordert werden kann, durch Vergleich seiner Farbe mit der der „Type" in erster Reihe entschieden wird. Bestehen dann noch Zweifel, so entscheidet der Aschengehalt (vergl. S. 18).

Eine wesentliche Eigenschaft der Mehle ist ihre sog. „Griffigkeit", für deren Beurtheilung indessen nur der Praktiker zuständig ist.

Eine häufig zu beachtende Begleiterscheinung bei schlechten Mehlen ist das Auftreten von Milben, welche bei guten Mehlen nicht oder nur ganz vereinzelt vorkommen dürfen.

2. Chemische Zusammensetzung.

Der Wassergehalt von normalen Weizen- und Roggenmehlen beträgt 10—15%. Ein höherer Wassergehalt kann leicht die Veranlassung zu fehlerhafter Beschaffenheit bei der Aufbewahrung des Mehles geben.

Der Gehalt an Mineralbestandtheilen beträgt mit Einschluss des Mühlenstaubs in Roggenmehlen 1—2%, in Weizenmehlen 0,5—1% (in groben Ausfuhrweizenmehlen bis 2,7%). Der Gehalt an in Salzsäure unlöslicher Substanz (Sand) soll bei Weizen- und Roggenmehlen 0,3% nicht übersteigen.

Die groben, noch eben mit dem Anspruch auf Zollvergütung ausführbaren Weizenmehle haben einen weit höheren Aschengehalt als die groben Ausfuhrroggenmehle, ebenso hat die Weizenkleie meist einen höheren Aschengehalt als Roggenkleie. Bei Zweifeln, ob ein Mehl noch vergütungsberechtigt sei, haben die Steuerbeamten zunächst dasselbe mit einem bei jedem Hauptsteueramt hinterlegten Muster (der sog. Type) von Weizen- bezw. Roggenmehl hinsichtlich der Farbe und der Feinheit der

Mahlung zu vergleichen. Bleiben dann noch Zweifel bestehen, so ist das Mehl auf seinen Aschengehalt zu untersuchen. Als Grenzwerth sind laut Beschluss des Bundesraths vom 21. Oktober 1897 festgestellt:

in der Trockensubstanz

für Weizen-Ausfuhrmehl	2,65 %,
- Roggen-Ausfuhrmehl	1,87 -
- Weizen- und Roggen-Kleie	4,10 -

Für Gerstenkleie wird nächstens wahrscheinlich ein Minimum von 5, ein Maximum von 8 % gefordert werden.

Für Kleie gilt dies nur bei der Einfuhr; eine Kleie, die aschenärmer, also mehlreicher ist, muss als Mehl verzollt werden, im anderen Falle ist sie, wie alle Futtermittel, frei. Man hat neuerdings davon abgesehen, für Weizenkleie und für Roggenkleie je eine besondere Grenzzahl aufzustellen, da sie öfter gemischt in den Handel kommen. Ein Mehl, welches einen höheren Aschengehalt hat, als die Grenzzahl angiebt, ist nicht mehr vergütungsberechtigt.

Ueber den Säuregehalt von Mehlen lassen sich mangels einheitlicher und exakter Untersuchungsmethoden bestimmte Normen nicht aufstellen. Die Arbeiten von Günther und Hilger haben folgende Grenzzahlen für Säure (als Milchsäure berechnet) und Maltose festgestellt:

a) Mehle normaler Beschaffenheit Weizen 0,004—0,023, Roggen 0,023—0,045 % Säure;

b) Mehle aus ausgewachsenem Roggen 0,059—0,112 % Säure und 0,512—1,09 % Maltose.

Die Bestimmung der Gesammtnährstoffe, nämlich der Proteïnstoffe, der Stärke, bezw. der Gesammtmenge der Kohlenhydrate, des Zuckers, des Fettes und der Rohfaser sind zwar unerlässlich, wenn es sich um die Ermittelung des Nährwerthes eines Mehles handelt, können aber zur Beurtheilung des Mehles in Bezug auf abnorme Beschaffenheit nur in besonderen Fällen Verwendung finden. Hierher gehört die Beurtheilung gewisser stickstoffarmer Mehle aus Rauhweizen u. dgl., die Beurtheilung auf Grund abnormen Zuckergehaltes in Mehlen aus ausgewachsenem Getreide und endlich die Erkennung von Beimischungen gröberer Mehle oder ganz fremdartiger Zusätze auf Grund des Rohfasergehaltes. Bestimmte Normen für die Beurtheilung auf Grund des Gehaltes an Gesammt-Nährstoffen oder einzelnen derselben lassen sich bei der Verschiedenartigkeit in der Zusammensetzung der Mehle, die bereits durch ihre verschiedene Herkunft bedingt ist, nicht aufstellen. Es müssen vielmehr im Einzelfalle vergleichende Untersuchungen den Maassstab abgeben.

Unkrautsamen verschiedener Art sollen in Brotmehlen nicht vorkommen und es erscheint diese Forderung angesichts der hochenwickelten Technik der Müllerei durchaus berechtigt. Ein Gehalt an Mutterkorn von über 0,5 % ist schlechterdings verwerflich. Kleine Stückchen Mutterkorn von der Grösse der Roggenkörner lassen sich aus dem Getreide nicht ganz entfernen.

Zusätze von Alaun, Kupfer- und Zinksalzen sind, ganz abgesehen von gesundheitlichen Gefahren und ohne Rücksicht auf deren Menge, durchaus unstatthaft.

Ein Bleigehalt des Mehles begründet unter allen Umständen dessen Beanstandung.

Die unter No. 11—15, S. 9 vorgesehenen Prüfungen, nämlich die Kleberprobe bei Weizenmehl, die Teigprobe, die Verkleisterungsprobe, die diastatische Probe und die Backprobe können in zahlreichen Fällen willkommene Anhaltspunkte zur Beurtheilung der Brauchbarkeit eines Mehles liefern. Normale Weizenmehle enthalten nicht unter 25 % feuchten Kleber, der elastisch, zähe, stark dehnbar ist. Im Gegensatze dazu ist der ausgewaschene Kleber eines durch Auswachsen des Getreides oder in Folge von schlechter und zu feuchter Lagerung verdorbenen Mehles bröckliger, kürzer, weniger elastisch und leicht zerreissbar beim Dehnversuch.

Die durch die Teigprobe ermittelte wasserbindende Kraft des normalen Weizenmehles beträgt bis zu 60 %, des Roggenmehles bis zu 52 %; schlechte Mehle zeigen geringere wasserbindende Kraft als gute. Damit im Zusammenhange verhalten sich die aus normalen Mehlen mit der Hälfte des Mehlgewichtes an Wasser verkneteten Teige in ihren Eigenschaften und beim Liegen verschieden von den aus Mehlen von ausgewachsenem Getreide oder aus sonst verdorbenen Mehlen erhaltenen Teige. Während jene einen elastischen, dehnbaren Teig liefern, der beim Liegen durch 24 Stunden hindurch seine Form und Eigenschaften im Wesentlichen beibehält, geben abnorme Mehle einen weicheren, kürzeren, d. h. beim Dehnen leicht zerreissenden Teig, der schon nach kurzem Stehen an der Oberfläche glänzend, nach längerer Zeit schmierig wird, seine Form ändert, in besonderen Fällen sogar ganz auseinanderfliesst.

Auch bei der Verkleisterungsprobe treten Unterschiede zwischen normalen Weizen- und Roggenmehlen und solchen von abnormer Beschaffenheit oft sehr deutlich hervor. Gutes Mehl bildet einen steifen Kleister, der sich unverändert längere Zeit hält; schlecht backendes Mehl bildet entweder keinen Kleister oder nur vorübergehend einen solchen, der sich bald verflüssigt und die Konsistenz eines dünnen Syrups annimmt.

Analog verhalten sich die Mehle bei der diastatischen Probe. Normales Mehl giebt trübe, schwer filtrirbare Flüssigkeiten, einen Filterrückstand, der viel unveränderte Stärke enthält; schlecht backendes Mehl liefert klare Filtrate und einen Rückstand, der aus Fett, Proteïnstoffen und Rohfaser ohne wesentliche Stärkemengen besteht. In dem Filtrat finden sich bei normalen Weizenmehlen 10—15 % ihres Gewichtes an Maltose, in schlechten 30—50 %, bei normalen Roggenmehlen 10 — 25 %, bei schlechten Roggenmehlen 40—50% Maltose vor. Auch gegen Reagentien, wie Jodlösung, Tannin, Alkohol verhalten sich die Filtrate bei abnormen Mehlen merkbar verschieden von denjenigen der normalen Mehle.

Den wichtigsten Anhaltspunkt zur Beurtheilung der Backfähigkeit eines Mehles liefert endlich die Backprobe, entweder nach den Regeln der Bäckerei oder im Laboratorium mittelst des Kreusler'schen Apparates oder mittelst des Sellnick'schen Artoptons (siehe S. 17) angestellt. Dabei sind aber die besonderen Eigenschaften normaler Mehlsorten verschiedener Herkunft zu berücksichtigen. Der Werth dieses Backversuches wäre ein noch viel grösserer, wenn er nicht fast regelmässig wegen zu geringer Menge in einem sehr bescheidenen Maassstabe ausgeführt werden müsste, und wenn andererseits der Kreusler'sche oder Sellnick'sche Apparat den Verhältnissen der Bäckereipraxis noch vollkommener angepasst werden könnte.

Das Pekarisiren hat für die Beurtheilung von Mehlen nur insofern Werth, als es die genauere äussere Vergleichung von Mehlen gestattet.

In ähnlicher Weise beruht der Werth der Siebprobe nur in der Möglichkeit, grössere Fragmente zu erkennen, als sie nach dem Feinheitsgrade der Mehle zulässig wären, und gleichzeitig gröbere Beimengungen von Fremdkörpern zum Zwecke einer weiteren Untersuchung abzuscheiden. Sogenannte Feinmehle gehen durch ein Sieb, welches mit seidener Müllergaze No. 8 bespannt ist und etwa 0,2 mm Maschenweite hat, meist ohne Rückstand, höchstens mit Zurücklassung von etwa 1% ihres Gewichtes. Bei einer zu treffenden Vereinbarung würde also ein Gehalt von 2% Siebrückstand als gerade noch zulässig betrachtet werden können. (Vergl. S. 19.)

Allgemein muss der Anspruch erhoben werden, dass die Mehle des Handels ihren Bezeichnungen zu entsprechen haben; jedoch kann auf Grund ortsüblicher Gebräuche der Zusatz von geringen Mengen Weizenmehl zu Roggenmehl oder von Leguminosenmehl zu Weizenmehl gestattet sein.

Normale Mehle sollen frei sein von Milben. Die Beanstandung eines Mehles ist aber auf Grund des Milbengehaltes nur angängig, wenn durch einen grösseren Gehalt an Milben das Mehl in ekelerregender Weise verändert ist.

II. Brot.

Für die erste orientirende Beurtheilung von Brot liefert die organoleptische Prüfung wichtige Anhaltspunkte, und bei der Wichtigkeit und dem beständigen Genusse dieses Nahrungsmittels wird dem Ergebnisse der Prüfung durch die Sinne ein hoher Werth beigelegt werden müssen. Zu berücksichtigen aber ist dabei, dass alter Brauch und lange Gewohnheit in dieser Hinsicht ausserordentlich verschiedene Ansprüche in den verschiedenen Theilen Deutschlands hervorgebracht haben. Es lassen sich daher, abgesehen von der Schwierigkeit der Definition, schon aus dem genannten Grunde ganz allgemein gültige und feststehende Normen kaum aufstellen. Gewisse Forderungen indessen scheinen für alle Verhältnisse gleichmässig berechtigt.

Ein gutes Brot soll angenehmen Geruch und Geschmack zeigen; es soll denjenigen Grad der Lockerung besitzen, welcher durch die jeweilig angewendeten Triebmittel (Sauerteig, Hefe oder andere Kohlensäure liefernde Mittel) erfahrungsgemäss im normalen Backprocess erzielt wird. Es soll eine hart gebackene, von Rissen freie Rinde zeigen; es soll weder zu sauer noch fade sein; es darf auf der Schnittfläche nicht schliffig, speckig, wasserstreifig sein; es muss im frischgebackenen Zustande elastisch sein und darf keine unzertheilten Mehlknötchen enthalten. In frischem Zustande darf Brot keine Schimmelbildung zeigen.

Abnorme Eigenschaften des Brotes können durch Fehler im Bäckereibetriebe veranlasst sein (Art der Einteigung, Beschaffenheit des Sauerteiges, der Hefe, Temperaturfehler beim Einteigen, beim Gehen des Teiges und beim Backen), nicht zu vergessen den Einfluss schlechter Fette bezw. schlechter Milch bei feineren Gebäcken, oder sie können veranlasst sein durch die ungeeignete Beschaffenheit der verwendeten Mehle bezw. der in manchen Gegenden üblichen Zusätze von Mehl aus Hülsenfrüchten, von Kartoffeln u. dgl. Aus diesem Grunde ist es unerlässlich, auch die verwendeten Mehle u. s. w., wo immer dies möglich, in den Kreis der Untersuchung bezw. Beurtheilung zu ziehen.

Ausser den obigen allgemeinen wären noch folgende besonderen Anforderungen an ein gutes, normales Brot zu stellen:

1. Der Wassergehalt des Brotes (Krume) soll 45 % nicht überschreiten.

2. Der Aschengehalt des Brotes unterliegt je nach dem Zusatze von Kochsalz und dem Feinheitsgrade der verwendeten Mehle grossen Schwankungen; es sind deshalb bestimmte Anforderungen in dieser Richtung nicht zu rechtfertigen.

3. Bei den bisherigen spärlichen Untersuchungen über den Säuregehalt des Brotes sind auch hierfür bestimmte Gehaltszahlen nicht aufzustellen.

4. Für die Beurtheilung von im Brote nachgewiesenen Zusätzen von Alaun, von Kupfer- und Zinksalzen gelten dieselben Gesichtspunkte, wie sie beim Mehl entwickelt wurden; derartige Zusätze müssen aus gesundheitlichen Erwägungen durchwegs als verwerflich bezeichnet werden.

5. Die Bestimmungen der Gesammtnährstoffe in Broten sind in der Hauptsache von physiologischem Interesse und können zur Beurtheilung eines Brotes nur in vereinzelten Fällen herangezogen werden.

Präparirte Mehle.

Hierher gehören namentlich die Leguminosenpräparate, die unter dem Namen „Leguminose" u. s. w. in den Handel kommen. Sie bestehen meist aus gekochten (gedämpften) Leguminosenmehlen mit Zusatz von Getreidemehlen, oft auch mit einem Zusatz von Salz und anderen Gewürzen.

Aehnlich sind die Kraftsuppenmehle, die Suppentafeln, das Grünkernmehl hergestellt. Die früher sehr bekannte „Revalescière" oder „Revalenta arabica" bestand aus Mehl von weissen Wicken, vielleicht auch nur aus Bohnen- oder sonstigem Leguminosenmehl. In einigen Leguminosenpräparaten, die sehr fettreich sind, soll dieser höhere Fettgehalt durch Zusatz von Sojabohnenmehl erreicht sein; da aber Sojabohnen bei uns jetzt wenig im Handel sind, so erscheint das zweifelhaft. Durch das Dämpfen bzw. Darren wird jedenfalls die Verdaulichkeit der Hülsenfruchtmehle erhöht; dies erzielt man in noch höherem Grade, indem man sie mit Diastase oder Malzmehl behandelt. Solche Präparate führen die Namen: Malto-Legumin, Malto-Leguminose etc.

Liebig's Backmehl ist nichts weiter als Weizenmehl, dem Liebig'sches Backpulver (Natriumbikarbonat und saures phosphorsaures Calcium) zu etwa 1 % zugesetzt ist. Das Präparat lässt sich zur schnellen Herstellung von Kuchen etc. verwenden, ist aber zu theuer. Aehnlich theuer ist Liebig's Puddingpulver und ähnliche Präparate; das Puddingpulver besteht nach J. König aus Stärkemehl und Gewürzen nebst einem Gährmittel.

Aleuronat ist ein aus dem bei der Weizenstärkefabrikation abfallenden Kleber hergestelltes Produkt, welches dem Mehl zugesetzt wird und so den Proteïngehalt im Aleuronatbrot bis auf 25 % steigert.

In ähnlicher Weise verwendet man neuerdings zu Suppenmehlen das aus Proteïnstoffen bestehende Tropon Finkler's.

Nudeln und Maccaroni werden aus sehr kleberreichem Weizen, namentlich Triticum durum, wie er besonders in Südeuropa vorkommt, bereitet; daher sind die südeuropäischen Nudeln aus Hartweizen die besten. Neuerdings stellt man aber auch bei uns und in Frankreich durch Zusatz von Weizenkleber zum Mehl des gewöhnlichen Weizens gute Nudeln etc. her; man nimmt etwa 50 Theile Mehl, 10 Theile frischen Kleber und 5—6 Theile kochendes Wasser. Auch führt man direkt Hartweizen ein und fertigt daraus die Nudeln an. — Der Hartweizengries wird zu dem Zweck mit wenig, aber heissem Wasser (34 Theile Gries, 10—12 Theile Wasser) meist unter Zusatz von Eiern und Salz zu einem steifen Teig angerührt und durch entsprechend geformte Oeffnungen gepresst oder in Formen gedrückt.

Die Zusammensetzung der Nudeln ist nach J. König: Wasser 13,07 %,

Stickstoffsubstanz 9,02 %, Fett 0,2 %, Zucker 1,55 %, Dextrin 1,46 %, sonstige N-freie Extraktstoffe 73,78 %, Asche 0,84 %.

Die Nudeln werden meist durch Eigelb oder Safran, seltner durch Kurkuma oder Orlean schwach gelb gefärbt[1]). Mitunter soll auch Pikrinsäure, Dinitrokresol (Viktoriagelb), Dinitronaphtol (Martiusgelb) und auch das Gelb NS (dinitronaphtolsulfosaures Kalium) zum Färben verwendet werden. Den Nachweis des Eigelbs siehe in den Vereinbarungen Heft I, S. 53. Zum Nachweise der erwähnten Farbstoffe dürfte E. Corcil's Verfahren[2]) am besten sein. Man zieht mit Alkohol aus, färbt mit einem Theil der Lösung etwas Wolle und dampft das Uebrige ein. Bringt man zum Rückstande oder auf die Wolle etwas koncentrirte Schwefelsäure, so entsteht ein Farbenwechsel, oder nicht. Im ersteren Falle hat man es a) mit Safran zu thun, wenn die Färbung blau oder rasch vorübergehend blau ist; b) mit Orlean, wenn die Färbung indigoblau und beständig; c) mit Tropäolin, wenn sie roth, violettroth oder braungelb erscheint. Entsteht jedoch kein Farbenwechsel, so ist a) Kurkuma leicht an der (braunen) Färbung des Rückstandes mit Alkali und mit Borsäure zu erkennen, b) Pikrinsäure an der Pikraminsäure-Reaktion; bei c) Martiusgelb löst sich der Farbstoff nicht in kaltem, wohl aber in heissem Wasser; in der Lösung erzeugt Kali keinen, Salzsäure einen weisslichen Niederschlag; d) bei Gelb NS giebt die wässrige Lösung des Rückstandes mit Salzsäure keinen, mit koncentrirter Schwefelsäure einen braungelben Niederschlag; Zinkpulver entfärbt die Lösung.

Suppenmehle sind meist gedämpfte und oft mit Gewürzen versehene Mehle. Ganz besonders gehören die Grünkernmehle, die aus gedarrtem unreifen Spelz bereitet werden und wegen des Darrens einen feinen aromatischen Geschmack besitzen, hierher.

Tapioka Julienne wird, wenn echt, aus Maniokmehl und Suppenkräutern bereitet.

Stärkemehle.

Unter Uebergehung der Bereitung der Stärke sollen hier nur die wichtigsten Stärkemehle des Handels besprochen werden, soweit sie nicht schon beim Mehl geschildert sind.

1. Kartoffelstärke. Die Stärkekörner gehören mit zu den grössten des Pflanzenreiches, doch kommen auch viele kleine vor; die meisten messen 0,070—0,090 mm, selten erreichen sie 0,140 mm. Die kleineren sind rundlich, die grossen oval, oft austernschalenartig, der Kern liegt excen-

---

[1]) Ueber die Erkennung von Eigelb siehe E. Spaeth in Forschungsber. Lebensmittel 1896, III, 49, in Vierteljahresschr. d. Chem. d. Nahrungs- und Genussmittel XI, 259.

[2]) König, Chemie der menschlichen Nahrungs- und Genussmittel. 3. Aufl. II, 534.

trisch am schmalen Ende. Schichtung ist sehr deutlich. Oefter trifft man halb zusammengesetzte Körner, die noch von gemeinsamen Schichten umgeben sind. Einzeln kommen auch zu 2 und 3 zusammengesetzte Körner vor.

2. **Westindisches Arrowroot**, aus dem Rhizom von **Maranta arundinacea**. Diese theuerste Stärke ist der billigsten, der Kartoffelstärke, ziemlich ähnlich. Die meisten Körner sind oval, auch die kleineren im Gegensatz zur Kartoffelstärke nicht kugelig. Der Kern liegt theils in der Mitte, theils excentrisch, meist am breiteren Ende, von ihm gehen zwei Spalten ab, die einen sehr stumpfen Winkel mit einander bilden, welcher bei schwächerer Vergrösserung wie ein schwarzer Querstrich erscheint. Längster Durchmesser 0,013—0,070, häufigste Werthe nach **Wiesner** 0,027—0,054 mm. Sie sind also kleiner als die Kartoffelstärkekörner.

3. **Brasilianisches Arrowroot**, Tapioka, Maniok, Kassave, aus den Wurzeln einer Euphorbiacee, **Manihot utilissima** Pohl (Jatropha Manihot L). Stärkekörner meist zu 2, 3 oder 4, selten zu mehreren zusammengesetzt, in der Handelswaare aber oft auseinandergefallen. Die einzelnen Körner sind kugelig, aber an den Zusammensetzungsflächen scharfkantig, oft paukenförmig oder kurz zuckerhutförmig, mit deutlichem Kern. Die Körner sind 0,007—0,029, meist 0,020 mm lang. Der Randtheil ist lebhaft bläulich-weiss glänzend, der um den Kern liegende Theil matt, etwas röthlich-weiss erscheinend; doch ist diese Differenzirung nicht immer sichtbar. Tapioka ist eigentlich bereits verkleisterte Maniokstärke, brasilianischer Sago.

4. **Sago**. Durch theilweise Verkleisterung und Trocknen kann man aus jeder Stärke Sago bereiten; indess geschieht das im Grossen nur mit der Kartoffel-, der Maniok- und der Sagopalmstärke. Alle zeigen die Stärkekörner unter dem Mikroskop verquollen und die Kernhöhle erweitert.

Der echte **ostindische Sago** von **Sagus Rumphii** besteht zum grössten Theil aus einem grossen ovalen Stärkekorn von etwa 0,065 mm Länge, dem am einen Ende 1, 2 oder mehr viel kleinere Theilkörner angefügt sind (in der Handelswaare oft abgefallen, die Bruchflächen am grossen Korn aber durch scharfe Kanten noch erkennbar). Das grosse Korn hat eine mächtig erweiterte Kernhöhle und zeigt meist deutliche Schichtung oder Quellung infolge der Verkleisterung.

Verfälschung durch Kartoffelsago, der nie so grosse Kernhöhlen zeigt, und durch brasilianischen Sago (Maniok).

Litteratur.

1. L. Wittmack, Anleitung zur Erkennung organischer und unorganischer Beimengungen im Roggen- und Weizenmehl. Leipzig, Moritz Schäfer (1884).

2. L. Bondonneau, Wasserbestimmung bei säuerlichen Mehlen. Compt. rend. *98*. 153.

3. A. Hilger u. Günther, Säurebestimmung im Mehl. Mittheil. a. d. pharmaz. Inst. in Erlangen. 1889. Heft *2*. 13.

4. Thal, Säurebestimmung in normalem und verdorbenem Mehl. Pharmaz. Zeitschr. f. Russland. 1894. 641.

5. A. Stutzer, Trennung und Bestimmung der verschiedenen Stickstoffverbindungen. Journ. f. Landw. 1881. 473 u. Repert. f. anal. Chem. 1885. 162.

6. J. König, Chemie der menschlichen Nahrungs- und Genussmittel. 3. Aufl. *2*. 547. Bestimmung von Zucker und Stärke in Mehlen.

7. E. Wein, Tabellen zur quantitativen Bestimmung der Zuckerarten. Stuttgart 1888.

8. M. Märcker, Bestimmung der Stärke. Handb. d. Spiritusfabrikation. 7. Aufl. Berlin 1898. 106.

9. W. Thörner, Bestimmung der Holzfaser in Futtermitteln mit Hilfe der Centrifuge. Chem. Zeitung 1893. *17*. 394.

10. A. E. Vogl, Die gegenwärtig am häufigsten vorkommenden Verfälschungen und Verunreinigungen des Mehles und deren Nachweisung. Wien 1880, und A. E. Vogl, Die wichtigsten vegetabilischen Nahrungs- u. Genussmittel. Wien u. Leipzig. Urban und Schwarzenberg 1899.

11. E. Egger, Ueber das Vorkommen blau gefärbten Zellinhaltes in der Kleberschicht von Roggenkörnern. Arch. f. Hygiene 1883. *1*. 143.

12. A. Hilger, Nachweis von Mutterkorn. Arch. f. Pharmaz. 1885. 828.

13. J. Herz, Nachweis von Alaun in Mehlen. Repert. f. anal. Chem. 1886. 359.

14. Jules van den Berghe, Nachweis von Kupfer im Brot. Chem. Zeitung 1890. Repert. 192.

15. G. Rupp, Ermittelung der wasserbindenden Kraft des Mehles. „Die Untersuchung von Nahrungs- und Genussmitteln". Heidelberg 1894. 181.

16. A. Halenke u. W. Möslinger, Die Teigprobe beim Mehle. Corresp.-Bl. d. freien Vereinigung bayerischer Vertreter d. angew. Chemie. 1884. No. 1. 2.

17. A. Halenke u. W. Möslinger, Die Prüfung der Mehle auf Grund ihrer diastatischen Eigenschaften. Ebendaselbst 2.

18. U. Kreusler, Apparat zu Backversuchen. Centralbl. f. Agrik.-Chem. 1887. *16*. 773.

19. K. B. Lehmann, Säuregehalt des Brotes. Arch. f. Hygiene 1893. *19*. 363.

20. M. Weibull, Fettbestimmung im Brote. Zeitschr. f. angew. Chemie. 1892. 450.

21. E. Polenske, desgleichen. Arbeiten a. d. Kaiserl. Gesundheitsamte 1893. *8*. 678.

22. K. B. Lehmann, Beiträge zur physikal. Beschaffenheit des Brotes. Arch. f. Hygiene. 1894. *21*. 215.

23. R. Kayser, Zur Säurebestimmung in Mehlen. Korresp.-Bl. d. freien Vereinig.
    bayer. Vertreter der angew. Chemie. 1884. No. 2. 12.
24. Balland, desgl. Journ. Pharmac. et Chim. 1893. 5. Sér. *28.* 159.
25. A. v. Asbóth, Ueber Stärkebestimmung. Repert. f. anal. Chemie. 1887.
    7. 299.
26. Leclerc, desgl. Journ. Pharmac. et Chim. 5. Sér. *21.* 641.
27. M. Hönig, desgl. Chem. Zeitung 1890. 868 u. 902.
28. Fr. Holdefleiss, Ueber Rohfaser- bezw. Cellulose-Bestimmung. Landw.
    Jahrb. 1877. Suppl.-Heft 130.
29. H. Wattenberg, desgl. Journ. f. Landw. 1880. *21.* 273.
30. Fr. Schulze, desgl. Chem. Centr.-Bl. 1857. 321.
31. Lange, desgl. Zeitschr. f. physiol. Chemie 1895. *14.* 283, und Zeitschr. f.
    angew. Chemie 1895. 561.
32. Gabriel, desgl. Zeitschr. f. physiol. Chemie 1892. *16.* 370.
33. Cross u. Bevan, desgl. An outline of the Chemistry of the structural
    elements of plants 95.
34. Suringar u. Tollens, desgl. Kritische Arbeit über Cellulosebestimmungs-
    methoden. Zeitschr. f. angew. Chemie 1896. 712 und 742.
35. W. C. Young, Nachweis von Alaun im Brote. Vierteljahresschr. über d.
    Fortschr. a. d. Gebiete d. Nahrungs- und Genussmittel 1887. 76 u. 387.
    Ebendaselbst 1890. 178.
36. Schumacher-Kopp, desgl. Ebendas. 1889. 164.
37. Cohen, desgl. Ebendas. 1886. 222.
38. A. Dupré, desgl. J. König, Chemie der menschl. Nahrungs- und Genuss-
    mittel. 3. Aufl. *2.* 549.
39. Welborn, desgl. Ebendas. 549.
40. Rénard u. J. Girardin. Ueber Kleberbestimmung. Zeitschr. f. anal.
    Chemie 1882. *21.* 435.
41. Balland, desgl. Compt. rend. *97.* 496.
42. Wm. Frear, desgl. Zeitschr. f. anal. Chemie 1886. *25.* 430. Daselbst
    nach American Chem. Journ. *6.* 402.
43. Kunis, Aleurometrische Prüfung von Mehl (Farinometer). Zeitschr. f.
    Nahrungsmitteluntersuchung, Hygiene und Waarenkunde 1892. 217 und
    1894. 49.
44. K. B. Lehmann, Hygienische Studien über Mehl und Brot. I. Ueber
    den Feinheitsgrad der Mehle, bezw. die Siebprobe. Arch. f. Hygiene
    1893. *19.* 71.
45. Prausnitz, desgl. Zeitschr. f. Biologie 1894. *30.* 365.
46. R. Hefelmann, desgl. Zeitschr. f. öffentl. Chemie *3.* 50.
47. W. Danckwortt, Prüfung des Roggenmehles auf einen Gehalt an Weizen-
    mehl (Bamihl'sche Probe). Zeitschr. f. anal. Chemie 1871. *10.* 366. Das.
    nach Arch. d. Pharmaz. *145.* 47.
48. F. Benecke, Zum Nachweise der Mahlprodukte des Roggens in den Mahl-
    produkten des Weizens. Landw. Versuchsstationen 1889. *36.* 337.
49. Balland, Recherches sur les blés, les farines et le pain. 2 éd. Paris u.
    Limoges 1894 und viele Aufsätze in Compt. rend.; u. A. 1895. *121.* 786.
50. A. Girard, Verschied. Aufsätze in Compt. rend. u. besonders in Ann. de
    Chimie et. de Phys. 6. Sér. 1884. *3.* 289.

51. J. Möller, Mikroskopie der Nahrungs- und Genussmittel aus dem Pflanzenreiche. Berlin 1886.

52. A. F. W. Schimper, Anleitung z. mikrosk. Unters. der Nahrungs- und Genussmittel. Jena 1886.

53. Tschirch und Oesterle, Anatomischer Atlas der Pharmakognosie und Nahrungsmittelkunde. Leipzig seit 1893 (im Erscheinen begriffen).

54. C. O. Harz, Landw. Samenkunde. Berlin 1885.

55. Körnicke u. Werner, Handbuch des Getreidebaues. 2 Bände. Berlin 1885.

56. L. Wittmack, Das Mehl u. seine Verfälschungen in: „Die Natur". 1896. No. 40. (Wieder abgedruckt in „Deutsche Mehlindustrie". Berlin 1896.)

57. Getreide und Hülsenfrüchte als wichtige Nahrungs- und Genussmittel mit besonderer Berücksichtigung ihrer Bedeutung für die Heeresverpflegung. Herausgegeben im Auftrage d. Kgl. preuss. Kriegsministeriums. 2 Theile. Berlin. E. S. Mittler & Sohn 1895. (Verfasst vom Kgl. Proviantamts-Direktor, Rechnungsrath Eisermann in Potsdam.)

58. Friedr. Kick, Die Mehlfabrikation. Leipzig 1894. 3. Aufl.

59. K. Birnbaum, Das Brotbacken. Braunschweig 1878. (Lehrbuch der rat. Praxis d. landw. Gewerbe. 8. Theil.)

60. Max Falke, Ueber den Mahlprocess u. die chemische Zusammensetzung der Mahlprodukte einer modernen Roggenkunstmühle. Inaugural-Dissertation. München 1896. Druck von R. Oldenbourg.

61. Erich Romberg, Der Nährwerth der verschiedenen Mehlsorten einer modernen Roggenkunstmühle. Inaugural-Dissertation. München 1896. Druck von R. Oldenbourg.

62. Lebbin, Ueber eine neue Methode zur quantitativen Bestimmung der Rohfaser. Arch. f. Hygiene 1897. *28*. 212.

63. Plagge und Lebbin, Untersuchungen über das Soldatenbrot. (Veröffentlichungen aus dem Gebiete des Militär-Sanitätswesens. Herausgegeben von der Medicinal-Abtheilung des Kgl. preuss. Kriegsministeriums. Heft 12. 1897.)

64. Mège-Mouriès, Recherches chimiques sur le froment, sa farine et sa panification. Compt. rend. *44*. 40 und 449.

65. E. N. Horsford, Report on Vienna Bread (International Exhibition, Vienna 1873). Washington, Government Printing Office 1895.

66. W. Bersch, Die Brotbereitung. Wien, Pest, Leipzig 1895.

67. O. Dempwolf, Untersuchung des ungarischen Weizens und Weizenmehles. Ann. d. Chem. u. Pharm. 1869. *149*. 343.

68. Weinwurm, Ueber die Vertheilung der einzelnen Bestandtheile des Roggen- und Weizenkorns auf die verschiedenen Mahlprodukte. Oester.-ung. Zeitschr. f. Zuckerindustrie und Landwirthschaft. 1890. *19*. 163.

69. Victor Vedrödi, Untersuchung von Mehlsorten nebst einer neuen Methode zur Bestimmung der Feinheit der Mehle. Zeitschr. f. angew. Chemie 1893. 691.

70. Franz Kreuter, Die österreichische Hochmüllerei. Wien 1884 (im Anschluss an die Müllerei-Ausstellung in London 1881).

71. A. Girard, Ueber den Backwerth der Mehle; Bestimmung der Kleie und Keimlingsreste im Mehl, die die Qualität des Brotes herabsetzen. Zusammensetzung des Mehls und seiner Abfallprodukte beim Vermahlen von

weichem und hartem Weizen auf Walzmühlen. Compt. rend. 1895. *121.* 858 u. 922. Daraus in Biedermann's Centralbl. 1896. *25.* 761.

72. J. Chappuis, Ueber Brotbereitung. Compt. rend. 1895. *120.* 933. Daraus in Biedermann's Centralblatt 1896. *25.* 790.

73. L. Boutroux, Ueber die Ursachen der Dunkelfärbung des Brotes. Compt. rend. 1895. *120.* 934. Daraus in Biedermann's Centralbl. 1896. *25.* 790.

74. Codex alimentarius Austriacus. Mehl u. Mahlprodukte der Cerealien u. Leguminosen. Zeitschr. f. Nahrungsmitteluntersuchung, Hygiene u. Waarenk. 1897. *11.* u. 1898. *12.*

75. H. Sellnick, Das Artopton (ein Backapparat). Selbstverlag. Leipzig-Plagwitz. 1898.

76. C. Posner, Untersuchungen über Nährpräparate. Berliner klinische Wochenschrift 1898. No. 30.

Auf diese erst kürzlich erschienene Arbeit konnte in vorstehendem Abschnitt nicht mehr eingegangen werden. Es wird aber die Methode Posner's, das Mehl etc. mit einem Gemisch verschiedener Farben zu behandeln, zu centrifugiren und durch die Färbung des Bodensatzes die Eiweisskörper, Schalentheile etc. zu unterscheiden, weiter verfolgt werden.

Gewürze.

Referent des Ausschusses: **Dr. Hilger.**
Verfasser: **Dr. Hilger** und **Dr. Späth.**
Zunächstbetheiligter: **Dr. Fischer.**

Allgemeiner Theil.

Bei der Prüfung der Gewürze auf Verfälschungen muss stets berücksichtigt werden, dass es sich entweder um absichtliche Verfälschungen durch Zusätze von fremden Bestandtheilen oder um die Frage handeln kann, ob die Gewürze theilweise oder vollständig ihres wesentlichen Bestandtheiles beraubt (extrahirt) worden sind. Im Handelsverkehr sind vorwiegend die gemahlenen Gewürze Gegenstand der Untersuchung; für diese kommt in erster Linie die mikroskopische Prüfung in Betracht, die chemische steht dieser meistens nur ergänzend zur Seite.

Die Verfälschungen der gemahlenen Gewürze, welche sich in den letzten 20 Jahren in grosser Mannigfaltigkeit gezeigt haben, bestehen in Zusätzen minderwerthiger oder ganz werthloser Abfälle oder Erzeugnisse verschiedener Industriezweige, wie des Mahlprocesses, der Oelgewinnung, andererseits in Beimengungen von Mineralstoffen (Sand, Schmutztheile von der Gewinnung, Verarbeitung herrührend), deren vollkommene Beseitigung oft sehr erschwert wird. Wenn auch bei den einzelnen Abschnitten auf die beobachteten Verfälschungen jeweilen hingewiesen werden wird, seien doch folgende beobachtete Zusätze, welche bei den gemahlenen Gewürzen überhaupt eine Rolle spielen, hier zunächst erwähnt: minderwerthige getrocknete Obstsorten, vor Allem Birnen, Kerne von Datteln, Steinnüsse, Holz- und Rindenpulver besonders in Form von Eichenrindenmehl, Sandelholz, Holzmehl von Nadelhölzern, Pressrückstände von fett- und ölreichen Früchten und Samen, Oliventrestern, Erdnüssen, Palmkernen, Mandeln, Leinsamen, Rapssamen u. dergl., ferner Haselnuss-, Walnuss-, auch Mandelschalen, Abfälle der Müllerei in Form von Kleien, minderwerthige Leguminosenmehle, Fabrikate von genannten Kleien und Obstmehlen unter Zusatz von Farbstoffen, sog. Matta.

Als reine Waare soll bei der Prüfung der gemahlenen Gewürze nur jene bezeichnet werden, welche vollkommen frei von jeder fremden Beimengung gefunden wird und deren chemische Prüfung ebenfalls normale Verhältnisse zeigt.

Bei der Beurtheilung der gemahlenen Gewürze empfiehlt es sich, den Ausdruck „reine Waare" thunlichst zu beseitigen und an dessen Stelle nur von „marktfähiger Waare" zu sprechen. Bei der Herstellung der gemahlenen Gewürze muss der Thatsache gedacht werden, dass die Räume, in welchen die mechanische Zerkleinerung der Gewürze geschieht, in getrennter Benutzung für die einzelnen Gewürze nicht bestehen und nicht staubfrei sein können, ebenso Stengel- und Stielreste bei Früchten und Samen, geringe Beimengungen von fremden Stärkekörnern, Sand, Lehm u. dgl. als zufällige Beimengungen kaum vermieden werden können, wodurch der Begriff „marktfähig" zweifellos seine Berechtigung erhält. Denn geringe Mengen vereinzelter fremder Stärkekörner in Gewürzen, sowie das Vorhandensein vereinzelter Gewebselemente von Griffel oder der Blüthen des Safrans im Safranpulver, oder geringe Beimengungen von Nelkenstielen in gemahlenen Nelken und dergl. dürfen keinenfalls zu einer Beanstandung führen; sie gestatten stets, von einer Beanstandung solcher Waare abzusehen, berechtigen aber zweifellos noch den Ausdruck „marktfähige Waare".

Gewürze dagegen, die, unter dem Mikroskop betrachtet, von Pilzfäden durchzogen und durchwachsen erscheinen oder schimmelig sind oder sonst eine verdorbene Beschaffenheit zeigen, sind selbstverständlich nicht als marktfähige Waare zu betrachten.

Eine werthvolle Voruntersuchung besteht in dem Ausbreiten der zerkleinerten Gewürze in dünner Schicht auf einem Bogen Papier oder einem grossen, flachen Teller und Durchmusterung mit der Lupe, wodurch das Auslesen der verdächtigen Gewürztheile ermöglicht wird, wie Fragmente von Palmkernen, Mais u. s. w.

Bei der mikroskopischen Prüfung der Gewürze müssen die staubfeinen Theile zunächst von den gröberen mittels eines entsprechenden Siebes getrennt werden. Es empfehlen sich hierzu 2 Siebe, von welchen das eine eine Maschenweite von 1 mm, das andere eine solche von 0,5 mm besitzt. Von den gröberen Theilen sind, soweit möglich, mikroskopische Schnitte anzufertigen und zu untersuchen. Mindestens 6 einzelne Proben sind der vorliegenden Masse zu entnehmen.

Das abgesiebte feine Pulver ist ebenfalls einer sorgfältigen mikroskopischen Prüfung zu unterziehen.

Die Anfertigung von Dauerpräparaten bei verfälschten oder nicht als marktfähig befundenen Waaren ist zum Zwecke der Verwendung als corpus delicti dringend nothwendig. Diese Ueberführungsgegenstände vermögen ein viel sichereres Bild zu geben als die Mikrophotographien, wenngleich letztere für gerichtliche Fälle von unbestreitbarem Werthe sind.

Bei der Beurtheilung und Feststellung des Gehaltes an

Mineralbestandtheilen (Asche) sind die Lagerungs- und Aufbewahrungsverhältnisse der Gewürze in dem Gross- sowie Kleinbetriebe zu berücksichtigen, welche durch Temperatursteigerungen, vorhandene Feuchtigkeit u. dgl. mehr oder weniger beeinflusst werden; nicht minder verdienen Beachtung die Form, in welcher die Rohgewürze in Europa vielfach eintreffen, die durch den Versand, auch Zubereitung der gemahlenen Gewürze bedingten zufälligen Beimengungen, welche sich kaum vor dem Mahlen vollkommen beseitigen lassen. In Folge dessen hat der Sachverständige die folgenden höchsten Grenzzahlen von Fall zu Fall zu verwerthen und ist wohlberechtigt, eine vorliegende Ueberschreitung dieser Zahlen nach aufwärts, wenn dieselbe sich in den Grenzen von 0,1—0,3 bewegt, nicht sofort als absichtliche Fälschung zu deuten[1]).

Als höchste Grenzzahlen des Aschengehalts bei der Beurtheilung der Gewürze als marktfähiger Waare sind anzunehmen, vorausgesetzt, dass die botanische und mikroskopische Prüfung die Zulässigkeit ergeben hat, für:

	Asche: in Procenten der lufttrocknen Waare	in Salzsäure unlöslicher Theil %
Anis	10	2,5
Cardamomen (ganze Früchte)	6	2
Cardamomen (Samen für sich)	10	2,5
Fenchel	10	2,5
Ingwer	8	3
Koriander	7	2
Kümmel	8	2
Majoran	14	3,5—4
I. geschnitten u. getrocknet		
a) deutsch	10,5	2
b) französisch . . .	13	2,5
II. Blättermajoran		
a) deutsch	15	2,8
b) französisch . . .	17	3,8
Muskatblüthe (Macis) . . .	3	1
Muskatnuss	3,5	0,5
Mutternelken	7	1
Nelken	8	1
Paprika	6,5	1

[1]) Es ist darauf aufmerksam zu machen, dass sowohl König und Rau als auch Forster (Zeitschr. f. öffentl. Chemie 1898. 4. 630) an selbstgemahlenen Gewürzen Aschenzahlen erhalten haben, die zum Theil weit ausserhalb der im Allgemeinen zutreffenden, in den Vereinbarungen angenommenen Grenzzahlen liegen.

	Asche: in Procenten der lufttrocknen Waare	in Salzsäure unlöslicher Theil $^0/_0$
Pfeffer, schwarz	7	2
- weiss	4	1
Piment	6	0,5
Safran[1])	8	0,5
Senf	4,5	0,5
Zimmt		
I. Cassia		
a) Röhren	5	2
b) Bruch	8,5	4,5
II. Ceylon		
a) Röhren	5	2
b) Bruch	7	2,5
Zimmtblüthen	4,5	0,5

Chemische Untersuchung.

Die chemische Untersuchung der Gewürze beschränkt sich in vielen Fällen nur auf die Bestimmung des Aschengehalts und des in 10 %-iger Salzsäure unlöslichen Theiles der Asche, allenfalls auf nähere Untersuchung der Aschenbestandtheile; in besonderen Fällen können die Bestimmungen von Wasser, Stickstoff, besonders Fett und ätherischem Oel, in anderen Fällen die Bestimmung des alkoholischen oder ätherischen Extraktes, von Stärke, Pentosanen oder in Zucker überführbaren Stoffen, der Rohfaser Anhaltspunkte für die Beurtheilung mitliefern.

1. **Bestimmung der Asche und des in Salzsäure unlöslichen Antheiles derselben** (siehe „Allgemeine Untersuchungsmethoden", Vereinbarungen Heft I S. 17 u. 18).

Zur vorläufigen Orientirung über das Vorhandensein grösserer Mengen von Mineralstoffen in gemahlenen Gewürzen kann die bei Mehl benutzte Chloroformprobe Verwendung finden, wobei jedoch 5—10 g Substanz Verwendung finden müssen (Vereinbarungen Heft II S. 10).

Etwa 5—10 g der gut durchgemischten Waare werden in der Platinschale mit anfangs möglichst kleiner Flamme verbrannt. Bei der Bestimmung der Asche von Safran genügen 2 g.

Zur Bestimmung des in Salzsäure unlöslichen Theiles (Sand, Thon u. s. w.) wird die erhaltene Asche mit 10 %-iger Salzsäure eine Stunde bei etwa 30—40° stehen gelassen. Der hierbei verbleibende Rückstand wird filtrirt, ausgewaschen und nach dem Glühen gewogen.

Bei der Feststellung des Gehaltes an zugesetzten Mineralbestandtheilen empfiehlt sich, je nach dem mikroskopischen Befund, ein Schlämmverfahren,

---

[1]) Hier besteht die Voraussetzung, dass keine Kreide und keine Baryumverbindungen in der Asche vorhanden sind.

welches zweckmässig durch Ausschütteln der gemahlenen Gewürze mittels Chloroforms vorgenommen wird.

2. **Bestimmung des Gewichtsverlustes bei 100⁰.**

Der Bestimmung des Gewichtsverlustes gemahlener Gewürze bei 100^0 (bezw. des Wassergehalts) kann mit Berücksichtigung der in fast jedem Gewürze vorhandenen flüchtigen Stoffe kein grosser Werth beigelegt werden. Wird dieselbe nothwendig, um annähernd den Wassergehalt kennen zu lernen, so müssen 5 g 2 Stunden im Wassertrockenschrank getrocknet werden.

3. **Bestimmung des alkoholischen bezw. ätherischen Extraktes.**

Man bringt in ein vorher gewogenes Wägeglas, das unten und im Deckel mit je 3 Oeffnungen versehen ist und dessen untere Seite mit ausgewaschenem und ausgeglühtem Asbest so belegt ist, dass von dem Pulver nichts herausgerissen werden kann, ungefähr 5 g des Gewürzpulvers, trocknet dieselben im Wassertrockenschrank bei 100^0 bis zur Gewichtsbeständigkeit bringt das Glas mit Inhalt in einen Soxhlet'schen Extraktionsapparat und zieht etwa 8—12 Stunden mit Alkohol oder Aether aus. Nach dieser Zeit wird das Glas herausgenommen, im Wassertrockenschrank getrocknet und wieder gewogen. Der Verlust zwischen dem vom Wasser befreiten und dem Extraktionsrückstand giebt den in Alkohol bezw. Aether löslichen Antheil an. Auch kann an Stelle des Wägeglases der Gooch'sche Tiegel Verwendung finden.

4. **Bestimmung der Stärke bezw.** der in Zucker überführbaren Stoffe siehe „Allgemeine Untersuchungsmethoden", Heft I S. 14 u. 6—8.

Man verfährt auch zweckmässig nach der von E. v. Raumer[1]) angegebenen Methode.

5. **Die Bestimmung der Rohfaser** (Cellulose) s. „Allgemeine Untersuchungsmethoden", Heft I S. 16.

6. **Bestimmung des Gehaltes an ätherischem Oel.**

Das ätherische Oel wird durch Wasserdampf aus den Gewürzen entfernt; in dem Destillate wird das ätherische Oel ausgesalzen. Das Trocknen geschieht bei 15^0.

7. **Die Stickstoffbestimmung** erfolgt nach Vereinbarungen, Heft I S. 2.

Die im Verkehre auftretenden Gewürze.

Bei der im Folgenden zusammengefassten kurzen Beschreibung der einzelnen Gewürze ist für die in grösserer Verbreitung auftretenden die alphabetische Anordnung gewählt.

---

[1]) Zeitschr. f. angew. Chem. 1893, 455.

1. Cardamomen.

Die Früchte von **Elettaria Cardamomum White et Maton** bilden die sog. kleinen Cardamomen oder Malabar-Cardamomen. Als gepulverte Cardamomen sollen nur die in der dreikantig-rundlichen oder länglichen, etwas über 1 cm grossen 3fächerigen Kapsel vorhandenen Samen verwendet werden, da die Fruchtschalen kein oder nur sehr wenig ätherisches Oel enthalten.

Als Gewürz werden auch die langen oder Ceylon-Cardamomen von **Elettaria major Smith** benutzt, welche billiger, aber auch weniger aromatisch sind. Diese Früchte sind bis 4 cm lang, mit Samen, welche doppelt so gross sind wie die der Malabar-Cardamomen.

Verfälschungen: Mehle von Getreide und Leguminosen. Fruchtschalen von Cardamomen.

Mikroskopische Untersuchung. Unterscheidende Merkmale des Cardamomenpulvers sind bei der mikroskopischen Untersuchung: die Stärkeklumpen des Perisperms, die an das mikroskopische Bild des Pfeffers erinnern, jedoch unregelmässiger in der Form, grösser und gestreckter sind; die sehr kleinen Stärkekörner zeigen in der Regel die Kernhöhle. Ferner fallen die fast farblose Samenoberhaut (Schlauch- und Querzellen) und die dunkelbraunen Steinpallisaden der Sklereïdenschicht auf. Die Oberhaut der Fruchtschale der Ceylon-Cardamomen trägt einzellige Haare, die Zellen sind grösser und enthalten oft Krystalle; die Oberhautzellen der Samenschale sind kleiner und nach aussen stärker verdickt, die Pallisadenzellen der Sklereïdenschicht sind bedeutend grösser.

Fruchtschalenzusätze sind kenntlich an dem grosszelligen, schlaffen farblosen Parenchym mit eingeschlossenen gelben bis braunen Harzklumpen.

2. Gewürznelken.

Gewürznelken sind die nicht vollständig entfalteten, getrockneten und von ihrem ätherischen Oel noch nicht befreiten Blüthen von **Jambosa Caryophyllus Ndz.** (Caryophyllus aromaticus L.). Im deutschen Handel kommen neben Seychellen-Nelken hauptsächlich Sansibar-Nelken vor. Der Gehalt an ätherischem Oel ist grossen Schwankungen unterworfen (10 bis 25 %). Dennoch kann die quantitative Bestimmung des ätherischen Oeles und des Fettes grobe Verfälschungen oder eine minderwerthige Beschaffenheit der Gewürznelken kundgeben. Nelkenstiele enthalten nur 5—6 % ätherisches Oel.

Verfälschungen sind: Entölte Nelken. Ganze Nelken sollen unverletzt sein, aus Kelch und Köpfchen bestehen und beim Druck mit dem Fingernagel aus dem Gewebe des Unterkelches ätherisches Oel absondern. Die Menge desselben in gemahlenen Nelken soll mindestens 10 % betragen. Als Beimengungen kommen ferner vor: Nelkenstiele,

Sandelholz, Piment, Mutternelken, fremde Stärke, Mehle von Getreide und Leguminosen, Curcumawurzel.

Zum Vergleich bei der Prüfung des Nelkenpulvers auf einen zulässigen Gehalt an Nelkenstielen bedient man sich einer aus ausgesuchten reinen Nelken unter Zusatz von 10 % Stielen hergestellten, gemahlenen Mischung.

Mikroskopische Untersuchung. Für die mikroskopische Untersuchung des Nelkenpulvers, welches braun und von kräftigem Geruch und Geschmack sein soll, können als bemerkenswerth betrachtet werden das kleinzellige Gewebe der Oberhaut, ein etwas radial gestrecktes Parenchym mit den in 2 bis 3 Reihen angeordnet liegenden eirundlichen Oelbehältern, die an beiden Seiten sich zuspitzenden Bastfasern und die Bündel enger Spiralgefässe. Stärke, sowie sklerotische Elemente fehlen vollständig. Die Parenchymzellen enthalten gelbbraune, mit Kalilauge sich goldgelb färbende Massen, ferner Kalkoxalatdrüsen.

Durch Eisenchlorid wird das Gewebe der Nelken tiefblau gefärbt. Mit verdünnter Kalilauge behandelt, finden sich nach 1—2 stündigem Liegen und nach dem Auswaschen mit Wasser Krystallnadeln. Nelkenstiele sind leicht an den grossen rundlichen oder ellipsoidischen, stark verdickten Steinzellen und zahlreichen gelben, grösseren, spindel- und spulenförmigen Bastzellen zu erkennen, sowie auch an den weiten Gefässen und den Partien ziemlich gross- und derbzelligen Parenchyms, welche zum Theil Stärke führen.

Sandelholz wird an der dunkelorangerothen Farbe, den weitlichtigen Holzfasern, den behöft getüpfelten Gefässfragmenten und an den grossen Parenchymzellen erkannt.

Mutternelken, die reifen Früchte von Jambosa Caryophyllus Ndz., fallen auf durch die kernigen Steinzellen, die grossen eiförmigen Stärkekörner und durch einen kleinen Kern am breiten Ende.

3. Ingwer.

Die Wurzelstöcke (Rhizome) von Zingiber officinale Roscoe. Die Rhizome werden gewaschen, abgebrüht und getrocknet (ungeschälter Ingwer), oder sie werden vor dem Trocknen von der äusseren Korkschicht theilweise oder ganz befreit (geschälter Ingwer), auch werden sie durch Chlor oder schweflige Säure gebleicht oder in Kalkwasser gelegt, um ihnen eine weisse Oberfläche zu geben (gebleichter Ingwer). Der geschälte und gekalkte Ingwer tritt als Bengal-Ingwer, der halbgeschälte als Jamaika-Ingwer oder Cochin-Ingwer auf.

Verfälschungen sind: Mehl, Mandelkleie, Curcuma, extrabirter Ingwer, Olivenkerne, Cayennepfefferschalen. Der mittlere Gehalt der lufttrocknen Waare an ätherischem Oel beträgt 2—5 %.

Mikroskopische Untersuchung. Bei der mikroskopischen Prüfung sind kennzeichnend die meist unregelmässig rundlichen, länglichen oder eiförmigen, häufig am Ende zugespitzten Stärkekörner; ausserdem finden sich mit gelbem, ätherischem Oel oder rothbraunem Harz gefüllte Sekretbehälter, sowie mehr oder weniger Bruchstücke von Treppen- und Netzgefässen, endlich auch Stücke von Gefässbündeln.

4. Muskatblüthe, Macis.

Muskatblüthe oder Macis ist der Samenmantel (arillus) von Myristica fragrans Houtt. (M. moschata Thunb.)

Die in Deutschland auftretende Handelswaare, vorwiegend von den Banda-Inseln stammend, ist die sog. Bandamacis. In neuerer Zeit kommt unter dem Namen Papuamacis, Macassarmacis oder Macisschalen der Samenmantel von Myristica argentea Warbg. (aus Neu-Guinea) in den deutschen Handel. Die Papuamacis bildet meist braune unansehnliche und bestaubte Bruchstücke, welche in ihrem Aroma der echten Macis nahekommen.

Verfälschungen sind: Gemahlener Zwieback, Mehl, Curcuma, Maismehl, gefärbte Olivenkerne, dann Muskatnusspulver.

Das Pulver der wilden Macis oder Bombaymacis, von Myristica malabarica Lam. stammend, unterscheidet sich von der echten oder Bandamacis durch gänzliches Fehlen aromatischer Bestandtheile und einen höheren Fettgehalt (bis zu 35 % reines Fett und bis zu 67 % Aetherextrakt); die Bombaymacis ist reich an ätherlöslichem Harz (bis 38 %), echte Macis enthält bis 6 % Harz. Der Inhalt der grossen Kugelzellen ist ein dunkelgelber, in Alkohol, Laugen und Säuren löslicher Farbstoff, der durch Alkalien prachtvoll orangeroth gefärbt wird.

Zur chemischen Prüfung der Macis zieht man etwa 4—5 g Macis mit der 10-fachen Menge absoluten Alkohols aus und prüft das erhaltene Filtrat in folgender Weise:

1. Man versetzt 1 ccm der alkoholischen Lösung mit der 3-fachen Menge Wasser und hierauf mit 1 ccm einer 1 %-igen Kaliumchromatlösung; es tritt beim Erhitzen zum Sieden bei Gegenwart reiner Macis eine hellgelbe Farbe, bei Gegenwart von Bombaymacis eine lebhaftere, bis ockerfarben oder sattbraun sich entwickelnde Veränderung der milchigen Flüssigkeit ein.

2. Man setzt derselben Mischung von 1 ccm alkoholischem Auszuge mit 3 ccm Wasser einige Tropfen Ammoniak hinzu; es färbt sich diese Flüssigkeit bei Anwesenheit reiner Macis rosa, bei Bombaymacis tief orange bis gelbroth.

Auch ist das Verhalten des alkoholischen Auszuges gegen basisches Bleiacetat noch beachtenswerth, welches bei Gegenwart von Bombaymacis eine gelbrothe flockige Fällung erzeugt.

Zur weiteren Aufklärung dient die Untersuchung des mittels

Petroleumäther ausgezogenen Fettes, welches die Jodzahl 50—53 und die Verseifungszahl 189—191 besitzt. Die echte Macis enthält bis 24 % Fett (Schmelzpunkt 25—26⁰) und 4—15 % ätherisches Oel; die Jodzahl des Fettes schwankt zwischen 77—80, die Verseifungszahl zwischen 170—173.

Mikroskopische Untersuchung. Das Pulver der echten Macis besteht hauptsächlich aus röthlichen, oder gelblichen gleichmässig gefärbten Stückchen parenchymatischen Grundgewebes, dessen Zellen meist dicht erfüllt sind von dem in Fett eingebetteten, sich mit Jod rothbraun bis violettroth färbenden Amylodextrin; deutlich sichtbar sind die Oelbehälter. Ferner finden sich Fragmente der Gefässbündel, abgesprungene Epidermistheile und sehr häufig auch bräunliche Theile der Samenschalenepidermis. Stärke fehlt.

Im Pulver der Papuamacis, welches sehr dunkel erscheint, treten häufig auch die holzigen Theile der Samenschale in grösserer Menge auf.

Muskatnusspulver ist durch seine dünnwandigen, Fett, Eiweisskörper und Stärke enthaltenden Endospermzellen gekennzeichnet.

5. Muskatnuss.

Die Samen des Muskatnussbaumes, Myristica fragrans Houtt. und der M. argentea Warbg. (lange Muskatnuss).

Die Muskatnüsse, welche meistentheils ganz im Handel auftreten, zeichnen sich durch hohen Fettgehalt (34 % durchschnittlich) (= Muskatbutter) und Gehalt an ätherischem Oel (8—15 %) aus.

Gepulverte Muskatnüsse sollten im Handel nicht gestattet sein, da dieselben überhaupt nur aus minderwerthiger verdorbener Waare hergestellt werden können.

Kunsterzeugnisse, aus Muskatbutter mit Leguminosenmehlen, Bruchstücken von Muskatnüssen, Thon u. dergl. hergestellt, sind schon als Verfälschungsmittel für die Muskatnüsse beobachtet worden.

6. Paprika.

Die getrockneten, reifen Beeren-Früchte mehrerer Capsicumarten, besonders von Capsicum annuum L. und longum D. C.

Als Cayennepfeffer kommen in gepulvertem Zustande die Früchte anderer, besonders der kleinfrüchtigen Capsicumarten im Handel vor (Capsicum fastigiatum). Die Paprikasorten besitzen hellere (Rosenpaprika) und dunklere Farbe, je nachdem die rothen Fruchthüllen möglichst frei von inneren Fruchttheilen genommen werden oder nicht.

Verfälschungen sind die meisten unter Pfeffer mitgetheilten, ferner Sandelholz, Ziegelmehl, Ocker, Mennige, Schwerspath, Theerfarbstoffe, z. B. Sulfoazobenzol-β-Naphtol, auch mit Schwerspath gemengt, Curcumapulver, Holzpulver, Sägemehl, Chromroth.

Mikroskopische Untersuchung. Gemahlener Paprika wird mikroskopisch erkannt an den theils freien, theils in den Parenchym- und verkorkten Collenchymzellen der Fruchtwand eingeschlossenen rothen oder gelben Oeltröpfchen, ferner an den Collenchymzellen und namentlich an den sklerotisirten Zellen der Innenepidermis der Fruchtwand und an den mit vielfach wulstig verbogenen Wänden versehenen Oberhautzellen, „Gekrösezellen", der Samenschale.

Bei den kleinfrüchtigen Capsicumarten, dem sog. Cayennepfeffer, fehlen die unter der äusseren Oberhaut liegenden Schichten der verkorkten Zellen.

Curcumapulver stellt gelbe bis braungelbe, rundliche oder polyedrische, von Curcumafarbstoff durchsetzte, hauptsächlich aus verkleisterter Stärke bestehende Klumpen dar. Ein Zusatz von Curcuma lässt sich auch durch die bekannten Reaktionen des Farbstoffes im alkoholischen Auszuge nachweisen. Nadelholz ist eigenartig durch die grossen Tracheïden mit kreisrunden, behöften Tüpfeln und die getüpfelten Markstrahlenzellen, Laubholz durch die vielen Holzfaser- und Markstrahlenzellen.

7. Pfeffer.

Der schwarze Pfeffer ist die getrocknete unreife, der weisse Pfeffer die getrocknete, reife, von dem äusseren Theil der Fruchtschale befreite Frucht von Piper nigrum L.

Der weisse Pfeffer wird jedoch gegenwärtig auch in grossen Mengen durch Schälen des schwarzen Pfeffers hergestellt, entweder durch Schälen auf nassem Weg (Aufweichen der Pfefferkörner in Meer-, Süss- oder Kalkwasser und Abreiben der Schalen zwischen den Händen) oder auf trockenem Wege durch Abrollen mittels eigener Schälmaschinen.

Der schwarze Pfeffer ist um so werthvoller, je schwerer, dunkler und härter die Körner sind. Im deutschen Handel kommen folgende Sorten, nach den Ausfuhrhäfen benannt, vor: Malabar-, Tellichery-, Aleppi-, Singapore-, Penang- und Lampong-Pfeffer, deren Güte mehr oder weniger von der Reife, dem spec. Gewicht, der Sorgfalt der Einsammlung, Trocknung u. s. w. abhängig ist.

Mikroskopische Untersuchung. Kennzeichnend bei der mikroskopischen Prüfung des Pfefferpulvers sind: die kleinzellige, mit braunem Inhalt erfüllte Epidermis, darunter gleichmässig verdickte, vorwiegend radial gestreckte, glänzend gelb gefärbte, stark nach innen verdickte Steinzellen, von Porenkanälen durchzogen, ferner dünnwandige, tangential gestreckte, häufig braunen Inhalt führende Parenchymzellen mit dünnen Gefässbündeln mit Spiralgefässen, ausserdem die grosszelligere innere Parenchymschicht mit ölführenden Zellen neben kleinen, stets nur an der Innenseite verdickten Steinzellen von hufeisenförmiger Gestalt. Das aus unregelmässig polyedrischen, zartwandigen Zellen lückenlos zusammengefügte Endosperm ist von kleinen, polyedrischen kantigen Stärkekörnchen erfüllt.

Was die Mikroskopie des weissen Pfeffers betrifft, so fehlen Oberhaut-Steinzellen und Parenchymschicht fast vollständig; das Pulver zeigt fast nur Endospermzellen.

Verfälschungen des Pfeffers sind: Künstlicher, ganzer Pfeffer aus Thon, Mehlteig, gefärbt und in Formen gepresst. Die billigeren Sorten werden mit schwarzer Farbe (Frankfurter Schwarz, Russ) gefärbt, um diesen das Aussehen der gesuchteren, dunklen Waare zu geben. Häufig ist der Zusatz von Palmkernmehl, welches an den viel derb-wandigeren, sehr grob getüpfelten, knotig verdickten, glänzenden, radial gestreckten Endospermzellen, mit einem aus Fett und Eiweisskörpern, nicht aus Stärke bestehendem Inhalt erkannt werden kann.

Die Olivenkerne (Oliventrester) geben sich durch die theils bast-faserartigen, theils kurzen, mannigfach gestalteten und verschieden ver-dickten, von zahlreichen Porenkanälen durchzogenen, niemals gelb ge-färbten Steinzellen zu erkennen, die sich durch Alkalien und Säuren gelb färben; Olivenkerne enthalten nur 1,2 % Stickstoffsubstanz.

Leinsamenmehl (Leinölkuchen), ist kenntlich an den braunen Pigmenttafeln, den Faserzellen, dem dickwandigen Endosperm und den glasigen Cutikularplättchen.

Nussschalen enthalten farblose Steinzellen, die nach aussen sehr kleine, weiter nach innen grössere Lumina besitzen.

Erdnussmehl wird erkannt an der aus polygonalen Zellen mit höchst eigenthümlichen sägeartigen Membranverdickungen bestehenden Oberhaut der Samenschale.

Mandelkleie fällt durch die eigenthümlichen, höchst auffallend braunen, auf Gerbstoff reagirenden Zellen der äusseren Samenhaut auf, mit anschliessendem, zartem Schwammparenchym und zahlreichen Spiralgefässen.

Für Birnenmehl ist eigenartig die Oberhaut, bei der eine grosse Zelle in 2—4 kleinere abgetheilt ist. Die Hauptmasse des Birnenmehles besteht aus dem Parenchym des Fruchtfleisches mit mehr oder weniger zahlreichen Sklereïden. Die Steinzellen liegen in Nestern im Grund-parenchym, verschieden gross, weiss, scharf oder gerundet polyedrisch. Häufig sind noch Theile der Perikarpoberhaut, polygonale, derbwandige Tafelzellen in Verbindung mit kleineren, Kalkoxalatkrystalle einschliessenden Zellen, sowie Theile des Samengewebes vorhanden.

Rapskuchen ist kenntlich an der eigenartigen Pallisadenschicht.

Bei den Paradieskörnern, den Samen von Amomum Meleguetta Roscoe sind die Stärkemehl führenden Zellen durchgängig grösser, lagern mit den Längsseiten aneinander und bilden parallele, an den Enden meist zugespitzte Bündel.

Pfeffermatta: Unter Matta versteht man eine pulverige, aus ver-schiedenen minderwerthigen Stoffen (Birnen, Kleie, Hirse, Schw spath,

Bleichromat) bestehende Masse, die in verschiedenen Farben hergestellt wird und zur Fälschung der gepulverten Gewürze dient. Die Pfeffermatta besteht meist aus Hirsekleie; eigenartig sind die sehr scharf und gleichmässig gewundenen, äusserst langen Zellen der Oberhaut der Spelzen.

Mehl, Getreide, Hülsenfrüchte, besonders Linsenmehl, Brot, Buchweizenmehl, ausgezogener Ingwer sind leicht an der Form der Stärkekörner zu erkennen.

Wachholderbeeren fallen durch die tafelförmigen, braungelb gefärbten Zellen der Oberhaut und durch die Steinzellen auf.

Ferner finden sich Pfefferschalen und schalenhaltige Abfälle von der Gewinnung des weissen Pfeffers nicht selten als Beimengungen vor.

Chemische Untersuchung. Zum Nachweis dieser Verfälschungen kann auch die chemische Analyse wesentliche Dienste leisten, so z. B. durch die Bestimmung:

	Schwarzer	Weisser
	Pfeffer	
a) der Stärke; dieselbe schwankt von	30—38 %	38—52 %
b) der in Zucker überführbaren Stoffe; dieselben schwanken von	32—52 %	52—63 %

Pfefferschalen enthalten nur etwa 11,0—13,0 % in Zucker überführbare Stoffe.

Ausführung. 3—4 g der Untersuchungsprobe werden in einem Kochkolben mit $\frac{1}{4}$ l destillirten Wassers unter öfterem Umschwenken 3 bis 4 Stunden lang stehen gelassen, alsdann abfiltrirt und mit etwas Wasser gewaschen; das noch feuchte Pulver wird sofort wieder in den Kolben zurückgespült. Zum Kolbeninhalt wird so viel Wasser gegeben, dass die Gesammtmenge desselben 200 ccm beträgt, ferner werden 20 ccm einer 25 %-igen Salzsäure zugefügt, der Kolben mit einem Rückflusskühler verbunden oder mit einem ein etwa 1 m langes Rohr tragenden Pfropfen geschlossen und unter öfterem Umschwenken genau 3 Stunden lang im lebhaft siedenden Wasserbade erhitzt; hierauf wird nach vollständigem Erkalten in einen $\frac{1}{2}$ l-Kolben filtrirt, mit kaltem Wasser ausgewaschen, das Filtrat mit Natronlauge möglichst genau neutralisirt und bis zur Marke aufgefüllt. In einem aliquoten Theil des Filtrats (etwa 50 ccm) bestimmt man den Zucker gewichtsanalytisch und rechnet das gefundene Kupfer entweder auf Dextrose- oder Stärkewerth um.

	Schwarzer	Weisser
	Pfeffer	
c) der Rohfaser; dieselbe schwankt von	9,0—15,0 %	5,0—7,5 %
d) des Piperins; dasselbe schwankt von	4,5— 7,5 %	5,5—9,0 %

Pfefferschalen enthalten nur etwa 0,2 % Piperin.

Piperin-Bestimmung. 10—20 g des feinst gepulverten Pfeffers

werden mit starkem Aethylalkohol vollständig ausgezogen und der Alkohol verdunstet; der verbleibende Rückstand, welcher aus Piperin und scharfem Harz besteht, wird behufs Lösung des letzteren mit einer kalten Lösung von Natrium- oder Kaliumkarbonat behandelt und die Lösung filtrirt; das ungelöst bleibende Piperin wird nochmals in Alkohol gelöst und nach Verdunsten der Lösungsmittel getrocknet und gewogen.

Das Harz kann man aus der alkalischen Lösung durch Salzsäure ausfällen, abfiltriren und ebenfalls durch abermaliges Lösen in Alkohol, Verdunsten und Trocknen annähernd quantitativ bestimmen.

Die quantitative Piperinbestimmung lässt sich mit grösserer Zuverlässigkeit nach der Methode von F. E. Bauer und A. Hilger durchführen[1]).

Zum Zwecke des sicheren Nachweises von Pfefferschalen dienen die Vorschläge von W. Busse in Betreff der Feststellung der sog. Bleizahl, d. h. derjenigen Menge metallischen Bleies (in Gramm ausgedrückt), welche durch die im Auszuge aus 1 g wasserfreien Pfefferpulvers erhaltenen bleifällenden Körper gebunden wird. Die Bleizahlen schwanken für marktfähigen schwarzen Pfeffer zwischen 0,047 und 0,075 g, für weissen Pfeffer von 0,006 bis 0,027 g und gehen bei geringen, an Pfefferschalen reichen Sorten bis 0,157 g.

Als werthvoll zur Entscheidung dieser Fragen hat sich die Feststellung der bei dem Erhitzen des Pfeffers mit Salzsäure auftretenden Furfurolmengen in Form von Furfurolhydrazon nach den Arbeiten von Bauer und Hilger erwiesen. 5 g bei 100° getrockneten Pfeffers geben folgende Mittelwerthe für das Furfurolhydrazon:

<pre>
für weissen Pfeffer   = 0,046—0,052 g
  - schwarzen -   = 0,2   —0,23 -
  - Pfefferbruch, Schalen = 0,41 —0,56 -
</pre>

8. Piment (Nelkenpfeffer, englisches Gewürz, Neugewürz).

Piment ist die getrocknete, nicht völlig reife Frucht von Pimenta officinalis Berg.

Verfälschungen. Das Piment unterliegt denselben Fälschungen wie Pfeffer, ausserdem sind häufige Fälschungsmittel: Nelkenstiele und Sandelholz, Pimentstiele sowie Pimentmatta, letztere vorzugsweise aus Birnenmehl und Hirsekleie bestehend; neuerdings werden gelbgefärbte Olivenkerne als Fälschung beobachtet.

Mikroskopische Untersuchung. Das Pimentpulver ist mikroskopisch gekennzeichnet durch eine kleinzellige mit Spaltöffnungen und kleinen, spitzen, dickwandigen Haaren versehene Epidermis, durch ein mit grossen kugeligen Oelzellen und zahlreichen, grossen, farblosen, gleichdicken (von zahllosen Tüpfelkanälen durchzogenen) Steinzellen versehenes Parenchymgewebe und durch das polyedrische, hell bis rothbraun gefärbte

---

[1]) Forschungsberichte über Lebensmittel etc. 1896. 3. 113.

Gewebe des Keims mit kleinen rundlichen und regelmässig zusammengesetzten Stärkekörnchen. Die Pimentmassen färben sich mit Eisenchlorid indigoblau. Die **Pimentstiele** kennzeichnen sich hauptsächlich durch die helleren, zum Theil farblosen Bastfasern und durch die fester ausgebildeten, wenig stark gefärbten Holzelemente; sie sind sehr fettreich und enthalten die hellen einzelligen Haare, die an einer Seite meist kolbenartig verdickt und von verschiedener Form sind.

Piment enthält ungefähr 1% ätherisches Oel.

9. Safran.

Der Safran bildet die getrockneten, ihres Farbstoffs und ätherischen Oels noch nicht beraubten Narben der im Herbste blühenden kultivirten Form von Crocus sativus L. Die bei uns in Betracht kommenden Handelssorten sind der österreichische (selten), der französische und spanische Safran.

Der Safran des Handels besteht aus einem lockeren, frisch weichen, elastischen Haufwerk aus einzelnen abgerissenen oder noch mit einem Stücke der oberen gelben Griffelpartie zusammenhängenden Narben.

Der Safran kann beim Einsammeln einen Fett- bezw. Oelzusatz erfahren, kann ferner bis 16% Wasser enthalten.

Verfälschungen sind: Blumenblätter von **Calendula officinalis**; dieselben besitzen längsgestreifte Epidermiszellen, an der Basis der Zungenblättchen farblose, aus zwei Zellreihen aufgebaute Haare. Der Farbstoff wird mit Alkalien grün. Um die Ringelblumenblätter im ganzen Safran, dem sie häufig mit Anilinfarben aufgefärbt zugesetzt werden, nachzuweisen, lässt man eine Probe in Wasser aufweichen; man kann schon mit freiem Auge die dreizackigen, viernervigen Blumenblätter von der trichterförmigen Narbe des Safrans unterscheiden.

Saflorblüthen von **Carthamus tinctorius**; die Oberhautzellen sind langgestreckt und haben nicht selten wellige Umrisslinien; weiter wird Saflor erkannt an der bleibenden karminrothen Farbe nach der Behandlung mit Wasser, den hellbraunen Harzschläuchen (Sekretschläuchen) und den dreiseitigen, von stumpfen Warzen besetzten Pollen.

Als Blüthentheile anderer Crocusarten kommen vor die des sog. orientalischen oder persischen Safrans.

Weitere **Verfälschungen** sind: Maisgriffel; Kapsafran aus den getrockneten Blüthen von **Lyperia crocea Eckl.** bestehend; Blüthen von **Tritonia aurea Pöpp.**

Feminell, die Griffel der Safranblüthe; sie besitzen die gleichen Gewebe wie die Narben, enthalten jedoch nicht den rothen Farbstoff.

Sandelholz (s. Nelken); **Curcuma** (s. Paprika); **Stärke von Cerealien**; Beschwerung des Safrans mit **Honig, Glycerin, Zuckerlösung, Baryt, Schwerspath, Gyps, Kreide, Zinnoxyd.**

Entfärbter und künstlich mit Theerfarbstoffen aufgefärbter Safran wird mikroskopisch meist daran erkannt, dass die künstlichen Färbungen nicht in den Zellen eingeschlossen sind, sondern äusserlich in Form von Körnchen oder Tropfen anhaften.

Chemische Untersuchung. Chemischer Nachweis der wichtigsten fremden Farbstoffe:

Reiner Safran giebt mit koncentrirter Schwefelsäure Blaufärbung.

A. 1. Safranauszug verändert, mit verdünnter Salzsäure versetzt, die Farbe nur wenig; auf Zusatz von Kalilauge wird die Lösung goldgelb.

2. Fremde Farbstoffe:

a) die Lösung wird auf Zusatz von Salzsäure entfärbt, Kalilauge stellt die ursprüngliche Farbe wieder her = Dinitrokresolkalium;

b) es entstehen durch Salzsäure gefärbte Niederschläge = Hexanitrodiphenylamin, Dinitronaphtolkalium.

B. 1. Safranauszug mit Zink und Salzsäure oder schwefliger Säure behandelt, giebt ein farbloses Filtrat, welches sich weder auf Zusatz von Aldehyd, noch beim längeren Stehen an der Luft wieder färbt.

2. Fremde Farbstoffe:

a) durch Reduktionsmittel entfärbte (Anilin-) Rosanilinfarbstoffe oxydiren sich nicht an der Luft zu gefärbten Verbindungen, wohl aber Azofarbstoffe;

b) durch schweflige Säure entfärbte Rosanilinfarbstoffe werden auf Zusatz von Aldehyd wieder roth.

C. Safranauszug mit Baryumhyperoxyd und Salzsäure giebt farblose Lösung. Sulfosäuren der Azofarbstoffe werden hierdurch nicht entfärbt.

D. Das Natriumsalz des Sulfanilsäureazodiphenylamins wird durch verdünnte Salzsäure violett gefärbt; koncentrirter Schwefelsäure gegenüber verhält sich dieser Farbstoff wie reiner Safran.

Das Natriumsalz des Xylidinsulfosäureazo-β-naphtols giebt mit verdünnter Salzsäure einen braunrothen Niederschlag, durch konc. Schwefelsäure wird die Farbstofflösung kirschroth.

E. Korallin. Ammoniak löst dieses mit karminrother Farbe; ein Zusatz von Säuren zu dieser Lösung bewirkt eine gelbe Fällung, desgl. Zinnchlorür.

F. Pikrinsäure. Salzsäure erzeugt keinen Niederschlag; mit Zinkstaub gekocht, tritt Entfärbung ein; eine Probe der Lösung, mit Kalilauge und Cyankalium gekocht, wird purpurroth, desgl. mit alkalischer Zinnchlorürlösung.

Werthvolle Dienste zur Trennung der Farbstoffe leistet die Goppelsröder'sche Kapillaranalyse. Man digerirt nach R. Kayser 5 g Safran mit 50 ccm Wasser 24 Stunden lang (Kochen ist zu vermeiden). In den Auszug hängt man 4—5 cm breite Streifen Filtrirpapier. Nach etwa sechsstündigem Stehen findet man bei Anwesenheit fremder Farbstoffe die Streifen in verschiedener Höhe verschieden gefärbt. Man schneidet die einzelnen gefärbten Stücke heraus, wäscht mit heissem Wasser aus und kapillarisirt diese Lösungen zur vollständigen Trennung der Farbstoffe eventuell nochmals und stellt endlich mit den wässerigen Lösungen Reaktionen an[1]). Noch besser gelingt die Trennung nach einer von R. Kayser[2]) verbesserten Methode. Man behandelt einen wässerigen Safranauszug mit wenig Alkali in der Wärme und neutralisirt hierauf; es scheidet sich das Crocetin, das durch Kalilauge aus dem Crocin, dem Farbstoff des Safrans, abgespalten wird, aus und die Lösung ist nur noch sehr schwach gelb von etwas gelöst gebliebenem Crocetin gefärbt, so dass dieses gar keine kapillaranalytische Reaktion giebt. Sind Theerfarbstoffe vorhanden, so bleiben diese bei der angegebenen Behandlung unverändert in Lösung und können leicht auf kapillaranalytischem Wege rein erhalten und getrennt werden.

Mikroskopische Untersuchung. Bei der mikroskopischen Untersuchung von Safranpulver erscheint es unerlässlich, neben der Prüfung des unveränderten Safrans stets eine solche mit derselben Probe, der aber vorher durch Auswaschen mit Wasser auf einem Filter der Farbstoff entzogen wurde, vorzunehmen; zu beachten ist noch, dass es Safrane (ältere) giebt, welche den Farbstoff so zähe in den Gefässen zurückhalten, dass der Ungeübte diese für Harzgänge des Saflors halten könnte.

Eigenartig sind beim Safranpulver die langgestreckten, zartwandigen Parenchymzellen, die von Spiralgefässbündeln durchsetzt sind. Die Zellen sind mit einem feurig rothen Farbstoff erfüllt, der in Wasser, Alkohol, Glycerin, Alkalien löslich, in fetten Oelen unlöslich ist und sich mit koncentrirter Schwefelsäure blauviolett färbt. Die Zellen der Epidermis, mehr quadratisch, zeigen keine Streifung. Die Pollenkörner sind kugelig, glatt.

10. Senfmehl.

Das Senfmehl wird aus den Samen von Brassica nigra K. (schwarzer Senf), Sinapis alba L. (weisser oder gelber Senf) und Sinapis juncea L. (Sareptasenf) gewonnen, und zwar meistens aus den Pressrückständen der geschroteten Samen.

Verfälschungen: Pressrückstände ölhaltiger Samen (Leinsamenmehl, Rapskuchen), Mehl, Curcuma, Maismehl.

Chemische Untersuchung. Für die Beurtheilung eines Senfmehles kann ausser der Bestimmung der Stärke nach der Entfettung (vgl. Allgem. Untersuchungsverfahren Heft I S. 4), sowie ausser der Bestimmung des Stickstoffs, des Fettes und der Asche auch die Bestimmung des Senföles, wovon der schwarze Senfsamen (mit myronsaurem Kalium) 0,6—1,0 %, der weisse Senfsamen (mit Sinalbin) 0,1—0,2 % liefert, An-

---

[1]) Vergl. R. Kayser, Bericht über die X. Versammlung d. freien Vereinigung bayr. Vertreter d. angew. Chem. in Augsburg 1891. 100; ferner desgl. über die XIII. Versammlung in Aschaffenburg 1894. 25.

[2]) Forschungsberichte über Lebensmittel etc. 1894. *1*. 430.

haltspunkte liefern. Zur Bestimmung des Senföls kann das Verfahren von A. Schlicht[1]) dienen.

20 oder 25 g des feingepulverten Senfsamens werden in einem Glaskolben mit warmem Wasser zu einem Brei verrührt, der Kolben mit einem doppelt durchbohrten, luftdicht schliessenden Korkpfropfen verschlossen, durch dessen eine Oeffnung eine gebogene Glasröhre bis auf den Boden des Kolbens geht, durch dessen andere Oeffnung eine Glasröhre — bis unter den Pfropfen reichend — zu einem Liebig'schen Kühler führt und mit diesem durch einen Korkpfropfen luftdicht verbunden wird. Nach Verlauf einer halben Stunde wird Wasserdampf eingeleitet, der nach Verdichtung im Kühler in einer mit dem Kühler durch Korkpfropfen verbundenen Vorlage (Kolben oder Péligot'sche Röhre) von etwa 300 ccm Inhalt aufgefangen wird. Die Vorlage ist mit 50 ccm einer gesättigten Lösung von Kaliumpermanganat — nämlich etwa 20 mal so viel, als Senföl angenommen werden kann — und $\frac{1}{4}$ des Kaliumpermanganats an Kalihydrat gefüllt. Nachdem ungefähr 150—200 ccm Wasser überdestillirt sind, wird das Destillat kräftig durchgeschüttelt, erwärmt, das überschüssige Kaliumpermanganat mit reinem Alkohol — 25 ccm desselben reduciren 5 g des Permanganats — reducirt, das Ganze auf ein bestimmtes Volumen gebracht, gemischt, durch ein trocknes Filter filtrirt und in einem aliquoten Theil — etwa der Hälfte — die Schwefelsäure bestimmt. Da jedoch der aus dem zugesetzten Alkohol entstehende Aldehyd Kaliumsulfat reducirt haben kann, so setzt man zu dem abgemessenen Theil nach Ansäuern mit Salzsäure etwas Jod und fällt erst nach dem Erwärmen die gebildete Schwefelsäure mit Chlorbaryum. Aus dem erhaltenen Baryumsulfat berechnet sich durch Multiplikation mit 0,4249 der Gehalt an Senföl.

Für die Bestimmung des ätherischen Senföles empfiehlt es sich auch, mit Berücksichtigung der Arbeiten von Gadamer folgenden Weg einzuschlagen:

Etwa 5 g gepulverter Senfsamen werden mit 100 ccm Wasser bei 20—25° mindestens 2 Stunden in einem verschlossenen Kolben stehen gelassen, hierauf nach Zusatz von 10 ccm Alkohol und 5 g Olivenöl der Destillation unterworfen, wobei 50 ccm des auftretenden Destillats in 25 ccm Ammoniak eingeleitet werden. Dieses Destillat wird auf 100 ccm verdünnt und mit überschüssigem Silbernitrat versetzt. Das ausgeschiedene Schwefelsilber wird gewogen und dient zur Berechnung des Senfölgehaltes. Oder man vermischt das ammoniakalische Destillat mit $\frac{1}{10}$ Normal-Silberlösung und bestimmt das noch vorhandene Silbernitrat nach dem Ansäuern mittelst Salpetersäure volumetrisch mit Rhodanammonium.

Es sei hierbei auf die Beobachtungen von E. Haselhoff[2]) hingewiesen.

---

1) Zeitschr. f. anal. Chem. 1891. *30.* 661.
2) Zeitschr. f. Untersuchung d. Nahr.- u. Genussmittel 1898. *1.* 235.

Zum chemischen Nachweis von Curcuma zieht man das Senfmehl mit Alkohol aus und prüft die alkoholische Lösung mit Alkali in kalt gesättigter Lösung auf Curcuma-Farbstoff.

Mikroskopische Untersuchung. Mikroskopisch sind kennzeichnend: Die kurzprismatischen, farblosen, mit Schleim erfüllten, beim Behandeln mit Wasser aufquellenden Zellen der Oberhaut, kleine gelbliche Steinzellen, die in der Flächenansicht polygonalen, im Querschnitt becherförmig aussehenden Zellen der Pallisadenschicht (Säulenschicht), die beim weissen Senf weiss, bei den anderen rothbraun gefärbt sind; ferner die dünnwandigen Pigmentzellen, beim weissen Senf farblos, bei den anderen braun gefärbt und endlich quadratische Zellen (Kleberschicht). Stärke fehlt im Senfmehl. Die mikroskopische Unterscheidung von weissem und schwarzem Senf, sowie von anderen Cruciferensamen ist sehr schwierig.

11. Zimmt.

Der Zimmt besteht aus den getrockneten, von der Oberhaut bezw. dem Periderm mehr oder weniger befreiten Astrinden verschiedener Cinnamomum - Arten, so von Cinnamomum ceylanicum Breyne, Cinnamomum Cassia Blume und Cinnamomum Burmanni Bl. var. chinense.

Handelssorten: Ceylonzimmt, die feinste Waare, aus dünnen, von beiden Seiten her eingerollten Rinden bestehend; chinesischer Zimmt, Rinden von 1—3 mm Dicke, meist einfach gerollt; Holzzimmt, dicke Rinde von grossem Gerbstoff- und Schleimgehalt.

Zu Zimmtpulver wird gewöhnliche Bruchwaare von chinesischem Zimmt verwendet, die durch Beimengung von „Cinnamom chips" (Abfall von der Ceylonzimmtgewinnung) verbessert wird.

Zur Vermahlung gelangt meistens der chinesische Cassiabruch, welcher oft sehr unrein im Handel auftritt.

Der Gehalt an ätherischem Oel beträgt durchschnittlich $1\,^0/_0$.

Verfälschungen: Mehl, Sandelholz, Zimmtmatta, entölter Zimmt, Zucker, Oelkuchen, Eisenocker.

Den Zucker weist man durch eine Vorprüfung nach. Man schüttelt in einem Glase Zimmtpulver mit Chloroform, wodurch der Zucker sich abscheidet. Zum quantitativen Nachweis werden 20 g Zimmtpulver in einem längeren Cylinder mit 100 ccm Wasser vermischt und einige Minuten tüchtig umgeschüttelt, nach 10 Minuten wird dieses Durchschütteln wiederholt und dann filtrirt. Vom Filtrate werden 25 ccm in ein Kölbchen gebracht, 2,5 ccm Bleiessig hinzugegeben und nach dem Filtriren die helle Flüssigkeit im 220 mm-Rohr polarisirt. Rechtsdrehung zeigt zugesetzten Rohrzucker an; es wird in der Regel Abfallzucker (Rohzucker) verwendet.

Hierbei ist zu beachten, dass Ceylonzimmt schwache Linksdrehung zeigt.

Mikroskopische Untersuchung. Mikroskopische Unterscheidungsmerkmale sind:

Ceylonzimmt: Bastfasern durchaus ganz getrennt, langgestreckt; Inhalt der Parenchymzellen hellbraun-gelb. Steinzellen sehr zahlreich, sehr dickwandig mit verzweigten Porenkanälen, Stärkekörner klein, nadelförmige Oxalatkrystalle.

Zimmtkassie, chinesischer Zimmt: Bastfasern nicht oder nur einzeln getrennt, dicker und meist länger, mit gelblichen Wänden; Steinzellen kleiner, gelblich, weniger verdickt mit meist einfachen Porenkanälen. Stärkekörner grösser, regelmässiger; Inhalt der Parenchymzellen braunroth bis rothbraun.

Holzkassie: Bastfasern breiter entwickelt, nicht oder nur einzeln getrennt, meist mit Bastparenchym verbunden; mehr oder weniger Reste des Korkes; Inhalt der Parenchymzellen gelbbraun.

12. Sonstige Gewürze.

Als Gewürze kommen im Handel noch eine Anzahl von Früchten, Wurzeln, Blättern und Kräutern vor, welche jedoch nur selten in gepulvertem Zustande, sondern meistens unverändert, höchstens zerschnitten auftreten. Von diesen Gewürzen sollen hier noch mit kurzer Beschreibung Erwähnung finden:

Anis. Die getrockneten Früchte von Pimpinella anisum L. Von den verschiedenen Handelssorten ist besonders der italienische durch gutes Aussehen ausgezeichnet. Es ist wiederholt die Gegenwart von Früchten des Schierlings (Conium maculatum L.) in den Anissorten als zufällige Beimengung beobachtet worden, besonders in den italienischen Sorten. Die Theilfrüchte des Anis sind im Umriss verkehrt spatelförmig, länglich, 3 bis $5\frac{1}{2}$ mm lang oder rundlich, nicht über 3 mm lang (deutsche und russische Sorten), unter der Lupe kurzhaarig, mit 5 nicht oder nur schwach hervortretenden Rippen versehen.

Die Theilfrüchte des gefleckten Schierlings sind im Umriss oval, $2\frac{3}{4}$ mm im Mittel lang und $1\frac{1}{2}$ mm breit, kahl, hochgewölbt mit 5 stark hervortretenden Rippen versehen. Die Fruchtschale zeigt keine Oelbehälter[1]).

Der Anis enthält 2—3 % ätherisches Oel.

Koriander. Die getrockneten Früchte von Coriandrum sativum L. Koriander enthält 0,1—1 % ätherisches Oel.

Fenchel. Die getrockneten reifen Früchte von Foeniculum capillaceum Gilb. Die besseren Sorten (Kammfenchel) sind fast frei von Fruchtstielen, welche in den geringeren Sorten (Strohfenchel) oft reichlich vorhanden sind. Der Fenchel enthält 3—6 % ätherisches Oel.

Es kommen im Handel deutscher, römischer, galizischer und macedonischer Fenchel vor.

-----

[1]) A. Volkart, Schweiz. Wochenschr. f. Pharm. u. Chem. 1897. 314.

Die Fenchelfrucht bildet 6—8 mm lange Früchte, stielrund länglich, am Scheitel von kegelförmigem Stempelpolster gekrönt, kahl und glatt, grün oder bräunlich, mit strohgelben Rippen, leicht in die Mericarpien zerfallend.

Es kommen mit grünem Ocker und Chromgelb gefärbte und mehr oder weniger entölte Fenchel im Handel vor.

Kümmel. Die getrockneten Früchte von Carum carvi L. Der Gehalt an ätherischem Oel beträgt 4—7 %.

Im Handel kommen besonders Sorten aus Holland, Deutschland, Oesterreich, weniger aus Russland und Skandinavien vor.

Mutterkümmel (Römischer Kümmel). Die getrockneten reifen Spaltfrüchte von Cuminum cyminum L.

Bohnenkraut. Das getrocknete, während der Blüthezeit gesammelte Kraut von Satureja hortensis L.

Calmus. Der getrocknete Wurzelstock von Acorus calamus L., welcher geschält oder ungeschält im Handel vorkommt.

Kappern. Die noch geschlossenen Blüthenknospen des Kappern-strauches (Capparis spinosa L.), welche in Salz oder Salz und Essig eingemacht, in den Handel kommen.

Lorbeerblätter. Die getrockneten Blätter von Laurus nobilis L.

Majoran. Das getrocknete blühende Kraut von Origanum majorana L., welches meistens in Form eines gröblichen Pulvers im Handel vorkommt.

Der Majoran, welcher stets reichlich mit Sand, Staub, Erde vermischt ist, besteht entweder aus allen oberirdischen Theilen der Pflanze oder vorwiegend aus Blättern (französischer). Das getrocknete Kraut liefert 0,7—0,9 % ätherisches Oel.

Thymian. Die getrockneten, beblätterten, Blüthen tragenden Zweige von Thymus vulgaris L. Der deutsche Thymian ist weniger reich an ätherischem Oel als der französische, welcher getrocknet bis 2,5 % hiervon enthalten kann.

Vanille. Die nicht völlig ausgereiften Kapselfrüchte von Vanilla planifolia Andr., welche in verschiedener Weise getrocknet werden.

Die quantitative Bestimmung des Vanillins lässt sich mit Erfolg in nachstehender Weise durchführen:

3—5 g einer Durchschnittsprobe der Vanille, welche zerkleinert und innig mit ausgewaschenem Sande gemischt wird, wird mit Aether (am besten im Soxhlet'schen Apparate) vollkommen ausgezogen. Aus diesen ätherischen Auszügen wird das gelöste Vanillin mittels einer Mischung von Natriumbisulfitlauge und gleichen Theilen Wasser durch wiederholtes Aus-schütteln aufgenommen. Die wässerige Natriumbisulfitlösung wird mittels verdünnter Schwefelsäure zersetzt und nach Beseitigung der schwefligen Säure wieder mit Aether ausgeschüttelt, um das Vanillin zu lösen. Diese ätherische Lösung hinterlässt beim Verdunsten bei nicht zu hoher Temperatur (40—50⁰) das Vanillin, welches für die Wägung im Exsikkator getrocknet wird.

Litteratur.

Allgemeines.

T. F. Hanausek, Die Nahrungs- und Genussmittel aus dem Pflanzenreich. Kassel 1884.

J. Moeller, Mikroskopie d. Nahr.- und Genussmittel. Berlin 1886.

A. F. W. Schimper, Anleitung zur mikroskop. Unters. d. Nahrungs- u. Genussmittel. Jena 1886.

J. Moeller, Pharmakognostischer Atlas. Berlin 1892.

A. Tschirch u. O. Oesterle, Anatomischer Atlas der Pharmakognosie und Nahrungsmittelkunde. Leipzig seit 1893.

L. C. Hassak, Wandtafeln für Waarenkunde und Mikroskopie. Ch. Reissner und Werthner.

Fr. Rosen, Anatomische Wandtafeln der vegetabilischen Nahrungs- u. Genussmittel. Breslau, J. U. Kern's Verlag seit 1895.

A. Vogl, Die wichtigsten vegetabilischen Nahrungs- u. Genussmittel. Wien u. Leipzig 1899.

B. Fischer, Natürliche Beimengungen von Gewürzen. Jahresber. d. chem. Untersuchungsamtes zu Breslau 1890/91. 24; Gewürzverfälschung daselbst 1892/93. 28.

R. Kayser, Kapillaranalyse. Ber. X. Vers. d. freien Vereinigung bayer. Vertreter d. angew. Chemie in Augsburg 1891. 100.

C. Micko, Haselnussschalen als Verfälschungsmittel der Gewürze. Zeitschr. allg. österr. Apothekerver. 1892. 42.

H. Woynar, Die Gewürze des Kleinhandels. Zeitschr. f. Nahr.-Unt., Hyg. u. Waarenk. 1892. *6.* 227.

Beschlüsse des Vereines schweizerischer analytischer Chemiker betr. Untersuchung und Beurtheilung der Gewürze. Schweizer. Wochenschr. f. Chem. u. Pharm. 1892. 409.

T. F. Hanausek, Universalgewürze. Chem. Ztg. 1893. *17.* 653.

Th. Arnst u. F. Hart, Zusammensetzung einiger Gewürze. Zeitschr. f. angew. Chem. 1893. 136.

Verfälschungen der Gewürze in den Vereinigten Staaten. Pharm. Journ. and Transact. 1893/94. 1047.

T. F. Hanausek, Verfälschung von Gewürzen. Zeitschr. f. Nahrungsm.-Unters. u. Hyg. 1894. *8.* 95.

— Gewürzfälschungen. Apoth.-Ztg. 1894. 582.

C. Hartwich, Aus der Geschichte der Gewürze. Apoth.-Ztg. 1894. 401. 415. 439.

W. Lenz, Zur Bestimmung der ätherischen Oele in Gewürzen. Zeitschr. f. anal. Chemie 1894. *33.* 193.

A. Vogl u. T. F. Hanausek, Gewürze. Entwurf für den Codex alimentarius austriacus. Zeitschr. f. Nahr.-Unt., Hyg. u. Waarenkunde 1896. *10.* 101. 121. 137. 153. 169. 217. 233 u. 249.

— Untersuchung der Gewürze. Südd. Apothekerzeitung 1896.

Ed. Späth, Neue Verfälschungen von Gewürzen. Forschungsberichte über Lebensmittel etc. 1896. *3.* 308.

A. Forster, Ueber Gewürze. Zeitschr. f. öffentl. Chemie 1898. *4.* 626.

1. Cardamomen.

P. Soltsien, Verfälschung von Cardamomenpulver. Pharm. Ztg. 1892. 373.

Th. Waage, Fructus Cardamomi. Ber. pharm. Ges. *3*. 162.

A. Schad, Entwicklungsgeschichtliche Untersuchungen über die Malabarcardamomen. Inaugural-Dissert. Bern 1897.

A. Tschirch, Ueber Cardamomen. Schweizer. Wochenschr. f. Chem. u. Pharm. 1897. *35*. 481.

B. Niederstadt, Die im Handel vorkommenden Cardamomarten. Chem.-Ztg. 1897. *21*. 831.

W. Busse, Ueber eine neue Cardamomenart aus Kamerun. Arbeiten a. d. Kais. Gesundheitsamte 1898. *14*. 139.

2. Gewürznelken.

H. Roettger, Die Gewürznelken, ihre Verfälschung und Beurtheilung. Ber. XI. Vers. d. freien Verein. bayr. Vertreter d. angew. Chem. in Regensburg 1892. S. 66.

Th. Waage, Caryophylli. Ber. pharm. Ges. *3*. 157.

H. Krämer, Zur Prüfung der Gewürznelken. Apoth.-Ztg. 1894. 870.

Ueber den Gewürznelkenbau auf Zanzibar. Notizbl. d. botan. Gartens etc. in Berlin 1897. *1*. 275 u. Chem.-Ztg. 1897. *21*. Repert. 229.

3. Ingwer.

E. W. T. Jones, Analyse des Ingwers. Analyst 1886. 75.

E. H. Gane, Analyse von 4 Ingwersorten. Pharm. Ztg. 1892. *37*. 282.

Ingwer-Kultur in Westindien. Zeitschr. f. Nahr. Hyg. Waarenk. 1892. *7*. 351; Vierteljahresschr. Chemie Nahr.- u. Genussm. 1892. 7. 278.

Dyer und Gilbard, Unterscheidung zwischen unverfälschtem und extrahirtem Ingwer. Chem.-Ztg. 1893. *17*. 838.

A. H. Allen und C. G. Moor, Ueber die Erkennung von erschöpftem Ingwer. Analyst 1894. *19*. 124.

A. H. Allen, Ueber fremde Mineralsubstanzen im Ingwer. Ebend. 1894. *19*. 218.

Th. B. Blunt, Ueber Ingwer. Analyst 1896. *21*. 309; Jahresber. über Fortschr. Nahr.- u. Genussm. 1896. *11*. 118.

Liverseege, Zur Charakteristik erschöpften Ingwers. Pharm. Journ. 1896. *57*. 112.

W. S. Glass, Ingwersorten des Handels. Pharm. Journ. 1897. *58*. 245; Vierteljahresschr. Chem. Nahr.- u. Genussm. 1897. *12*. 202.

4. Muskatblüthe, Macis.

T. F. Hanausek, Gefälschte und echte Macis. Rev. intern. fals. 1887. *1*. 23.

R. Hefelmann, Zur Untersuchung von Macis. Pharm. Ztg. 1891. *36*. 122.

Th. Waage, Banda- und Bombay-Macis. Pharm. Centralhl. 1892. *33*. 372.

Th. Waage, Papua-Macis. Pharm. Centralhl. 1893. *34*. 131.

P. Soltsien, Banda- und Bombaymacis. Pharm. Ztg. 1893. 454. 467.

F. Held u. A. Hilger, Zur chemischen Charakteristik der Bombay-Macis. Forschungsber. über Lebensmittel etc. 1894. *1*. 136.

K. Th. Hallström, Vergleichend-anatomische Studien über die Samen der Myristicaceen und ihre Arillen. Arch. Pharm. 1895. *233*. 443.

E. Späth, Zur chem. Unterscheidung verschiedener Macissorten. Forschungsber. über Lebensmittel 1895. *2*. 148.
— Ueber Verfälschungen von Zimmt und Macis mit Zucker. Ebendort 1896. *3*. 291.
W. Busse, Ueber Gewürze. III. Macis. Arbeiten a. d. Kais. Gesundheitsamte 1896. *12*. 628.

5. Muskatnuss.

O. Warburg, Die nutzbaren Muskatnüsse. Ber. pharm. Ges. 1892. 211.
W. Busse, Ueber Gewürze. II. Muskatnüsse. Arbeiten a. d. Kais. Gesundheitsamte 1895. *11*. 390.
O. Warburg, Die Muskatnuss, ihre Geschichte, Botanik, Kultur u. s. w. Leipzig 1897.
A. Tschirch, Kalken der Muskatnüsse. Schweiz. Wochenschr. f. Chemie u. Pharm. 1898. *36*. 21.

6. Paprika.

F. Strohmer, Zusammensetzung des Paprikas. Arch. d. Pharm. 1884. *222*. 710.
Th. Papst, Bestandtheile des spanischen Pfeffers. Ebendort 1892. *230*. 108.
Béla von Bittó, Ueber die Verfälschungen der Paprikawaaren. Chem.-Ztg. 1892. *16*. 1836.
— Ueber die chem. Zusammensetzung der reifen Paprikaschote. Landw. Versuchsstationen 1893. *42*. 369; 1896. *46*. 309.
V. Vedrödi, Untersuchung von Paprika. Zeitschr. f. Nahr.-Unters. Hyg. 1893. *7*. 385.
H. Král, Chromroth zum Färben von Paprika. Chem.-Ztg. 1893. *17*. 105; Zeitschr. f. Nahr.-Unters. Hyg. 1893. 7. 339.
Gyula Istvanffi, Zur Charakteristik des Cayennepfeffers. Botan. Centralbl. 1893. *3*. 468.
T. F. Hanausek, Zur Charakteristik des Cayennepfeffers. Zeitschr. f. Nahr.-Unters. Hyg. 1893. 7. 297.
C. Hartwich, Ueber die Epidermis der Samenschale von Capsicum. Pharm. Post 1894. *27*. 609.
J. Mörbitz, Ueber die scharfe Substanz des spanischen Pfeffers. Pharm. Zeitschr. Russland 1897. 299. 313. 327. 341. 369; Vierteljahresschr. f. Chemie d. Nahr.- u. Genussm. 1897. *12*. 534.
K. Micko, Zur Kenntniss des Capsaïcins. Zeitschr. f. Unters. d. Nahr.- u. Genussm. 1898. *1*. 818 u. 1899. *2*. 411.

7. Pfeffer.

E. Geissler, Zur Untersuchung des Pfeffers. Pharm. Centrhl. 1883. 521.
W. Lenz, Ein Beitrag zur chemischen Untersuchung des Pfeffers. Zeitschr. f. analyt. Chemie 1884. *23*. 501.
A. Halenke und W. Möslinger, Ber. IV. Vers. bayr. Vertreter d. angew. Chem. 1885. 104.
H. Roettger, Kritische Studien über die chemischen Untersuchungsmethoden des Pfeffers. Arch. f. Hygiene 1886. *4*. 183.
A. W. Stokes, Quantitative Bestimmung von Pfeffermischungen. Analyst 1887. *12*. 147 u. Vierteljahresschr. f. Chemie d. Nahr.- u. Genussm. 1887. *2*. 378.

T. Stevenson, Piperin-Bestimmung im Pfeffer. Analyst 1887. *12*. 144.

W. Johnstone, Ueber das Vorkommen eines flüchtigen Alkaloides im Pfeffer. Chem. News 1888. *58*. 235; Chem.-Ztg. 1889. *13*. Repert. 85.

Stock, Aschenbestimmung von weissem Pfeffer. Zeitschr. f. Nahr.-Unters. u. Hyg. 1892. *6*. 302.

Ruffin, Ueber die chem. Analyse des Pfeffers. Rev. intern. fals. 1892/93. *6*. 62.

E. Späth, Ueber ein neues Verfälschungsmittel des gemahlenen Pfeffers (Wachholderbeeren). Forschungsber. über Lebensmittel etc. 1893. *1*. 37.

E. Hanausek, Ueber Tellicherypfeffer. Zeitschr. f. Nahr. Hyg. Waarenk. 1893. 7. 258.

E. von Raumer, Ueber den Gehalt reiner Pfeffersorten an Cellulose, Stärke etc. Zeitschr. f. angew. Chemie 1893. 453.

Th. Weigle, Untersuchungen über die Zusammensetzung des Pfeffers. Ber. pharm. Ges. 1893. 210.

W. Busse, Ueber Gewürze. I. Pfeffer. Arbeiten a. d. Kais. Gesundheitsamte 1894. *9*. 509.

B. Fischer, Verfälschungen von Pfeffer. Jahresber. d. chem. Unters.-Amtes zu Breslau 1894/95. 35.

Herlant, Westafrikanischer schwarzer Pfeffer. Journ. de pharm. d'Anvers 1895. 55.

F. Kundrat, Das neueste Verfälschungsmittel für Pfeffer. Zeitschr. f. Nahr. Hyg. Waarenk. 1895. *9*. 104.

Martelli, Zum Nachweis der Verfälschungen des gemahlenen Pfeffers. Ebendort 1895. *9*. 205.

A. Hilger u. F. E. Bauer, Beiträge zur chemischen Kenntniss der Pfefferfrucht. Forschungsber. über Lebensmittel etc. 1896. *3*. 113.

8. Piment.

T. F. Hanausek, Farbstoff des Piments. Zeitschr. d. allgem. österr. Apoth.-Vereins 1893. 51.

E. Späth, Zur mikroskop. Prüfung des Piments. Forschungsber. über Lebensmittel etc. 1895. *2*. 419.

9. Safran.

G. Kuntze, Chem.-pharmakogn. Studien über Safransorten des Handels. Dissert. Erlangen 1886.

R. Kayser, Anwendung der Kapillaranalyse. Ber. X. Vers. bayr. Vertreter d. angew. Chem. 1891. 100.

G. Possetto, Martiusgelb und Tropäolin 000 N. 2 als Safransurrogat. Chem.-Ztg. 1891. *15*. Repert. 96.

Collardot, Honig, Zwiebelschalen, süsser Piment als Verfälschungsmittel für Safran. Rev. intern. fals. 1891/92. *5*. 4.

M. Kronfeld, Geschichte des Safrans und seiner Kultur. Zeitschr. f. Nahr. Hyg. Waarenk. 1892. *6*. 15.

C. Hassack, Gewicht der Safrannarben. Ebendort 1892. *6*. 358.

T. F. Hanausek, Mehlbestäubung des Safrans. Ebendort 1892. *6*. 489.

E. Vinassa, Untersuchungen von Safran und Safransurrogaten. Arch. d. Pharm. *230*. 353.

A. Örtl, Ein Beitrag zur Safranfälschung. Zeitschr. f. Nahr. Hyg. Waarenk. 1893. 7. 337.

J. Barclay, Normalzahlen für die Reinheit des Safrans. Pharm. Journ. and
Transact. 1893/94. 692.

T. F. Hanausek, Verfälschungen des Safrans. Vierteljahresschr. f. Chemie d.
Nahr.- u. Genussm. 1894. *9*. 49.

A. Alessi, Erkennung einiger Safranfälschungen. Chem.-Ztg. 1894. *18*. Repert. 132.

F. Ranwez, Safranfälschung. Annal. de Pharm. (Louvain) 1896. No. 6 u. Apo-
thek.-Ztg. 1896. *11*. 462.

G. Morpurgo, Safranfälschung. Vierteljahresschr. f. Chemie d. Nahr.- u. Genussm.
1897. *12*. 44.

L. F. Kebler, Ueber Safran. Amer. Journ. of Pharm. 1896. 198.

Chicote, Ueber eine neue Fälschung des Safrans. Journ. pharm. chim. 1896. 117.

Heim, Ein Ersatzmittel für Safran. Zeitschr. f. Nahr. Hyg. Waarenk. 1896. *10*. 103.

H. Bremer, Eine Verfälschung des Safrans. Forschungsber. über Lebensmittel etc.
1896. *3*. 439.

10. Senfmehl.

V. Dircks, Ueber das Vorkommen der Myronsäure und des daraus gebildeten
Senföls. Landw. Versuchsstationen 1883. *28*. 179.

Eugen Dieterich, Bestimmung des ätherischen Senföles im Senf. Helfenberger
Annalen 1886. 59.

Fr. Nobbe und A. Meyer, Senfsamen. In Dammer's Lexikon der Verfälschungen. Berlin 1887. 777 u. 828.

L. Wittmack, Ueber die Unterschiede zwischen Raps, Rübsen und Kohlsamen.
Sitzungsberichte d. Gesellsch. naturforschender Freunde in Berlin 1887.
No. 3.

H. Steffeck, Ein neues Fälschungsmittel des weissen Senfes. Landw. Versuchsstationen 1887. *33*. 411.

O. Förster, Bestimmung des Senfölgehaltes in Cruciferensamen. Landw. Versuchsstationen 1888. *35*. 209; 1898. *50*. 417.

A. Schlicht, Bestimmung von Senföl. Zeitschr. f. anal. Chemie 1891. *30*. 661.

Th. Waage, Sarepta-Senf. Ber. pharm. Ges. 1893. 168.

O. Burchard, Ueber den Bau der Samenschale einiger Brassica- und Sinapis-
arten. Journ. f. Landw. 1894. 125.

L. Kramm, Anbauversuche von Sareptasenf in südlicheren Gegenden Russlands.
Chem.-Ztg. 1896. *20*. Repert. 246.

J. Gadamer, Bestandtheile des schwarzen und weissen Senfes. Arch. Pharm.
1896. *235*. 44.

Eugen Dieterich, Der quantitative Nachweis des ätherischen Senföls. Erstes
Decennium der Helfenberger Annalen 1886/95. 1897. 241.

J. Delaite, Untersuchung von Senfmehl. Rev. int. fals. 1897. *10*. 37; Apoth.-Ztg.
1897. 689.

Grizzi, Verfälschungen des Semen sinapis (mit Maismehl). Pharm. Centrh. 1898.
39. 528.

E. Haselhoff, Bestimmung des Senföles. Zeitschr. f. Unters. d. Nahr.- u. Genussm. 1898. *1*. 235.

J. König, Untersuchung landwirthsch. u. gewerbl. wichtiger Stoffe. Berlin 1898.
2. Aufl. 245.

11. Zimmt.

J. Malfatti, Eine neue Verfälschung des Zimmtpulvers. Zeitschr. f. Nahr. Hyg. Waarenk. 1891. *5*. 133.

Th. Waage, Zimmtbruch. Ber. pharm. Ges. 1893. 159.

R. Pfister, Zur Kenntniss der Zimmtrinden. Forschungsberichte über Lebensmittel 1893. *1*. 6 u. 25.

B. Gichard, Verfälschung von Zimmtrindenpulver. Zeitschr. f. Nahr. Hyg. Waarenk. 1895. *9*. 281.

E. Späth, Ueber Verfälschung von Zimmt und Macis mit Zucker. Forschungsberichte über Lebensmittel 1896. *3*. 291.

T. F. Hanausek, Chips. Zeitschr. d. allgem. österr. Apoth.-Vereins 1896. 34.

R. Hefelmann, Ueber die Verfälschung des Zimmts mit Rohrzucker. Pharm. Centrhl. 1896. *37*. 699.

G. Rupp, Aschengehalt der Zimmtsorten. Zeitschr. f. Unters. d. Nahr.- u. Genussm. 1899. *2*. 209.

12. Sonstige Gewürze.

Neumann-Wender, Ueber gefärbten Fenchel. Zeitschr. f. Nahr. Hyg. Waarenk. 1897. *11*. 369.

A. Juckenack und R. Sendtner, Zur Untersuchung und Charakteristik der Fenchelsamen des Handels. Zeitschr. f. Unters. d. Nahr.- u. Genussm. 1899. *2*. 69 u. 329.

W. Busse, Ueber Gewürze. IV. Vanille. Arbeiten a. d. Kais. Gesundheitsamte 1898. *15*. 1.

Essig.

Referent des Ausschusses: Dr. **Hilger.**
Verfasser: Dr. **Stockmeier,** Dr. **Metzger.**

A. Vorbemerkungen.

1. Unter Essig versteht man das durch die sogenannte Essiggährung aus alkoholischen Flüssigkeiten oder durch Verdünnung von Essigsprit mit Wasser gewonnene, bekannte saure Genuss- und Konservirungsmittel.

Man unterscheidet je nach der Abstammung folgende Essigsorten: Branntweinessig (Spritessig, Essigsprit), Weinessig, Obst- und Obstweinessig, Bieressig, Malzessig, Stärkezuckeressig und Honigessig. Kräuteressig wird durch Ausziehen von Kräutern mit Essigsorten dargestellt.

Man begegnet im Handel auch der Essigessenz (aus den Erzeugnissen der trockenen Destillation des Holzes hergestellt), sowie dem daraus durch Verdünnung gewonnenen Essig.

2. Verfälschungen des Essigs.

    a) Zusatz von Wasser;

    b) Zusatz von freien Mineralsäuren (Schwefelsäure, Salzsäure) und organischen Säuren (Oxalsäure);

    c) Zusatz von scharf schmeckenden Stoffen pflanzlicher Natur;

    d) Zufällige Verunreinigung mit giftigen Metallsalzen (aus den Aufbewahrungsgefässen).

Als krankhafte Veränderungen sind Pilzbildungen und das Kahmigwerden zu erwähnen. Häufig treten in den durch Gährung gewonnenen Essigsorten die sogenannten Essigälchen (Anguillula oxoophila) auf. In dem aus verdünnter Essigessenz hergestellten, extrakthaltigen Speiseessig können gleichfalls Essigälchen vorkommen.

B. Probenentnahme.

Essig ist in der Menge einer halben bis einer ganzen, mit Korkstöpsel verschlossenen Weinflasche zu übergeben.

C. Untersuchungsverfahren.

Die chemische Untersuchung des Essigs erstreckt sich vorwiegend auf folgende Nachweise und Bestimmungen:

    a) Bestimmung des Säuregehaltes.

    b) Qualitative Prüfung auf freie Mineralsäuren (Schwefelsäure, Salzsäure).

    c) Quantitative Bestimmung der freien Mineralsäuren.

    d) Prüfung auf Schwermetalle (Kupfer, Blei, Zinn, Zink).

    e) Prüfung auf scharf schmeckende Stoffe.

    f) Prüfung auf Farbstoffe.

    g) Bestimmung von Oxalsäure.

    h) Bestimmung des Alkohols.

    i) Nachweis und Bestimmung von Konservirungsmitteln.

    k) Ermittelung der Abstammung des Essigs.

Anmerkung. Die Bestandtheile des Essigs sind in Gewichtsprocenten auszudrücken, d. h. es ist anzugeben, wie viel Gramm der einzelnen Bestandtheile in 100 g Essig enthalten sind.

a) Bestimmung des Säuregehaltes.

Von farblosem oder nur schwach gelb gefärbtem Essig werden 20 ccm nach Zusatz einiger Tropfen alkoholischer Phenolphtaleïnlösung mit einer Normalalkalilauge bis zur Sättigung titrirt. Bei stärker gefärbtem Essig wird der Sättigungspunkt durch Tüpfeln auf empfindlichem violettem Lackmuspapier festgestellt; dieser Punkt ist erreicht, wenn ein auf das trockene Lackmuspapier aufgesetzter Tropfen keine Röthung mehr hervorruft. Die Säure des Essigs ist auf Essigsäure ($C_2 H_4 O_2$) zu berechnen, (1 ccm Normallauge entspricht 0,06 g Essigsäure).

b) Qualitative Prüfung auf freie Mineralsäuren. (Nachweis von freier Schwefelsäure und Salzsäure.)

20—25 ccm des bis auf etwa 2 % Essigsäuregehalt verdünnten Essigs werden mit 4—5 Tropfen Methylviolettlösung versetzt, die man durch Auflösen von 0,1 g Methylviolett 2 B[1]) in 1 l Wasser erhält. Eintretende Grün- oder Blaufärbung zeigt Mineralsäuren an. Eine eventuelle Koncentration des Essigs und der Vergleich mit einer mit Mineralsäure versetzten Essigprobe ist empfehlenswerth.

c) Quantitative Bestimmung der freien Mineralsäuren nach A. Hilger[2]).

20 ccm Essig werden mit Normalalkalilauge genau neutralisirt, wobei

---

[1]) Zu den Versuchen diente Methylviolett 2 B No. 56 der Farbenfabriken vorm. Bayer & Co., Elberfeld. Siehe H. Stockmeier, Referat über Essiguntersuchung. Bericht über die 4. Vers. bayerischer Vertreter der angewandten Chemie 1885. 6.

[2]) Arch. f. Hygiene 1888. *8*. 448.

der Sättigungspunkt durch Tüpfeln auf empfindlichem violettem Lackmuspapier ermittelt wird. Die neutralisirte Flüssigkeit wird in einer Porzellanschale auf etwa den zehnten Theil eingedampft, mit einigen Tropfen der
oben erwähnten Methylviolettlösung versetzt, wenn nöthig bis auf etwa
3—4 ccm mit Wasser verdünnt, zum Sieden erhitzt und heiss mit Normal-
schwefelsäure bis zum Farbenübergange titrirt. Die verbrauchten ccm
Normalschwefelsäure werden von den verbrauchten ccm Normalalkali abgezogen und die Differenz auf Schwefelsäure umgerechnet. 1 ccm Normalalkali entspricht 0,049 g Schwefelsäure (H_2SO_4).

d) **Prüfung auf Schwermetalle.** (Kupfer, Blei, Zinn, Zink.)

200—500 ccm Essig werden verdampft; der Rückstand wird bei
extraktarmen Sorten mit Salzsäure aufgenommen, bei extraktreichen unter
Zusatz von etwas Soda und Salpeter verascht und die Asche vorsichtig in
Salzsäure aufgelöst. In der salzsauren Lösung erfolgt der Nachweis und
die Bestimmung der Schwermetalle nach den Regeln der Mineralanalyse.

e) **Prüfung auf scharf schmeckende Stoffe.**

Der genau neutralisirte Essig wird eingeengt und auf Geschmack
geprüft, alsdann mit Aether ausgezogen und der beim Verdunsten des
Aethers verbleibende Rückstand ebenfalls auf seinen Geschmack geprüft.
Die Feststellung der Natur der scharf schmeckenden Stoffe auf chemischem
Wege ist schwierig und meist nicht sicher.

f) **Prüfung auf Farbstoffe.**

Für die Färbung des Essigs kommen im Wesentlichen dieselben
Farbstoffe in Betracht wie beim Wein. Der Nachweis der Farbstoffe erfolgt in gleicher Weise wie im Wein.

g) **Bestimmung von Oxalsäure.**

Die Oxalsäure wird in einer gemessenen Menge Essig durch Gips-
lösung nachgewiesen und bestimmt.

h) **Bestimmung des Alkohols.**

Von 500 ccm des neutralisirten Essigs werden 200 ccm abdestillirt.
Von diesen destillirt man nochmals nahezu 100 ccm ab und bestimmt im
Destillate nach der Abkühlung desselben auf 15° und Auffüllung auf
100 ccm den Alkohol in der üblichen Weise durch Ermittelung des spec.
Gewichtes. Eine qualitative Prüfung auf Alkohol durch Ausführung der
Jodoformreaktion ist empfehlenswerth.

i) **Nachweis und Bestimmung von Konservirungsmitteln.**

Von Konservirungsmitteln werden meist Salicylsäure und Benzoësäure
verwendet (zu Einmachessigen); man entzieht sie dem Essig durch Ausschütteln mit Aether. Zur Ermittlung der Borsäure wird der Essig alkalisch gemacht und verascht; den Formaldehyd scheidet man durch Destillation des Essigs ab oder weist ihn in dem Essig selbst nach. Der Nachweis bezw. die Bestimmung der genannten Konservirungsmittel erfolgt nach

den im I. Hefte der Vereinbarungen S. 22/25 angegebenen Verfahren[1]). Hierbei ist zu beachten, dass nach K. Farnsteiner[2]) Essig, der frei von Formaldehyd ist, eine schwache Formaldehydreaktion geben kann.

k) **Ermittlung der Abstammung des Essigs.**

Die Unterscheidung der einzelnen Essigsorten ist nicht mit voller Sicherheit möglich. Als Anhaltspunkte können folgende Angaben dienen:

Branntweinessig enthält nur wenig Extrakt und wenig Asche von neutraler oder schwach alkalischer Reaktion; er kann Alkohol und Aldehyd enthalten. Wein-, Obst-, Bier- und Malzessig enthalten stets erheblich mehr Extrakt und Asche, die alkalisch reagirt und Kali sowie Phosphorsäure aufweist; sie können auch Aldehyd und Alkohol enthalten. Im Weinessig sind gewöhnlich Weinstein, kleine Mengen Glycerin und mitunter freie Weinsäure enthalten; der Obstessig enthält gewöhnlich Aepfelsäure, der Bier-, Malz- und Stärkezuckeressig Dextrin. Im Bier- und Malzessig finden sich auch gelöste Proteïnstoffe bezw. Amide.

Das aus koncentrirter Essigsäure (Essigessenz) hergestellte Erzeugniss kann kleine Mengen von Holztheerbestandtheilen (Phenole, Kreosot u. s. w.) enthalten. Zur Unterscheidung des Gährungsessigs von dem aus Essigsäure (Essigessenz) hergestellten Präparate kann die mikroskopische bezw. bakteriologische Untersuchung mit herangezogen werden.

Die Bestimmung des Extraktgehaltes, des Weinsteines, der freien Weinsäure, des Glycerins, der Aepfelsäure, des Dextrins, der Mineralbestandtheile, des Kalis und der Phosphorsäure erfolgt wie im Weine. Phenole können durch Prüfen des ätherischen Essigauszuges mit Brom-

---

[1]) Zu den dort angegebenen Prüfungen auf Formaldehyd seien noch folgende hinzugefügt:

a) 2 — 3 ccm des Destillates werden mit einigen Körnchen kryst. Resorcins versetzt und mit dem gleichen Raumtheil 40 %iger Natronlauge erwärmt. (Lebbin, Pharm. Ztg. 1896. 681.) Es tritt noch deutliche Rothfärbung bei einer Verdünnung von 1:10 Mill. ein.

b) Zu 2—3 ccm wird ein Tropfen 1 %iger Phenollösung gesetzt, worauf man die Mischung auf konc. Schwefelsäure schichtet (Hehner, Analyst *21.* 94—97 durch Chem. Centralbl. 1896. *1.* 1145). Es tritt die Bildung eines karmoisinrothen Ringes noch bei einer Verdünnung von 1:200 000 ein.

c) Hehner (ebendort) prüft Essig auf Formaldehyd, indem er einen Tropfen Milch hinzufügt und alsdann auf konc. Schwefelsäure schichtet. Ein blauer Ring zeigt Formaldehyd an; Acetaldehyd giebt die Reaktion nicht.

d) Nach Weber und Tollens (Ber. d. deutsch. chem. Gesellsch. 1897. *30.* 2510) werden Lösungen von Formaldehyd mit einigen Tropfen 1 %iger Phloroglucinlösung und dem gleichen Raumtheil Salzsäure von 1,19 spec. Gew. längere Zeit erwärmt. Es tritt weissliche Trübung und dann Abscheidung gelbrother Flocken ein.

[2]) K. Farnsteiner, Forschungsberichte über Lebensmittel 1897. *4.* 8.

wasser, das mit den Phenolen unlösliche Verbindungen giebt, erkannt werden. Auf Holztheerbestandtheile prüft man nach dem Verfahren von Cazeneuve und Cotton[1]) mit einer 0,1%igen wässerigen Kaliumpermanganatlösung, die durch diese Stoffe in der Kälte rasch reducirt wird.

Die vorstehend genannten Merkmale sind selbst für die reinen, unvermischten Essigsorten nicht ganz sicher, da die als eigenartig bezeichneten Bestandtheile auch fehlen können; zur Erkennung von Mischungen bieten sie nur selten eine Handhabe. Andererseits können diese Bestandtheile auch dem Essig leicht beigemischt werden, so dass selbst ein positiver Befund keineswegs ein sicherer Beweis für das Vorliegen einer bestimmten reinen Essigsorte ist.

D. Anhaltspunkte zur Beurtheilung des Essigs.

1. Speiseessig soll im Allgemeinen 3,5 %, keinesfalls unter 3 % Essigsäure ($C_2 H_4 O_2$) enthalten.

2. Derselbe soll klar und durchsichtig sein. Durch Essigälchen getrübter oder mit Pilzwucherungen bedeckter Essig ist zu beanstanden.

Speiseessig darf:

3. keine giftigen Metalle,

4. keine scharf schmeckenden Stoffe,

5. keine Holztheerbestandtheile (Phenole, Kreosot u. s. w.),

6. keine freien Mineralsäuren enthalten.

7. Essig muss frei von Konservirungsmitteln sein, wenn nicht die Bezeichnung einen besonderen Hinweis auf solche enthält.

8. Fruchtessige, überhaupt Essigsorten, deren Abstammung im Handelsverkehr genau angegeben wird, dürfen keine Beimengungen von Spiritusessig oder dem aus Essigsäure oder Essigessenz hergestellten Erzeugniss enthalten.

Litteratur.

E. Alessandri, Erkennung der Vinoline in Wein und Essig. L'Orosi *10*. 305, durch Chem. Centralbl. 1887. 1409.

A. H. Allen u. C. G. Moor, Ueber Gährungs- und Holzessig und Gehalt der Essigsorten an Essigsäure. Analyst *18*. 180/183 und 240/246, durch Chem. Centralbl. 1893. 2. 599 und 1010.

W. Bachmeier, Nachweis von Mineralsäuren im Essig. Zeitschr. f. anal. Chemie 1883. *22*. 228.

Balzer, Nachweis von Mineralsäuren im Essig. Rép. de Pharm., durch Vierteljahresschrift f. Chemie d. Nahr.- u. Genussm. 1891. *6*. 82.

J. Bersch, Tresteressig. Industrieblätter 1886. 38.

— Behandlung von frisch bereitetem Essig. Zeitschr. f. landwirthsch. Gewerbe 1888. *8*. 16.

---

[1]) Bull. de la soc. chim. *35*, 102, durch Chem. Ind. 1881. *4*. 147.

Bigot, Vorkommen von Aldehyd im Essig. Chem. Ind. 1888, *11*. 476.

van dem Bosche, Beseitigung der Essigälchen. Chem.-techn. Rep. 1895. *2*. 121.

Böttger, Nachweis von Schwefelsäure im Essig. Polyt. Notizblatt 1865. 383.

P. Bronner, Bestimmung der Stärke des Essigs. Zeitschr. f. anal. Chemie 1862. *1*. 252.

Cailletet, Prüfung von Weinessig. Rép. de Pharm. *39*. 75, durch Chem.-techn. Rep. 1878. *1*. 394.

A. Casali, Künstlich gefärbter Essig. Le Staz. Speriment. Agrar. Ital. *19*. 156, durch Vierteljahresschr. f. Chemie d. Nahr.- u. Genussm. 1890. *5*. 500.

Colard, Honigessig. Rev. intern. des falsific. 1893/94. 7. 151, durch Chem.-techn. Rep. 1894. *2*. 88.

F. Coreil, Ueber Payen's Nachweis freier Mineralsäuren im Essig. Journ. Pharm. Chim. 1891. *23*. 444, durch Chem. Ztg. 1891. *15*. Repert. 147.

B. F. Davenport, Analyse von Essig. Chem. News 1887. *56*. 3 und 66, durch Vierteljahresschr. f. Chemie d. Nahr.- u. Genussm. 1887. *2*. 454.

E. Donath, Nachweis freier Mineralsäuren im Essig. Chem. Centralbl. 1879. 694.

H. Eckenroth, Chemische Zusammensetzung des Weinessigs. Pharm. Ztg. *34*. 14, durch Zeitschr. f. anal. Chemie 1889. *28*. 253.

J. Felix, Verfälschung des Essigs durch Pikrinsäure. Rev. intern. des fals. 1888. *1*. 123, durch Vierteljahresschr. f. Chemie d. Nahr.- u. Genussm. 1888. *3*. 190.

K. Foerster, Furfurol in gegohrenen Flüssigkeiten. Ber. d. deutsch. chem. Gesellsch. 1882. *15*. 322.

— Ursache der Jorissen'schen Prüfung auf Fuselöl. Ebendort 230.

W. Fresenius, Modifikation des Otto'schen Acetometers. Zeitschr. f. anal. Chemie 1887. *26*. 59.

A. Gawalowsky, Konservenessig. Zeitschr. f. Nahr.-Unt. u. Hyg. 1888. *2*. 61, durch Vierteljahresschr. f. Chemie d. Nahr.- u. Genussm. 1888. *3*. 190.

J. Girard, Valeriansäure im Essig. Journ. Pharm. Chim. 1890. 5 Sér. *22*. 150, durch Chem.-Ztg. 1890. *14*. Repert. 252.

A. Girard, Nachweis freier Schwefelsäure im Essig. Compt. rend. *58*. 515, durch Dingl. polyt. Journ. *172*. 2813.

M. Giunti, Einwirkung des Lichtes auf Essiggährung. Le Staz. Speriment. Agrar. Ital. *18*. 172, durch Vierteljahresschr. f. Chemie d. Nahr.- u. Genussm. 1890. *5*. 80.

G. Griggi, Nachweis von Mineralsäuren im Essig durch Rosanilinchlorhydrat. Chem.-Ztg. 1893. *17*. Repert. 276.

H. Hager, Nachweis freier Mineralsäure im Essig. Pharm. Centralhalle 1886. 292, durch Vierteljahresschr. f. Chemie d. Nahr.- u. Genussm. 1886. *1*. 127.

E. Ch. Hansen, Essigbildende Spaltpilze. Ber. d. deutsch. bot. Ges. *11*. 69, durch Jahresber. f. chem. Technol. 1894. 572.

O. Hehner, Nachweis u. Bestimmung freier Mineralsäuren im Essig. Zeitschr. f. anal. Chemie 1878. *17*. 236.

— Malzessig. Zeitschr. f. Spiritusindustrie 1891. *14*. 105.

A. Held, Verfälschter Weinessig. Journ. de pharm. de Lorraine, durch Chem.-Ztg. 1890. *14*. Repert. 192.

K. Heumann, Nachweis freier Mineralsäuren im Essig. Ber. d. deutsch. chem. Gesellsch. 1881 *14*. 286.

A. Hilger, Prüfung des Essigs auf freie Mineralsäuren. Archiv der Pharm. 1876. 193, durch Zeitschr. f. anal. Chemie 1877. *16*. 117.

A. Hilger, Quantitative Bestimmung der Mineralsäuren im Essig. Arch. f. Hygiene 1888. *8*. 448, durch Vierteljahresschr. f. Chemie d. Nahr.- u. Genussm. 1889. *4*. 88.

E. Holdermann, Vorkommen von Nitraten im Schnellessig. Pharm. Central-halle 1889. 713, durch Chem.-Ztg. 1889. *13*. Repert. 358.

J. H. Huber, Nachweis freier Schwefelsäure im Essig. Korrespondenzblatt des Ver. analyt. Chem. *1*. 31, durch Zeitschr. f. anal. Chemie 1879. *18*. 618.

Jaillard, Bestimmung der Essigsäure im Essig. Mémoires de médecine et de pharm. militaire, durch Zeitschr. f. anal. Chemie 1865. *4*. 222.

C. Jehn, Bestimmung der Essigsäure. Ber. d. deutsch. chem. Gesellsch. 1877. *10*. 2108.

Jöhring, Nachweis freier Mineralsäuren im Essig. Chem.-techn. Centralanzeiger *4*. 507, durch Vierteljahresschr. f. Chemie d. Nahr.- u. Genussm. 1886. *1*. 127.

A. Jolles, Bestimmung freier Weinsäure im Essig. Zeitschr. f. Nahr.-Unt. u. Hyg. 1889. *3*. 185, durch Chem.-Ztg. 1889. *13*. Repert. 285.

A. Jorissen, Furfurol in vergohrenen Flüssigkeiten. Ber. d. deutsch. chem. Gesellsch. 1882. *15*. 574 (s. auch ebendort 1880. *13*. 2439).

—· Nachweis von Mineralsäuren im Essig. Journ. de Pharm. d'Anvers, durch Chem.-techn. Rep. 1882. *1*. 176.

Kämmerer, Honigessig. Mittheilung der städt. Untersuch.-Anstalt f. Nahr.- u. Genussmittel in Nürnberg 1889.

B. Kohnstein, Bestimmung freier Schwefelsäure im Essig. Dingl. polyt. Journ. *256*. 128.

H. Kux, Gasvolumetrische Bestimmung der Essigsäure im Essig. Zeitschr. f. anal. Chemie 1893. *32*. 142.

Lightfoot, Prüfung des Essigs auf Empyreuma. Chem. News 1861. 290, durch Zeitschr. f. anal. Chemie 1862. *1*. 252.

G. Lindner, Essigälchen. Deutsche Medicinal-Zeitung 1890. 25, durch Viertel-jahresschr. f. Chemie d. Nahr.- und Genussm. 1890. *5*. 80.

Masset, Nachweis freier Schwefelsäure im Essig. Journ. Pharm. *35*. 88, durch Chem. Centralbl. 1879. 694.

Massol, Verfälschung des Essigs durch Dextrose. Zeitschr. f. Nahr.-Unt. u. Hyg. 1888. 2. 174, durch Vierteljahresschr. f. Chemie d. Nahr.- u. Genussm. 1888. *3*. 434.

S. Metzger, Beitrag zur Beurtheilung von Essig. Ber. über die 11. Vers. der freien Ver. bayer. Vertreter der angew. Chemie 1892. 51.

Viktor Meyer, Gehalt des Eisessigs an Furfurol. Ber. d. deutsch. chem. Gesellsch. 1878. *11*. 1870.

J. Nessler, Nachweis freier Schwefelsäure im Essig. Pharm. Centralhalle 1877. 329, durch Zeitschr. f. anal. Chemie 1878. *17*. 223.

Nickel, Nachweis von Mineralsäure im Essig. Pharm. Ztg., durch Vierteljahres-schr. f. Chemie d. Nahr. u. Genussm. 1895. *10*. 604.

C. Pollacci, Nachweis freier Schwefelsäure im Essig. Riv. Viticolt. ed Enologia Ital. 1886. *10*. 627, durch Chem. Centralbl. 1887. 260.

B. Proskauer, Frankfurter Essigessenz. Pharm. Centralhalle 1889. *30*. 675, durch Vierteljahresschr. f. Chemie d. Nahr.- u. Genussm. 1889. *4*. 509.

F. Salomon, Bestimmung von Alkohol im Essig. Repert. d. anal. Chemie 1881. *1*. 18.

O. Schlickum, Nachweis von Mineralsäuren im Essig. Pharm. Ztg. *24*. 385, durch Chem.-techn. Rep. 1879. *1*. 325.

C. Silva, Zusammensetzung des Weinessigs. Le Staz. Speriment. Agrar. Ital. *25*. 89—100, durch Chem. Centralbl. 1894. *1*. 247.

S. Steiner, Weinessig. Mitth. aus d. hyg. Inst. d. Univ. Budapest, durch Chem. Centralbl. 1885. 170.

Ch. H. Steincamp, Analyse des Aepfelweinessigs. Americ. Drugg. 1895. 286, durch Chem.-techn. Rep. 1896. *1*. 220.

H. Stockmeier, Referat über Essiguntersuchung. Ber. über die 4. Vers. der freien Ver. bayer. Vertr. der angew. Chemie 1885. 6.

Strohl, Nachweis freier Mineralsäuren im Essig. Journ. de Pharm. et Chim. (4). *20*. 172, durch Zeitschr. f. anal. Chemie 1874. *13*. 459.

W. T. Sykes, Bestimmung der stickstoffhaltigen Substanzen im Essig zur Erkennung von Verfälschungen. Chem.-Ztg. 1891. *15*. 477.

G. Tolomei, Wirkung des Lichtes auf die Essiggährung. Le Staz. speriment. Agrar. Ital. 1891. *20*. 380, durch Vierteljahresschr. f. Chemie d. Nahr.- u. Genussm. 1891. *6*. 483.

— Einwirkung der Elektricität auf die Essiggährung. L'Orosi *13*. 401 bis 409, durch Chem. Centralbl. 1891. *1*. 458.

J. Traube, Bestimmung von Alkohol und Essigsäure im Essig mit dem Stalagmometer. Ber. d. deutsch. chem. Gesellsch. 1887. *20*. 2831.

J. Uffelmann, Spektrosk. Prüfung von Essig auf freie Mineralsäuren. Arch. f. Hygiene *2*. 198.

L. Vanino, Säurebestimmung im Essig. Zeitschr. f. angew. Chem. 1893. 676.

S. A. Vasey, Theersäure im Essig. Chem. News 1890. *61*. 264, durch Chem.-Ztg. 1890. *14*. Rep. 174.

M. Vizern, Bestimmung freier Mineralsäuren im Essig. Journ. Pharm. Chim. 1886, 6. Sér. *13*. 394, durch Vierteljahresschr. f. Chemie d. Nahr.-u. Genussm. 1886. *1*. 126.

H. Vohl, Bestimmung der Essigsäure im Essig. Ber. d. deutsch. chem. Gesellsch. 1877. *10*. 1807.

M. Wermischeff, Essigsäure bildende Mikroben. Ann. de l'Inst. Pasteur 1893. 7. 213, durch Vierteljahresschr. f. Chemie d. Nahr.- u. Genussm. 1893. *8*. 254.

Wharton, Freie Mineralsäuren im Essig. Americ. Journ. of Pharm. *54*. 100, durch Zeitschr. f. anal. Chemie 1884. *23*. 90.

H. Will, Bestimmung freier Oxalsäure im Essig. Apothekerzeitung 1888. *3*. 980, durch Vierteljahresschr. f. Chemie d. Nahr.- u. Genussm. 1888. *3*. 434.

— Beiträge zur quant. Bestimmung freier Mineralsäuren im Essig. Apothekerzeitung 1888. *3*. 979, durch Vierteljahresschr. f. Chemie d. Nahr.- u. Genussm. 1888. *3*. 434.

G. Witz, Volumetrische Bestimmung der Essigsäure bei Gegenwart von Mineralsäuren. Pharm. Centralhalle 1875. 94, durch Zeitschr. f. anal. Chem. 1876. *15*. 108.

Young, Bestimmung von Schwefelsäure im Essig. New Rem. 7. 48, durch Chem. Centralblatt 1879. 368.

K. Farnsteiner, Ein Beitrag zur Kenntniss des Weinessigs. Zeitschr. f. Unters. d. Nahr.- u. Genussm. 1899. *2*. 198.

Ferner aus der „Deutschen Essigindustrie“:

Jahrgang 1897.

1. Zusatz von schwefligsaurem Kalk zum Essig. S. 75. Von F. Rothenbach.
2. Kunstessig und Gährungsessig. S. 337, 385. Von F. Rothenbach.

3. Zur Bezeichnung und Beurtheilung von Weinessig und Weinessigessenz seitens der Nahrungsmittelkontrolle. S. 329. Von C. Moskopf.

Jahrgang 1898.

1. Bericht über die Thätigkeit der Versuchsanstalt für Essigfabrikation im Jahre 1897; siehe namentlich: Die Lebensfähigkeit von Essigälchen in verdünnten Essigessenzen. S. 1 u. 9. Von F. Rothenbach.
2. Zur Unterscheidung der Essigbakterien. S. 107, 113, 125, 145, 153, 161, 169, 177. Von W. Henneberg.
3. Geschichtliches über den Essig. S. 185. Von Bersch.
4. Die Schnellessigbakterien. S. 225, 233, 241. Von F. Rothenbach.
5. Zur Lage der Essigindustrie. S. 17. Von M. Maercker.
6. Weiteres Material zu den durch Essigessenz veranlassten Unfällen. S. 106. Referent F. Rothenbach.
7. Akute Essigsäure-Vergiftungen. S. 121. Von H. Henneberg.
8. Ist Essigessenz gleichwerthig dem Gährungsessig? S. 138. Von F. Rothenbach.
9. Welche Weine eignen sich am besten zur Essigfabrikation? S. 281. Von F. Rothenbach.
10. Welcher Minimal-Säuregehalt empfiehlt sich zur allgemeinen einheitlichen Durchführung im Deutschen Reiche für den Verkehr mit Essig. S. 289. Von C. Moskopf.

Zucker.

Referent des Ausschusses: Dr. **v. Buchka**.
Verfasser: Dr. **Herzfeld** und Dr. **Janke**.

A. Rohrzucker (Rübenzucker).

I. Allgemeines.

1. Eintheilung der Untersuchungsgegenstände.

In den Lebensmitteln des Verkehrs kommen von Zuckerarten hauptsächlich Saccharose, Glukose, Lävulose, Maltose und Milchzucker vor. Die Saccharose, kurzweg im gewöhnlichen Leben als Zucker bezeichnet, findet sich in Rohzucker aus Zuckerrohr, Rüben, Ahorn und Palmen als Hauptbestandtheil, sowie in dem daraus hergestellten Verbrauchszucker und Speisesirup. Glukose und Maltose befinden sich neben Dextrin im Stärkezucker. Milchzucker kommt als solcher und in Gemengen mit anderen Zuckerarten vor.

Die festen Rübenrohzucker theilt man ein in Ersterzeugnisse und Nacherzeugnisse. Die im Betriebe gewonnenen flüssigen Zucker werden als Abläufe bezeichnet. Der letzte Ablauf, aus welchem kein Zucker durch Krystallisation mehr gewinnbar ist, führt den Namen Melasse. Durch chemische Verfahren (Melasseentzuckerungsverfahren) werden daraus noch die sogenannten Melassezucker hergestellt, welche neben Saccharose häufig die höher polarisirende Raffinose (Pluszucker) enthalten.

Rohzucker, erstes Erzeugniss, weist 94—98 Polarisation (Saccharose) auf, sowie 0,7—2,5 % Wasser, 0,5—1,6 % Asche. Nacherzeugnisse zeigen 87—96 Polarisation, 1,3—4 % Wasser, 1,2—3,5 % Asche. Eine strenge Scheidung beider Waarengattungen durch Analyse ist somit nicht möglich.

Die Abläufe der Zuckerfabrikation theilt das Deutsche Zuckersteuergesetz ein in solche von unter 70 und über 70 scheinbaren Quotienten. Für erstere ist, da sie nur niederen Genusszwecken dienen, keine Gebrauchsabgabe zu entrichten.

Der aus dem Rohzucker hergestellte Verbrauchszucker kommt in mannigfachen Formen, meist nach letzteren oder nach Art der Fabrikation oder des

Herkunftsortes benannt, in den Handel. Man unterscheidet eigentliche
Raffinaden, welche durch Umkrystallisiren des Rohzuckers gewonnen
werden, von den durch mechanische Reinigung der Rohzuckerkrystalle
ohne Umkrystallisation gewonnenen Verbrauchszuckern. Brot- und
Hutzucker, ebenso Würfelzucker, Pilé (Zucker in unregelmässigen
Stücken), Cubes (Zucker in Würfelform mit abgestumpften Ecken),
Krystallzucker und gemahlene Zucker werden auf beide Arten hergestellt. Lediglich durch Abwaschen der Rohzuckerkrystalle gewonnener
Krystallzucker heisst im Handel Granulated oder Sandzucker. Zucker
in sehr feinen Krystallen heisst auch Kastorzucker. Sehr staubförmig
fein gemahlenen Zucker nennt man Puderzucker. Besonders im Kon-
ditorgewerbe verwendete Nacherzeugnisse der Raffinerien führen den
Namen Farine. Man nennt dieselben auch Bastardzucker. Rohzucker
aus unkultivirten Ländern, welche ohne Hülfe von Centrifugen gewonnen
worden sind, heissen Muskovados, der in Indien aus Palmensaft hergestellte Zucker Palmyra Jaggery.

Vielfach werden die Zuckerarten auch noch nach der Farbe einge-
theilt. Als Maassstab für den Vergleich dienen die von der holländischen
Regierung aufgestellten 20 Standardmuster von steigender Farbe, welche
auch in Deutschland häufig benutzt werden. In Frankreich theilt man die
Zucker des Handels in die 4 sogenannten französischen Typen ein.

Raffinirter Zucker in grossen, eigens gezüchteten Krystallen heisst
Kandis. Die Sirupe des Handels sind entweder sorgfältig durch
Filtration gereinigte Abläufe von Kandisfabriken, Melasseentzuckerungen,
Raffinerien, selten von Rohzuckerfabriken, oder Gemische dieser Sirupe
mit Stärkezuckersirup. Invertirte reine Raffinade kommt als flüssiger
Invertzucker oder flüssige Raffinade in den Handel. Solche invertzucker-
haltigen Lösungen finden sowohl in der Likörfabrikation, als besonders
auch zur Herstellung von Kunsthonig und zum Verschnitt von Naturhonig
Verwendung.

2. Verfälschungen.

Verfälschungen der in den Handel kommenden Saccharose sind früher
durch Zusatz von Stärkezucker versucht worden, mussten aber wieder
aufgegeben werden, da die verfälschten Erzeugnisse hygroskopisch und deshalb unverkäuflich waren. Die Verwendung von Stärkezucker bei Herstellung zuckerhaltiger Speisesirupe gilt nicht als Verfälschung. Zur Ab-
tönung der gelben Farbe des Zuckers findet häufig ein Zusatz von Ultra-
marin statt, welcher nicht als Verfälschung gilt.

II. Untersuchung.

1. Ermittelung des Zuckergehaltes.

Bei der Untersuchung von zuckerhaltigen Erzeugnissen handelt es sich häufig nicht lediglich um die Bestimmung der volksthümlich schlechthin als Zucker bezeichneten Saccharose, sondern auch um diejenige ihres nächsten Umwandlungs-Erzeugnisses, des Invertzuckers (bestehend aus gleichen Theilen Lävulose und Glukose), des Stärkezuckers (bestehend aus Glukose, Dextrin und Maltose), des Milchzuckers oder auch Gemengen der genannten Zuckerarten, wobei häufig an den Chemiker nicht nur die Anforderung gestellt wird, die Summe dieser Zuckerarten zu ermitteln, sondern auch die Einzelbestandtheile festzustellen. In denjenigen Fällen, wo der Zucker einer Melasseentzuckerung entstammt, ist ausserdem häufig auch die Bestimmung der Raffinose erforderlich.

Die Zuckerarten sind bekanntlich hauptsächlich durch ihr Verhalten gegen das polarisirte Licht, gegen alkalische Kupferlösung (Fehling'sche Lösung) und gegen Gährungsfermente unterschieden. Darauf beruhen die Grundlagen der quantitativen analytischen Trennungsmethoden, welche freilich häufig der Schärfe entbehren. Das Gährungsverfahren kommt in der Praxis nur selten und nur als qualitatives Verfahren in Betracht. Ausserdem wird in der analytischen Chemie noch die Eigenschaft der Kohlenhydrate von der Formel $C_6 H_{10} O_5$ bezw. $C_5 H_8 O_4$, sowie von der Formel $C_{12} H_{22} O_{11}$, unter dem Einfluss von Säuren durch Hydrolyse, in solche von der Formel $C_6 H_{12} O_6$ bezw. $C_5 H_{10} O_5$ überzugehen benutzt, um quantitative Bestimmungen sowohl nach der optischen Methode wie mittels Fehling'scher Lösung vorzunehmen.

In der Litteratur herrscht verhältnissmässige Klarheit bezüglich der optischen Methoden. für die bestimmte, genaue Vorschriften von Clerget-Herzfeld vorliegen. Grosse Verwirrung dagegen, welche dem Fernerstehenden das Zurechtfinden ungemein erschwert, ist bezüglich der Bestimmung mit Fehling'scher Lösung vorhanden, da diese Lösung vielfach in anderer Koncentration und Zusammensetzung, mit Abwechselung zwischen Kali- und Natronzusatz anders als nach der ursprünglichen Vorschrift bereitet worden ist; jede Aenderung in der Koncentration der Flüssigkeit führt aber, wie Soxhlet gezeigt hat, ebenso wie die Verlängerung der Kochdauer der zu untersuchenden Zuckerlösung mit Fehling'scher Lösung zu anderen Ergebnissen. Man hat deshalb bei Zuckeruntersuchungen streng darauf zu achten, dass man die vorhandenen Arbeitsvorschriften wörtlich befolgt, um sich in jedem einzelnen Falle zu vergewissern, wie die Fehling'sche Lösung dafür herzustellen ist, wie lange zu kochen und in welcher Art zu filtriren ist, wenn man nicht gewärtigen will, unrichtige Ergebnisse zu erhalten. Auskunft im einzelnen Falle holt man sich am besten in den Tabellen von Wein. Man soll sich einprägen, dass Stärke, Dextrin und Rohrzucker zwar direkt die Fehling'sche Lösung nicht reduciren, bei der Behandlung mit derselben aber, da sie als Laktone aufzufassen sind (Scheibler), Umwandlungen erleiden, wodurch sie, wenn auch nur schwach, reducirend wirken.

Die Glukose, Lävulose, Invertzucker und Arabinose u. s. w. besitzen ein beträchtliches direktes Reduktionsvermögen gegen Fehling'sche Lösung. Maltose und Milchzucker reduciren direkt die Fehling'sche Lösung in geringerem

Grade als nach Behandlung mit Säuren, unter deren Einfluss der Milchzucker in ein Gemenge von gleichen Theilen Galaktose und Glukose, die Maltose in Glukose umgewandelt wird. Es ist durchaus nothwendig, sich diese Thatsachen einzuprägen, wenn man die Grundsätze der Trennungsverfahren dieser Zuckerarten verstehen will.

Man kann z. B. durch direkte Bestimmung des Reduktionsvermögens von Maltose und Glukose und durch Bestimmung desselben nach völliger Inversion die Konstanten gewinnen, um Maltose und Glukose nebeneinander quantitativ zu bestimmen. Leider versagt aber dieses Verfahren, wenn Saccharose zugegen ist, weil der aus der Saccharose gebildete Invertzucker, und insbesondere die Lävulose desselben, bereits durch die Säure zerstört wird, wenn man dieselbe so lange einwirken lässt, dass die Maltose oder der Milchzucker völlig hydrolysirt wird.

Wegen dieser leichten Zerstörung der Lävulose ist bei dem Inversionsverfahren nach Clerget-Herzfeld die Koncentration der Salzsäure und die Inversionstemperatur so niedrig gewählt, dass die Lävulose nicht angegriffen wird. Die Erfahrung hat gelehrt, dass unter den Bedingungen dieses Verfahrens auch Milchzucker und käuflicher Stärkezucker noch nicht wesentlich in ihrem Drehungsvermögen verändert werden, sodass man also nach Clerget Rohrzucker neben Milchzucker und käuflichem Stärkezucker bestimmen kann. Das Clerget'sche Verfahren, dessen Grundlage darauf beruht, dass von den anwesenden Stoffen der Rohrzucker der einzige sein soll, welcher seine Drehung bei der Behandlung mit Salzsäure verändert, versagt jedoch völlig zur Bestimmung von Rohrzucker neben Stärkezucker oder Milchzucker für den Fall, dass auch Raffinose zugegen ist, da Raffinose gleichfalls ihr Drehungsvermögen bei der Behandlung mit Säure ändert. Für den Fall, dass von optisch aktiven Zuckerarten allein Saccharose und Raffinose zugegen sind, haben Tollens und Creydt eine, später von Tollens und Herzfeld der Inversionsvorschrift des letzteren angepasste und etwas veränderte Formel aufgestellt, welche in die Ausführungsbestimmungen zum Deutschen Zuckersteuergesetz aufgenommen worden ist. Ausserdem ist von Baumann (vergl. Zeitschr. des Vereins der Deutschen Zucker-Industrie 1898. 779) noch ein Verfahren veröffentlicht worden, Rohrzucker und Raffinose neben grösseren Mengen von Invertzucker zu bestimmen, welches darauf beruht, dass man das optische Inversionsverfahren mit dem Kupferverfahren mittels Fehling'scher Lösung vereinigt und so 3 Konstante gewinnt, mit Hülfe deren 3 Unbekannte sich berechnen lassen.

Schliesslich muss an dieser Stelle noch darauf aufmerksam gemacht werden, dass es üblich ist, da wo der Gesammtzucker von dem Chemiker bestimmt worden ist, denselben bei Angabe des Ergebnisses als Saccharose auszudrücken. Für Invertzucker und Glukose erfolgt die Umrechnung in solchen einfach dadurch, dass von dem erhaltenen Ergebniss $^1/_{20}$ abgezogen und der Rest als Saccharose angesehen wird.

a) Zuckerbestimmung in der Raffinade.

Man bestimmt die Polarisation unter Benutzung der Anleitung zur Ausführung der Polarisation, welche sich in Anlage C der Ausführungsbestimmungen zum Deutschen Zuckersteuergesetz vom 27. Mai 1896 abgedruckt findet.

b) Zuckerbestimmung in Rohzucker.

Die Polarisation wird gleichfalls nach der Anleitung der Anlage C der Ausführungsbestimmungen zum Deutschen Zuckersteuergesetz ausgeführt.

c) Zuckerbestimmung in Sirupen und Melassen.

Man verfährt nach Anlage A der Ausführungsbestimmungen zum Deutschen Zuckersteuergesetz unter Anwendung des halben Normalgewichtes Substanz.

d) Bestimmung von Rohrzucker neben Raffinose.

Eingehende Vorschriften über das einzuschlagende Verfahren finden sich in Anlage B der Ausführungsbestimmungen zum Deutschen Zuckersteuergesetz, denen hier nur hinzuzufügen ist, dass diese Vorschriften nur für den Fall gelten, dass weniger als 2 % Invertzucker vorhanden sind.

Sind dagegen mehr als 2 % Invertzucker anwesend, so kann bei der Untersuchung nach dem Verfahren von Baumann (vergl. Zeitschrift des Vereins der Deutschen Zuckerindustrie 1898. 779) gearbeitet werden. Es ist jedoch darauf zu achten, dass die Untersuchungsgegenstände bei Anwendung derselben keinen Stärkezucker enthalten dürfen, da in letzterem Falle unrichtige Ergebnisse erhalten werden. Ein einfaches analytisches Unterscheidungsmerkmal für Stärkezucker und Raffinose giebt es zur Zeit nicht.

e) Bestimmung von Rohrzucker neben Stärkezucker.

Die Bestimmung von Zucker neben Stärkezucker kann sich wegen der eingangs erwähnten Eigenschaften des Stärkezuckers nur auf die Bestimmung der Saccharose erstrecken.

Man bedient sich hierzu der Clerget-Herzfeld'schen Vorschrift in der Abänderung der Anlage B der Ausführungsbestimmungen zum Deutschen Zuckersteuergesetz und benutzt bei der Berechnung des Ergebnisses die

$$\text{Formel: Zucker} = \frac{100 \times S}{142{,}66 - \frac{t}{2}},$$ wo S die Clerget'sche Summe von Rechts-

und Linksdrehung bedeutet. Die Ergebnisse dieses Verfahrens sind nicht ganz genau, weil auch der Stärkezucker bei dem Inversionsverfahren nach Clerget etwas angegriffen wird. Auch werden sie bei Anwesenheit von Raffinose noch fehlerhafter, immerhin genügen sie aber in den meisten Fällen dem praktischen Bedürfniss. Ein Verfahren zur Ermittelung von Invertzucker oder Raffinose neben Saccharose bei gleichzeitiger Anwesenheit von Stärkezucker besitzen wir nicht.

Die Anwesenheit von Stärkezucker kann auch durch Vergährung festgestellt werden.

f) Bestimmung von Rohrzucker neben Milchzucker in der kondensirten Milch.

Man verfährt dabei nach den Vorschriften der Anlage zur Bekanntmachung des Reichskanzlers vom 8. November 1897, betreffend Aenderungen der Ausführungsbestimmungen zum Deutschen Zuckersteuergesetz.

2. Ermittelung des Wassergehaltes.

Für die Wasserbestimmung in Zuckererzeugnissen ist es wichtig zu wissen, dass von den in Betracht kommenden Zuckerarten nur die Saccharose, sowie Milchzucker, Maltose und Raffinose beim Trocknen bei höherer Temperatur genügende Beständigkeit besitzen, um eine genaue Wasserbestimmung ausführen zu können. Invertzucker und Glukose sind dagegen bei höherer Temperatur leicht zersetzlich, indem sie selbst Wasser aus dem Molekül abspalten.

Rübenrohzucker und Sirupe sind in der Regel frei von Invertzucker, während die Kolonialerzeugnisse aus Zuckerrohr solchen oft in grosser Menge enthalten. Eine genaue Wasserbestimmung ist deshalb in letzteren nicht, wohl aber zumeist in den Rübenerzeugnissen möglich. Aber auch bei diesen muss man stets darauf achten, dass sie frei von Invertzucker sind. Sobald solcher vorhanden ist, verzichtet man auf die Wasserbestimmung und lässt an Stelle derselben die Bestimmung der scheinbaren Trockensubstanz und des scheinbaren Wassergehaltes unter Benutzung der Brixspindeln (vergl. weiter unten) treten.

Die Wasserbestimmung ist nicht durch Trocknen bei 100^0, sondern bei mindestens $105 - 110^0$ vorzunehmen. Bei 100^0 gelingt es auch bei tagelangem Trocknen nicht, das Wasser völlig aus zuckerhaltigen Erzeugnissen auszutreiben.

a) Wasserbestimmung in Raffinade.
Man wendet hierzu 10 g Substanz an.

b) Wasserbestimmung in Rohzucker.
Man verfährt wie bei a.

c) Wasserbestimmung in Sirupen und Melassen.
2 bis höchstens 3 g der Substanz werden mit gut ausgewaschenem Sand in grossem Ueberschuss gemischt und bei $105-110^0$ getrocknet.

3. Aschenbestimmung.

Für die Aschenbestimmung in zuckerhaltigen Stoffen muss man sich gegenwärtig halten, dass die Asche eines Rübenzuckers neben wenig Natronsalzen hauptsächlich Kalisalze, und zwar vorzugsweise Karbonate der Alkalien enthält.

Die Asche des Rohrzuckers ist zufolge des Kieselsäuregehaltes des Zuckerrohres etwas reicher an Silikaten als die Rübenzuckerasche, welcher Umstand zuweilen auch als Unterscheidungsmerkmal zwischen Rüben- und Kolonialzucker zu benutzen versucht worden ist.

Wegen der bekannten Flüchtigkeit der Alkalikarbonate ist auf Scheibler's Vorschlag die direkte Veraschung der zuckerhaltigen Erzeugnisse verlassen und an Stelle derselben die Veraschung unter Zusatz von koncentrirter Schwefelsäure eingeführt worden. Letzteres Verfahren bietet den doppelten Vortheil, dass einerseits die Schwefelsäure oxydirend auf die bekanntlich sehr schwer verbrennbare Zuckerkohle wirkt, wodurch der Veraschungsvorgang erheblich beschleunigt wird, andererseits sind die schwefelsauren Alkalien weit weniger flüchtig als die kohlensauren, und man kann deshalb die Veraschung bei bedeutend höherer Temperatur vornehmen. Es ist indessen ein Irrthum, anzunehmen, dass sich mit den gewöhnlichen Heizmitteln der chemischen Laboratorien noch kein schwefelsaures Alkali verflüchtige. Vielmehr ist mit aller Vorsicht darauf zu achten, dass bei Herstellung der Zuckerasche die am bequemsten mit Hülfe von Seeger- Kegeln oder Prinseps-Legirungen von Zeit zu Zeit zu kontrollirende Temperatur von $650-700^0$ nicht überschritten wird. Die erhaltene Asche soll neutral reagiren und pulverförmig, niemals aber geschmolzen sein, da aus geschmolzenem saurem Alkalisulfat, welches zuerst entsteht, erfahrungsgemäss niemals die überschüssige Schwefelsäure völlig ausgetrieben werden kann, ohne so hohe Temperaturen zu wählen, dass schon ein kleiner Theil des Sulfats sich verflüchtigt.

Es ist ferner wichtig, sich einzuprägen, dass auf Scheibler's Vorschlag in Berücksichtigung des Umstandes, dass die Sulfate ein etwas höheres Gewicht besitzen als die äquivalenten Mengen der Karbonate, von der gewogenen Asche für die Berechnung des Ergebnisses der Analyse nach Uebereinkunft stets $^1/_{10}$ abgezogen wird.

Bei der Rohzuckeranalyse pflegt man nach den geltenden Handelsgebräuchen die Asche mit 5 zu multipliciren und von der Polarisation des Zuckers abzuziehen. Den so erhaltenen Werth bezeichnet man mit dem Ausdruck „Rendement", indem man annimmt, dass derselbe die Ausbeute an weissem Zucker angiebt, welchen die Raffinerien aus dem Rohzucker erhalten.

Rohzucker ist bei dieser Betrachtung aufgefasst als ein Gemenge von chemisch reinen Zuckerkrystallen und Sirup von $50\,\%$ Zucker- und $10\,\%$ Aschengehalt.

Durch Multiplikation der Asche mit 5 findet man also den Gehalt an Sirupzucker, welcher vom Handel bei Bemessung des Preises nicht mit bewerthet wird.

a) **Aschenbestimmung in Raffinade.**

Man verwendet hierzu 10 g Substanz.

b) Aschenbestimmung in Rohzucker.

Man verwendet hierzu 3 g Substanz.

c) Aschenbestimmung in Sirupen und Melassen.

Man verwendet hierzu 3 g Substanz.

4. Bestimmung des specifischen Gewichts.

Diese wird nur bei Sirupen und Melassen vorgenommen.

Sie erfolgt nach der Vorschrift der Anlage A der Ausführungs-bestimmungen zu dem Deutschen Zuckersteuergesetz, sofern nicht besondere Gründe vorliegen, das specifische Gewicht des unverdünnten Sirups zu kennen. Im letzteren Falle wird es direkt im Pyknometer ermittelt und in Brixgrade umgerechnet.

5. Sonstige Prüfungen bei Raffinade.

Man stellt die Reaktion gegen Phenolphtaleïn fest, ermittelt beim Oeffnen eines dicht verschlossen gewesenen Gefässes, welches längere Zeit zuvor gestanden hat, ob der Zucker dumpfig riecht, und beobachtet, ob eine frisch bereitete koncentrirte Lösung stark getrübt ist. Wenn schon weitergehende Folgerungen aus diesen Beobachtungen mangels einer Normalen nicht zu erschen sind, so geben sie doch einen Anhalt für die Güte der Waare.

B. Stärkezucker und Stärkesirup.

Referent des Ausschusses: Dr. v. Buchka.
Verfasser: Dr. Saare und Dr. Janke.

Vorbemerkungen.

Stärkezucker und Stärkesirup kommen in grösseren Mengen in den Handel. Die deutsche Förderung beträgt im Jahre an Stärkezucker 70 bis 90 000 dz, an Stärkesirup 250—280 000 dz.

In Deutschland werden beide fast ausschliesslich aus Kartoffelstärke durch Kochen mit Säuren (meist Salzsäure oder Schwefelsäure), durch Neutralisation mit Kreide, Filtration über Knochenkohle und Eindicken im Vakuum auf 42 bis 44° Bé. hergestellt. Sie führen daher auch häufig im Handel den Namen „Kartoffelzucker" oder „Kartoffelsirup", seltener „Traubenzucker".

In den übrigen europäischen Ländern ist ebenfalls die Kartoffelstärke der Hauptrohstoff (seltener Reisstärke bezw. Reisstärkeabfälle) mit Ausnahme von England, wo, wie in Amerika, die Maisstärke an ihre Stelle tritt.

Der Stärkesirup dient theils direkt als Nahrungs- und Genussmittel in Form von Sirupen oder Zuckerbäckerwaaren, theils findet er Verwendung als Versüssungsmittel bei der Herstellung von Fruchtgelées und Fruchtsäften, dann auch als süssschmeckendes Konservirungsmittel bei der Herstellung der Fruchtdauerwaaren.

Stärkesirup und Stärkezucker finden ferner Verwendung bei der Herstellung gegohrener Getränke — besonders in England und Amerika —, bei der Likörfabrikation u. s. w.

Stärkezucker und Stärkesirup besitzen höchstens $^1/_3$ bezw. $^1/_4$ der Süsskraft des Rohrzuckers oder Rübenzuckers; sie finden neben diesen Verwendung einestheils wegen des billigeren Preises, anderentheils wegen bestimmter Eigenschaften, z. B. der sähmigen, milden Beschaffenheit, welche damit versüsste Nahrungs- und Genussmittel besitzen, und wegen gewisser haltbar machender Eigenschaften, welche besonders z. B. bei der Obst- und Dauerwaaren-Bereitung hervortreten.

Im Handel kommen hauptsächlich folgende Erzeugnisse vor: Stärkezucker weiss und gelb, Stärkesirup von 42° Bé. (ältere Grade) gelb und weiss, Kapillärsirup weiss von 44° Bé. (ältere Grade); die grösseren Fabriken haben daneben noch besondere Marken.

Beschaffenheit und Zusammensetzung.

Prima weisser Stärkezucker bildet eine feste, harte, rein weisse, nicht krystallinische Masse, die in Broden — Kistenzucker — oder in Stücken — geraspelt — in den Handel gebracht wird. Die Sekundawaaren sind mehr oder weniger gelb gefärbt und mit zunehmender Färbung auch weicher.

Prima Stärkesirupe sind farblos, wasserhell und blank, die Sekundawaaren mehr oder weniger gelb gefärbt, aber auch klar und je nach dem Grade der Eindickung mehr oder weniger zähflüssig. Trübungen im Sirup, die bisweilen vorkommen, rühren her von ungenügender Kochung — violette Jodreaktion —, Gipsausscheidungen, Eisen- oder Kalkphosphat, Organismen — Hefe — u. a. m.

Die Hauptbestandtheile des Stärkezuckers bezw. des Stärkesirups sind Dextrose, Dextrine*), Wasser und Aschenbestandtheile. Stickstoffhaltige Bestandtheile finden sich wohl nur in Maisstärkezucker in geringer Menge. Ob neben Dextrose noch andere Zuckerarten sich in ihnen finden, ist z. Z. noch unbestimmt.

---

*) Die Dextrine sind nicht Verunreinigungen des Stärkezuckers und Stärkesirups, sondern nicht vollständig abgebaute Stärkeerzeugnisse und verdauliche Kohlenhydrate, gleichwerthig der Stärke und den z. B. im Bier vorhandenen Dextrinen.

Der Wassergehalt des Stärkezuckers und Stärkesirups schwankt zwischen 15—20 %.

Der Dextrosegehalt — durch direkte Reduktion bestimmt — beträgt bei

Stärkesirup 35—45 %, im Mittel 40 %,

Stärkezucker 65—75 %, im Mittel 70 %.

Der Rest ist Dextrin, bezw. zum Theil Reversionsstoffe beim Stärkezucker. Die Menge dieser Stoffe — aus der Reduktion nach der Inversion und der direkten Reduktion bestimmt — beträgt bei Stärkesirup rund 40 %, bei Stärkezucker 5—15 %.

Es ist darauf hinzuweisen, dass diese Zahlen die wirkliche Zusammensetzung des Stärkezuckers und Stärkesirups bezüglich ihres Gehaltes an Kohlenhydraten nicht darstellen. Aussicht, diese festzustellen, bietet vorläufig nur die Vergährung mit verschiedenen Heferassen. Die Arbeiten hierüber sind aber noch nicht abgeschlossen.

Der Aschengehalt der Stärkezucker bezw. Stärkesirupe beträgt bei Kochung mit Schwefelsäure 0,2—0,32, bei den mit Salzsäure gekochten Sirupen 0,5—0,7 %.

Sirupe enthalten meist auch geringe Mengen freier Säure, und zwar auf 100 g Sirup 0,25 bis 2,00 ccm Normalnatronlauge entsprechend.

Es ist auch zeitweilig in Deutschland Dextrosehydrat hergestellt worden, ein gekörntes Erzeugniss mit 15 % Wasser und sehr geringen Mengen von Nichtzucker und Aschenbestandtheilen. Dextroseanhydrid kommt in England und Amerika als anhydrous grape sugar vor.

Untersuchung.

Wasserbestimmung: Von einer Lösung, welche 10 g Stärkezucker bezw. -sirup in 100 g enthält, werden 5 ccm gewogen, in einem Wägegläschen eingetrocknet und bei 105° bis zur Gewichtskonstanz — etwa 3 Stunden — getrocknet.

Zu annähernder Bestimmung genügt die Spindelung einer 10 procentigen Lösung mit einem Saccharometer, oder auf pyknometrischem Wege.

Zucker- bezw. Dextrinbestimmung.

1. Chemisch: a) Von der 10 %igen Lösung werden 25 ccm auf 250 ccm verdünnt und in 25 ccm dieser Lösung der reducirende Zucker nach Heft I S. 6 bestimmt.

b) 50 ccm der 10 procentigen Lösung werden nach Heft I, S. 7, No. 3 invertirt und in der invertirten Flüssigkeit der reducirende Zucker bestimmt. Die Differenz zwischen den beiden, aus den Reduktionen unter Berücksichtigung des specifischen Gewichtes der Lösung berechneten Dextrosemengen, mit $^9/_{10}$ multiplicirt, giebt die Dextrinmenge.

2. Durch Gährung — vorläufig vergleichsweise —: 50 g Zucker oder Sirup werden gelöst, auf 500 g verdünnt und mit dem Saccharometer,

pyknometrisch oder nach Art der Wasserbestimmung der Extraktgehalt bestimmt. Dann werden 300 g der Lösung in einer Flasche mit aufgesetztem Schwefelsäureverschluss mit 10 g reiner, frischer Presshefe oder besser Reinhefe bei 30⁰ vergohren, bis keine Gewichtsabnahme mehr stattfindet — etwa 3 Tage. — Die Flüssigkeit wird abfiltrirt, 250 g davon auf etwa $\frac{1}{3}$ eingedampft, wieder auf 250 g aufgefüllt und wie oben der Extraktgehalt bestimmt. Die Differenz der Extraktgehalte vor und nach der Gährung giebt mit 10 multiplicirt den Zuckergehalt in Procenten an.

Bestimmung des Säuregehaltes.

100 g Sirup werden mit Wasser gelöst und mit Normalnatronlauge titrirt, bis auf violettem Lackmuspapier beim Aufstreichen eines Tropfens keine Farbenveränderung mehr eintritt. Der Säuregehalt ist in Kubikcentimetern Normal-Natronlauge, welche zu 100 g Stärkezucker oder Stärkesirup verbraucht werden, anzugeben.

Bestimmung des Aschengehaltes.

10 g Sirup oder Zucker werden in der Platinschale verascht.

Zuckerwaaren.

Referent des Ausschusses: **Dr. v. Buchka.**
Verfasser: **Dr. Janke.**

A. Vorbemerkungen.

1. Begriffserklärung.

Mit dem Namen Zuckerwaaren bezeichnet man eine Reihe von Nahrungs- und Genussmitteln, die aus Zucker aller Art (Rohzucker, Invertzucker, Zuckersirup, Stärkesirup u. s. w.) unter Mitverwendung von Mehl, Stärke, Milch, Eiern, Fett, Honig, Kakao, Chokolade, essbaren Samen und Früchten, Fruchtsäften, Gelatine, Traganth, Gewürzen, ferner von alkoholischen Getränken, Fruchtäthern und -Essenzen, ätherischen Oelen, organischen Säuren (Weinsäure, Citronensäure, Essigsäure) u. s. w. hergestellt werden. Sie lassen sich in mehrere Gruppen eintheilen.

a) **Konfekte** und zwar Marzipan und aus essbaren Massen hergestellte plastische Nachbildungen von allerlei Tafelverzierungen.

b) **Bonbons.** Dieselben sind Zuckermassen, die sehr verschieden nach Form, Farbe, Geruch und Geschmack bald mit, bald ohne Füllung hergestellt werden. Hierher gehören: Dessertbonbons (Fondants, Pralinés), Karamelbonbons (Karamellen), Gerstenzucker, Bonbons mit Füllungen von Marmeladen, Früchten, Likören, Fruchtsäften, -Aethern, -Essenzen und Chokolade; Morsellen, Plätzchen und Zeltchen aus Zucker und Chokolade und Pastillen u. s. w.

c) **Kandirte Früchte und Dragées.** Erstere sind mit Zucker durchtränkte oder überzogene Südfrüchte oder einheimische Früchte; letztere sind mit Zucker oder einer Mischung von Zucker, Stärkemehl und Traganth überzogene Bonbonmassen oder aromatische Samen und Fruchtkerne.

d) **Gefrorenes** (Speiseeis), **Crêmes** und **Sülzen.**

2. Verfälschungen, zufällige Verunreinigungen und freiwillige Veränderungen.

a) **Zusätze von mineralischen Stoffen** zur Vermehrung des Gewichtes: Schwerspath, Gyps, Kreide, Pfeifenerde, Infusorienerde, Sand.

b) **Färbemittel** zum äusseren Bemalen und zum Färben der Masse. Als Metallfarben sind bisweilen gefunden, kommen jedoch kaum mehr in Betracht: Bleichromat, Mennige, Grünspan, Schweinfurter Grün, Smalte (arsenhaltig), Mineralblau, Königsblau, Bremerblau (kupferhaltig), Neapelgelb (bleihaltig), Auripigment (Schwefelarsen), Zinnober, Bleiweiss, Zinkweiss, roher Spiessglanz. Ferner sind zu berücksichtigen: arsenhaltige Theerfarbstoffe, Korallin, Pikrinsäure, Gummigutti, Florentiner Lack (arsenhaltig).

c) **Verunreinigungen durch gesundheitsschädliche Metalle.** Blei, Zink und sonstige schädliche Metallverbindungen finden sich mitunter in der Masse der Zuckerwaaren vor, besonders bei den Schaumbäckereien, infolge Verwendung von Blei und zinkhaltiger weisser Gelatine, bezw. weissen Leimes an Stelle von Eiweiss. Aus den Herstellungsgeräthen kann auch Kupfer in die Zuckerwaaren gelangen. Unechtes Blattgold und bleihaltige Zinnfolie werden bisweilen als Verzierung auf Zuckerwaaren (besonders auf Weihnachtsbaum-Zuckerwerk) angetroffen.

d) **Ersetzen eines Theiles des Zuckers durch künstliche Süssstoffe,** wie Saccharin, Dulcin, sowie des Honig durch Stärkesirup bei solchen Waaren, welche als mit Honig hergestellt bezeichnet sind, z. B. Honigkuchen.

e) **Verwendung gesundheitsschädlicher Aromastoffe,** z. B. Nitrobenzol an Stelle von Bittermandelöl.

f) **Die Verpackungsstoffe** können die in dem Gesetze vom 5. Juli, 1887, betr. die Verwendung gesundheitsschädlicher Farben bei der Herstellung von Nahrungsmitteln etc., genannten Farbstoffe enthalten.

g) **Die Zuckerwaaren** können verdorben und in Zersetzung übergegangen sein.

B. Chemische Untersuchung der Zuckerwaaren.

1. Gesichtspunkte für die Untersuchung.

Bei der verschiedenartigen Zusammensetzung der unter dem Begriffe „Zuckerwaaren" zusammengefassten Nahrungs- und Genussmittel ist es nicht möglich, ein Untersuchungsverfahren anzugeben, das auf alle diese Waaren in gleicher Weise anwendbar wäre. Wenn zu ihrer Herstellung Zuckerarten verwendet worden sind, die keine Veränderung erlitten haben, so können der Zuckergehalt und die einzelnen Zuckerarten nach den in den „Allgemeinen Untersuchungsmethoden" (Vereinbarungen, Heft *1*, S. 6—14) und in dem Kapitel „Zucker" beschriebenen Verfahren bestimmt werden.

Wenn es sich dagegen um Zuckerwaaren handelt, welche aus einem „bis zum Bruch" gekochten Zucker hergestellt sind (hierher gehören z. B. die meisten Bonbons), so gestaltet sich die Untersuchung derselben schwieriger. Die Masse enthält dann Ueberhitzungserzeugnisse der Saccharose, deren optische und chemische Eigenschaften noch wenig erforscht sind. Der Zuckergehalt solcher Waaren lässt sich kaum noch annähernd feststellen. Weiter ist zu beachten, dass bei Zuckerwaaren, die einen Zusatz von Säuren, Früchten, Marmeladen oder Fruchtsäften erhalten haben, ein Theil des Rohrzuckers in Invertzucker übergeführt ist. Ganz besonders erschwert wird die Untersuchung von Zuckerwaaren bei Gegenwart von Traganthgummi, Stärke, Dextrin, Gelatine und pflanzlichen Stoffen.

Gewöhnlich beschränkt sich die Untersuchung der Zuckerwaaren auf die Bestimmung der Mineralstoffe, Prüfung auf gesundheitsschädliche Farben und Metalle, Nachweis und Bestimmung von künstlichen Süssstoffen und Prüfung der Verpackungsstoffe. Ueber die Trennung der einzelnen Zuckerarten vergl. Heft *1*, S. 8—14 der allgemeinen Untersuchungsmethoden.

Ausführung der Untersuchung.

a) Bestimmung der Mineralstoffe.

Dieselbe erfolgt nach S. 17, Heft 1 der Vereinbarungen, ebenso die Bestimmung einzelner Mineralbestandtheile. Bei hohem Aschengehalt ist auf die vorher genannten mineralischen Zusätze zu prüfen; auch einzelne gesundheitsschädliche Metalle können in der Asche nachgewiesen werden.

b) Nachweis und Bestimmung von Mineralfarben und gesundheitsschädlichen Metallen.

Für die Untersuchung von Zuckerwaaren auf Arsen und Zinn ist die Bekanntmachung[1]) des Reichskanzlers vom 10. April 1888 massgebend. Zum Nachweise und zur Bestimmung anderer mineralischer Beimengungen zerstört man die organische Substanz mit Kaliumchlorat und Salzsäure, unter Umständen auch mit koncentrirter Schwefelsäure (vergl. unter Mehl und Brot S. 14)[2]) oder rauchender Salpetersäure und verfährt im Uebrigen nach den Regeln der Mineralanalyse.

c) Nachweis von Theerfarbstoffen.

Die Theerfarbstoffe werden mit Amylalkohol, Aether, Alkohol oder einem anderen geeigneten Lösungsmittel ausgezogen. Bei der weiteren Prüfung der abgesonderten Farbstoffe verfährt man in ähnlicher Weise wie bei der Untersuchung der aus dem Weine abgeschiedenen Farbstoffe. Zum Nachweise von Dinitrokresolkalium (Safransurrogat) und Pikrinsäure kann man sich folgender Verfahren bedienen:

Dinitrokresolkalium. Man zieht den Farbstoff mit Alkohol aus, verdampft den Alkohol und erwärmt den Rückstand mit einigen ccm 10 %-iger reiner Salzsäure. Das Dinitrokresolkalium wird hierdurch nach einigen Minuten entfärbt, während Pikrinsäure sofort ihre Farbe verliert.

---

[1]) Centralbl. f. d. Deutsche Reich 1888. 131. Veröffentl. des Kaiserl. Gesundheitsamtes 1888. 260.

[2]) Vgl. auch A. Halenke, Zeitschr. f. Unters. d. Nahr.- u. Genussm. 1899. 2. 128.

Wird dann in die erkaltete Flüssigkeit ein Stückchen Zink geworfen und, ohne zu erwärmen, stehen gelassen, so erscheint nach höchstens zwei Stunden der Inhalt hellblutroth, wenn Dinitrokresolkalium, schön blau, wenn Pikrinsäure zugegen war.

Pikrinsäure. Soll hierauf geprüft werden, so wird der mit Alkohol, Aether oder Amylalkohol hergestellte Auszug zunächst auf seinen Geschmack geprüft. Pikrinsäure schmeckt stark bitter. Seide und Wolle werden durch Pikrinsäure schön gelb gefärbt. Mit Kaliumhydroxyd und Cyankalium giebt Pikrinsäure eine blutrothe Färbung (Isopurpursäure); auch nach Zusatz von Traubenzucker und Alkohol tritt eine rothe Färbung auf.

d) Nachweis und Bestimmung von künstlichen Süssstoffen.

. (Siehe im Abschnitte „Künstliche Süssstoffe".)

e) Prüfung der Verpackungsstoffe auf gesundheitsschädliche Farben.

Die Untersuchung der Umhüllungen u. s. w. auf Mineral- und Theerfarben erfolgt in ähnlicher Weise wie die der Zuckerwaaren selbst.

C. Beurtheilung der Zuckerwaaren.

1. Die Zuckerwaaren sollen nicht durch mineralische Zusätze beschwert sein.
2. Sie sollen frei sein von gesundheitsschädlichen Metallverbindungen.
3. Zuckerwaaren dürfen gesundheitsschädliche Farbstoffe anorganischer und organischer Natur nicht enthalten (geregelt durch das Reichsgesetz vom 5. Juli 1887).
4. Sie dürfen nicht mit Umhüllungen versehen sein, welche den Bestimmungen des Reichsgesetzes vom 5. Juli 1887 nicht entsprechen.
5. Zuckerwaaren sollen frei von künstlichen Süssstoffen sein, wenn deren Vorhandensein nicht ausdrücklich angegeben ist (Gesetz vom 6. Juli 1898).
6. Verdorbene und in Zersetzung übergegangene Zuckerwaaren sind zu beanstanden.

Litteratur.

A. Stift, Die Untersuchung der Zucker- und Konditorwaaren. Zeitschr. f. Nahr.-Unters., Hyg. u. Waarenkunde 1894. *8.* 342 u. 353.

J. Heckmann, Untersuchungen von Konditorwaaren. Chem.-Ztg. 1896. *20.* 362.

G. Kabrhel und J. Strnad, Beiträge zur Kenntniss der Verfälschungen von Zuckerwerk. Arch. f. Hygiene 1889. *25.* 321.

H. Beckurts und G. Frerichs, Zinkoxyd enthaltender Zuckerguss auf Pfefferkuchen. Apoth.-Ztg. 1897. *12.* 176.

H. Král, Aetzkalk als Bestreuungspulver für Kanditen. Chem.-Ztg. 1893. *17.* 1567.

F. Strohmer und A. Stift, Beitrag zur Kenntniss verschiedener Zuckerwaaren. Zeitschr. f. Nahr.-Unters., Hyg. u. Waarenkunde 1897. *11.* 38, 49, 65 u. 106.

Die Konditorwaaren im Codex alimentarius austriacus. Zeitschr. Nahr.-Unters., Hyg. u. Waarenkunde 1897. *11.* 81.

Fruchtsäfte und Gelées

einschliesslich des Obstkrautes, der Marmeladen, Pasten und Limonaden.

Referent des Ausschusses: Dr. v. Buchka.
Verfasser: Dr. **W. Fresenius.**
Nächstbetheiligt: Dr. **Amthor,** Dr. **Beckurts, Th. Weigle,** Dr. **Windisch.**

A. Vorbemerkungen.

1. Die in diesem Abschnitt zu behandelnden Nahrungs- und Genussmittel bestehen sämmtlich aus dem Safte von Früchten oder Fruchttheilen oder aus zerquetschten oder zerkochten Früchten mit oder ohne Zusatz von Zucker.

Die Fruchtsäfte sind klar, von dickflüssiger bis sirupartiger Konsistenz (Fruchtsirupe), die Gelées gallertartig, klar oder mindestens durchscheinend, die Marmeladen von breiartiger, nicht klarer Beschaffenheit; die Obstpasten sind steif.

Die Limonaden sind Mischungen von Fruchtsäften mit Wasser und Zucker, Brauselimonaden enthalten noch Kohlensäure.

Je nach den Obstarten werden bei der Bereitung der Fruchtsäfte u. s. w. die Früchte in rohem oder gekochtem Zustande zerquetscht und entweder, nachdem sie eine gewisse Gährung durchgemacht haben (Himbeersaft), oder auch ohne solche

   a) ausgepresst oder zum freiwilligen Abfliessen des Saftes hingestellt und das Ablaufende auf Fruchtsirup oder Gelée verarbeitet, oder

   b) unter Umständen nach der Trennung von Steinen u. s. w. mit dem Fruchtfleische zu Marmelade eingekocht oder kalt verarbeitet.

Die Verarbeitung des Saftes besteht

   α) entweder darin, dass man ihn in der Kälte mit Zucker versetzt oder mit Zucker einkocht, wodurch man je nach dem Grade des Einkochens Fruchtsirupe und Gelées erhält; oder

   β) darin, dass man den Saft für sich eindickt; so erhält man z. B. aus Süssäpfeln oder einem Gemische von Aepfeln und

Birnen das sogenannte Apfelkraut oder Mus, auch vielfach Apfelgelée genannt.

Die nach b) gewonnene, das Fruchtfleisch enthaltende dünne Masse wird entweder ohne Zucker (z. B. gewöhnliches Zwetschenmus) oder mit Zucker eingekocht bezw. kalt verarbeitet (Marmeladen). Wird das Einkochen so weit getrieben, dass die Masse nach dem Erkalten fest wird, so erhält man die Pasten.

2. Unter Umständen vorkommende, unter 1. nicht aufgeführte Bestandtheile und Verfälschungen.

Als normale Bestandtheile gelten Bestandtheile von Gewürzen (Zimmt, Vanille, Nelken u. s. w.) in kleinen Mengen, sowie geringe Mengen von Alkohol in manchen Fruchtsäften des Handels.

Ausserdem kommen vor: Gesundheitsschädliche Metalle (Blei, Kupfer, Zinn, Zink), Zusätze von Konservirungsmitteln (Salicylsäure, Benzoësäure, Borsäure, schwefliger Säure u. s. w.), organischen Säuren (Weinsäure, Citronensäure), Stärkezucker, Stärkesirup, künstlichen Aromastoffen, fremden Farbstoffen, künstlichen Süssstoffen, ferner Zusätze von gelatinirenden Mitteln (Gelatine, Agar-Agar u. s. w.) zu Gelées und von Schaum erzeugenden Mitteln (Saponin) zu Brauselimonaden; letztere werden nicht selten ganz aus künstlichen Essenzen hergestellt.

3. Veränderungen der Beschaffenheit.

Uebergang in Gährung.

Auskrystallisiren von Zucker.

Schimmelbildung.

Bei Gelées kommt auch Dünnflüssigwerden vor. Stark eingekochte Erzeugnisse (Marmeladen) können auch angebrannt sein.

B. Probenentnahme.

Wo es angängig ist, empfiehlt sich Entnahme eines Originalgefässes (Glases, Topfes, Dose, Flasche u. s. w.), anderenfalls ist nach gehörigem Durchmischen eine entsprechende Menge, je nach dem Gegenstande 500 bis 1000 g, in ein geeignetes Glasgefäss, auch Porzellan- oder Steingutgefäss abzufüllen und dieses durch einen Stopfen zu verschliessen.

C. Untersuchungsverfahren.

1. Chemische Untersuchung.

a) Bestimmung des Wassers.

b) Bestimmung der löslichen und unlöslichen organischen Substanz.

c) Bestimmung der Mineralbestandtheile, unter Umständen auch einzelner Mineralstoffe, insbesondere der Phosphorsäure und des Kalis.

d) Bestimmung des Zuckers, eventuell der einzelnen Zuckerarten und Kohlenhydrate.

e) Bestimmung der freien Säuren (Gesammtsäure).

f) Bestimmung des Stickstoffs.

g) Wenn nöthig, Bestimmung des Alkohols.

h) Prüfung auf Konservirungsmittel.

i) Prüfung auf künstliche Süssstoffe.

k) Prüfung auf gesundheitsschädliche Metalle.

l) Prüfung auf künstliche Farbstoffe.

m) Prüfung auf Weinsäure und Citronensäure.

n) Nachweis von Gelatine und Agar-Agar.

a) Die Wasserbestimmung lässt sich bei alkoholfreien Erzeugnissen durch Ermittelung der Trockensubstanz ausführen. Ist Alkohol vorhanden, so ist derselbe von der Summe der flüchtigen Bestandtheile in Abzug zu bringen.

Eine direkte Bestimmung der Trockensubstanz bietet in vielen Fällen erhebliche Schwierigkeiten, die sich manchmal durch Vermischen mit ausgeglühtem Sand und Anwendung eines Luftstromes oder durch Trocknen im Vakuum umgehen lassen (s. Vereinbarungen, Heft 1, S. 2). Häufig führt bei klaren Flüssigkeiten oder völlig löslichen Gelées die Bestimmung des specifischen Gewichtes der (wenn nöthig entgeisteten) Flüssigkeit und Ermittelung des Extraktes mittelst der Tabelle von K. Windisch zum Ziele. Bei theilweise löslichen Erzeugnissen bestimmt man unter Umständen am besten den Trockenrückstand des ungelösten und das specifische Gewicht des gelösten Theiles.

b) Die organische Substanz ergiebt sich aus der Trockensubstanz nach Abzug der Mineralstoffe. Ist ein Theil der Substanz unlöslich, so bestimmt man den Gehalt des löslichen und des unlöslichen Theiles an Trockensubstanz und Mineralstoffen getrennt. Oder man ermittelt den Gehalt an Trockensubstanz und Mineralstoffen einerseits in der ursprünglichen Substanz und andererseits in dem löslichen Antheile. Zur Bestimmung des letzteren kann man eine abgewogene Menge der Substanz in einem Messkolben mit Wasser in erheblichem Ueberschuss behandeln, zur Marke auffüllen, mischen, absitzen lassen, einen entsprechenden Theil der Lösung klar abgiessen oder filtriren und darin Extrakt und Mineralstoffe ermitteln.

c) Die Bestimmung der Mineralbestandtheile und einzelner Mineralstoffe (Phosphorsäure, Kali etc.) erfolgt nach den im Abschnitte „Allgemeine Untersuchungsmethoden" (Vereinbarungen, Heft 1, S. 17 und 18) angegebenen Verfahren.

d) Die Zuckerbestimmung gestaltet sich je nach den Umständen sehr verschieden. Es ist immer vorhanden Invertzucker, meist auch unveränderter Rohrzucker; im Falle der Anwendung von Stärkezucker (namentlich Stärkesirup) ist ferner auf Dextrose, Dextrine und Maltose Rücksicht

zu nehmen. Man verfährt bei der Bestimmung der Zuckerarten folgender-
massen:

Man bestimmt gewichtsanalytisch oder titrimetrisch den reducirenden
Zucker direkt mit Fehling'scher Lösung und polarisirt die Lösung, gegebenen Falles nach geeigneter Verdünnung. Dann invertirt man den Zucker
mit Salzsäure nach dem in den Anlagen der Ausführungsbestimmungen zu dem
Zuckersteuer-Gesetze vom 27. Mai 1896 angegebenen Verfahren (vgl. das
Kapitel „Zucker") und bestimmt aufs Neue den reducirenden Zucker und die
Drehung. Sowohl aus dem Reduktionsvermögen als dem Drehungsvermögen
vor und nach der Inversion kann man den Rohrzucker- und den Invert-
zuckergehalt der Flüssigkeit berechnen (vgl. Vereinbarungen, Heft *1*, S. 9—10
und das Kapitel „Zucker"). Führen beide Bestimmungsweisen zu annähernd
demselben Ergebnisse, so sind ausser Rohr- und Invertzucker keine anderen Zuckerarten und überhaupt keine löslichen Kohlenhydrate vorhanden.
Weichen die Ergebnisse von einander ab und deutet die Polarisation auf
die Gegenwart stark rechtsdrehender Stoffe hin, so ist in erster Linie an
die Anwesenheit von Kapillärsirup zu denken. In diesem Falle ist die
Bestimmung der Zuckerarten nach Heft *1*, S. 13 unter 6 auszuführen.

e) **Die Bestimmung der freien Säuren** erfolgt durch Titration
mit Normallauge (bezw. $1/2$-, $1/5$- oder $1/10$-Normallauge), am besten in der
Wärme mit Hülfe von Azolithminpapier. Man drückt den Gehalt an freier
Säure als Aepfelsäure aus. Bei Citronensaft berechnet man die Säure auf
Citronensäure.

f) **Der Stickstoff** wird nach Kjeldahl bestimmt (Vereinbarungen,
Heft *1*, S. 2). Wenn es erforderlich erscheint, bestimmt man den Stickstoff getrennt im löslichen und unlöslichen Antheil.

g) **Die Alkoholbestimmung** erfolgt, wenn nöthig, nach der Destil-
lationsmethode wie bei Wein.

h) **Die Prüfung auf Konservirungsmittel** (Salicylsäure, Benzoësäure, Borsäure, schweflige Säure u. s. w.) erfolgt nach den Heft *1*, S. 22
bis 25, bezw. für Salicylsäure S. 62 angegebenen Verfahren. Hinsichtlich
der Vorbereitung der Fruchtsäfte u. s. w. für die Prüfung empfehlen sich
die beim Wein üblichen Verfahren.

i) **Prüfung auf künstliche Süssstoffe.** Siehe im Abschnitt
„Künstliche Süssstoffe".

k) **Die Prüfung auf gesundheitsschädliche Schwermetalle**
kann fast immer in der mit Vorsicht hergestellten Asche nach bekannten
Verfahren erfolgen. Gegebenen Falles ist die Zerstörung der organischen
Substanz ähnlich wie bei Mehl (vergl. S. 14) vorzunehmen. Vergl.
hierzu jedoch auch den Abschnitt „Gemüse- und Fruchtdauerwaaren".

l) **Zur Prüfung auf künstliche Farbstoffe** sind die bei Wein
in Vorschlag gebrachten Verfahren anzuwenden.

m) **Zur Bestimmung der Weinsäure** bezw. zur Entscheidung

der Frage, ob freie Weinsäure vorhanden ist, bedient man sich des Verfahrens, das Halenke und Möslinger für Wein ausgearbeitet haben[1]).

Der Nachweis der Citronensäure erfolgt nach dem Verfahren von W. Möslinger[2]).

n) Nachweis von Gelatine und Agar-Agar in Gelées und Marmeladen.

1. Nachweis von Gelatine. Die Gegenwart von Gelatine giebt sich durch einen höheren Stickstoffgehalt der Gelées und Marmeladen zu erkennen. Zur weiteren Prüfung fällt man eine koncentrirte Lösung der Gelées mit der zehnfachen Menge absoluten Alkohols und bestimmt den Stickstoffgehalt des getrockneten Niederschlages. Bei Gegenwart von Gelatine ist nach A. Bömer[3]) der durch Alkohol erzeugte Niederschlag erheblich stickstoffreicher als bei Gelées ohne diesen Zusatz.

Ein anderes Verfahren zum Nachweis von Gelatine in Fruchtgelées von E. Beckmann[4]) beruht auf dem Umstande, dass Gelatine beim Eindunsten mit Formaldehyd in eine in Wasser unlösliche Substanz übergeführt wird.

Die Einzelheiten des Verfahrens sind in der Originalabhandlung einzusehen.

2. Nachweis von Agar-Agar. Agar-Agar wird aus Meeresalgen gewonnen und ist reichlich mit Diatomeen durchsetzt. Zum Nachweise dieses Gallertstoffes kocht man nach G. Marpmann[5]) die Gelées mit 5-procentiger Schwefelsäure, fügt einige Krystalle Kaliumpermanganat hinzu und lässt absitzen. Bei Gegenwart von Agar-Agar sind in dem Bodensatze zahlreiche Arten von Diatomeen enthalten, die man mikroskopisch nachweisen kann.

2. Botanisch-mikroskopische Untersuchung.

Eine solche ist nur bei Marmeladen, namentlich solchen, welche mit Hülfe von Beeren hergestellt sind, von Werth. Durch die mikroskopische Untersuchung ist es möglich, aus den vorhandenen Samen auf die Natur der Beeren einen Schluss zu ziehen, auch die vielfach übliche Zumischung von zerriebenen gelben und weissen Rüben, Tomatenmus u. s. w. zu Marmeladen nachzuweisen. Wegen der Einzelheiten sei auf die Abhandlung von G. Marpmann[6]) verwiesen.

---

[1]) Zeitschr. f. anal. Chemie 1895. *34*. 263.
[2]) Zeitschr. f. Unters. d. Nahr.- und Genussmittel 1899. *2*. 105.
[3]) Chem.-Ztg. 1895. *19*. 552.
[4]) Forschungsber. über Lebensmittel 1896. *3*. 324.
[5]) Zeitschr. f. angew. Mikrosk. 1896. *2*. Heft 9.
[6]) Ebendort 1896. *2*. 97.

D. Anhaltspunkte zur Beurtheilung.

a) Das Vorhandensein der unter A 3. aufgeführten abnormen Beschaffenheit, des Verdorbenseins u. s. w. lässt sich weniger aus den Ergebnissen der chemischen Untersuchung als an dem Aussehen bezw. Geschmack in unzweideutiger Weise erkennen.

b) Die Anwesenheit gesundheitsschädlicher Metalle und die Anwendung künstlicher Süssstoffe ist unstatthaft.

c) In den zum Verkauf gelangenden Fruchtsäften u. s. w. sind Konservirungsmittel (schweflige Säure, Borsäure, Salicylsäure, Benzoësäure u. s. w.) unstatthaft. Hierbei ist zu beachten, dass viele Früchte einen kleinen natürlichen Borsäuregehalt[1] haben, dass in den Himbeeren Stoffe vorhanden sind, die eine ähnliche Reaktion mit Eisenchlorid wie Salicylsäure geben[2], und dass die Preisselbeeren einen natürlichen Benzoësäuregehalt aufweisen[3].

d) Ein Zusatz von organischen Säuren (Weinsäure, Citronensäure), Stärkezucker, Stärkesirup, künstlichen Aromastoffen und fremden Farbstoffen zu Fruchtsäften, Gelées, Marmeladen und Pasten, die als rein bezeichnet oder mit dem Namen einer bestimmten Fruchtart belegt sind, ist unstatthaft. Bei den als „Obstkraut“ bezeichneten Erzeugnissen soll auch ein Zusatz von Rohrzucker deklarirt werden.

e) Ein Zusatz von gelatinirenden Stoffen, Agar-Agar, Gelatine u. s. w. ist nur bei Gelées aus solchen Früchten statthaft, deren Saft bei geeignetem Einkochen mit Zucker nicht von selbst gallertartig erstarrt; bei Himbeer-, Johannisbeer-, Apfelgelée u. s. w. und auch bei Gelées mit der allgemeinen Bezeichnung „Fruchtgelée“ oder dergl. ist ein Zusatz gelatinirender Mittel zu deklariren.

f) Wenn Limonaden und Brauselimonaden die Bezeichnung einer bestimmten Frucht führen, z. B. als Himbeer-, Erdbeer-Limonade oder -Brauselimonade bezeichnet sind, so gelten dafür die unter d) angegebenen Bestimmungen.

g) Hinsichtlich der Mengenverhältnisse der einzelnen Bestandtheile sind im Allgemeinen keine bestimmten Grenzen aufzustellen.

---

[1] E. Hotter, Landw. Versuchsstationen 1890. *38*. 437; Zeitschr. f. Nahr.-Unters., Hyg. u. Waarenkunde 1895. *9*. 1.; H. Jay und Dupasquier, Compt. rend. 1895. *121*. 260 und 896; K. Windisch, Arbeiten a. d. Kaiserl. Gesundheitsamte 1898. *14*. 391.

[2] R. Hefelmann, Zeitschr. f. öffentl. Chemie 1897. *3*. 171.

[3] E. Mach und K. Portele, Landw. Versuchsstationen 1890. *38*. 68.

Litteratur.

A. Stutzer, Untersuchung von rheinischem Obstkraut auf Zusatz von Rübengelée. Zeitschr. f. angew. Chemie 1888. 700.

J. König und M. Wesener, Unterscheidung von Obst- und Rübenkraut. Zeitschr. f. anal. Chemie 1889. *28.* 404.

C. Amthor und J. Zink, Verfälschung von Himbeersaft. Zeitschr. f. Nahr.-Unt., Hyg. u. Waarenk. 1893. 7. 130.

H. Kremla, Beiträge zur Kenntniss der chemischen Zusammensetzung reiner Fruchtsäfte. Ebend. 1893. 7. 365.

Die Fruchtsäfte (die reinen Fruchtsäfte, Fruchtsäfte des Handels, Fruchtsirupe und Fruchtgelées) im Codex alimentarius austriacus. Forschungsber. über Lebensmittel 1894. *1.* 309.

E. von Raumer, Welche Anforderungen sind an die im Verkehr vorkommenden Fruchtsäfte und Limonaden zu stellen? Forschungsber. über Lebensmittel 1894. *1.* 462.

E. Utescher, Ueber Himbeersirup. Apotheker-Ztg. 1894. *9.* 957.

A. Bömer, Dürfen Marmeladen oder Gelées einen Zusatz von Agar-Agar oder Gelatine erhalten? Chem.-Ztg. 1895. *19.* 552.

G. Marpmann, Beiträge zur mikroskopischen Untersuchung der Fruchtmarmeladen. Zeitschr. f. angew. Mikrosk. 1896. *2.* 97.

G. Marpmann, Nachweis von Agar-Agar in Fruchtgelées. Zeitschr. f. angew. Mikrosk. 1896. *2.* Heft 9.

A. Einecke, Beiträge zur Kenntniss der chemischen Zusammensetzung von Säften verschiedener Stachel-, Johannis- und Erdbeeren. Landw. Versuchsstationen 1896. *48.* 131.

R. Hefelmann, Zur Beurtheilung der Fruchtsäfte und Fruchtsirupe des Handels und über den Nachweis der Salicylsäure in denselben. Zeitschr. f. öffentl. Chemie 1897. *3.* 171.

M. Riegel, Zur Prüfung des Himbeersaftes. Pharm. Ztg. 1897. *42.* 247.

W. Rassmann, Zur Beurtheilung der Fruchtsäfte, Fruchtsirupe, Limonadenessenzen und -Sirupe. Zeitschr. f. öffentl. Chemie 1897. *3.* 213.

W. Fresenius und J. Mayrhofer, Der Stärkesirup bei Zubereitung von Nahrungs- und Genussmitteln. Zeitschr. f. Unters. d. Nahr.- u. Genussmittel 1899. *2.* 35 u. 279.

Gemüse- und Fruchtdauerwaaren.

Referent des Ausschusses: Dr. **König**-Münster.
Verfasser: Prof. **Rupp**-Karlsruhe.
Mitarbeiter: Dr. **Röttger**-Würzburg.

———

Vorbemerkungen.

Unter Gemüse- und Fruchtdauerwaaren versteht man die nach einem der nachstehenden Verfahren für längere Zeit haltbar gemachten Gemüse und Früchte. Diese Verfahren sind folgende:

1. Das Eintrocknen und Pressen der Gemüse und Früchte (Pressgemüse, Dörrobst, Trockenpilze etc.).

2. Die Sterilisirung nach Appert's Verfahren. Die Sterilisirung erfolgt bei geeigneten, für jedes Gemüse und jede Frucht verschiedenen Temperaturen, und je nach der Art der haltbar zu machenden Waaren entweder für sich allein oder durch Einlegen der betreffenden Gemüse oder Früchte in Wasser, Salzlösungen, Zuckerlösungen und unter Umständen auch in Oel, letzteres bei einer gewissen Art von Trüffeln. Das Dünstobst wird durch Erhitzen in luftdicht schliessenden Gefässen ohne Zuckerzusatz hergestellt.

3. Das Einlegen, Einmachen mit Salz und Essig (Weinessig), letzteres vielfach unter Zusatz von scharfem Gewürz (wie spanischem Pfeffer, Ingwer etc.); hierher gehören z. B. Essig- und Salzgurken, Essigkirschen; die auf diese Weise zubereiteten „Mixed Pickles" pflegen aus kleinen Gurken, jungen Zwiebeln, Möhrenschnitten, unreifen Vitsbohnenschoten, unreifen Maiskölbchen etc. zu bestehen. Unter diese Gruppe fallen ferner diejenigen Gemüse, welche wie Kohl, Weissrüben, Bohnen etc. mit Kochsalz eingestampft werden und die einer gewissen Gährung (Milchsäuregährung) unterliegen, wie Sauergemüse, Sauerkraut etc.

4. Für die Früchte gesellt sich hierzu als besonderes Verfahren das Ueberziehen oder Tränken mit Zucker, das sogenannte Kandiren der Früchte. Zu den kandirten Früchten gehören auch das bekannte Citronat und Orangeat.

Die Zusammensetzung dieser Dauerwaaren entspricht im Allgemeinen der der Gemüse und Früchte im natürlichen Zustande; bei Anwendung von Einmachflüssigkeiten gehen stets leichtlösliche Stoffe aus den Dauerwaaren in die Flüssigkeit über und umgekehrt.

Verfälschungen, unerlaubte Zusätze und Verunreinigungen.

1. Da die Gemüse und Früchte im natürlichen oder gröblich zerschnittenen Zustande angewendet werden, so ist eine Verfälschung der einzelnen Sorten selbst mit anderen minderwerthigen durchweg nicht angängig, weil sie sich schon durch das äussere Ansehen zu erkennen geben würde.

Dagegen können den getrockneten echten Feld-Champignons (Agaricus campestris L.) minderwerthige oder gar giftige Agaricus-Arten, den trockenen Trüffeln Kartoffelboviste beigemengt werden, ohne dass dieses vom Laien äusserlich erkannt wird. Beschädigte Trüffeln gelten als schädlich; denselben wird durch Bestreichen mit gefärbter Erde ein besseres Aussehen ertheilt. Dieses ist ebenso wie die künstliche Grünfärbung von altem oder gebleichtem Gemüse als Verfälschung anzusehen, z. B. die Grünfärbung von alten, blass aussehenden, ausgewachsenen Erbsen mit Kupfersulfat, weil dadurch den Gemüsen ein besseres Aussehen verliehen wird, als sie nach ihrer natürlichen Beschaffenheit besitzen, wodurch der Käufer getäuscht wird. Auch der Zusatz von Kupfervitriol zu jungem, frischem und ursprünglich tadellosem Gemüse bezw. das Kochen desselben in kupfernen Kesseln behufs Erhaltung der ursprünglichen grünen Farbe ist nach § 1 des Farbengesetzes vom 5. Juli 1887 nicht zulässig.

Ausser Kupfersulfat dienen bisweilen zur Grünfärbung: Nickelsulfat und Ammoniak, sowie Methylenblau. Behufs Bleichens bezw. behufs Erhaltung einer hellen, weissen Farbe bedient man sich auch wohl der Reduktionsmittel (z. B. löslicher Salze der schwefligen und unterschwefligen Säure, Schwefelalkalien etc.). Häufig, in der letzten Zeit seltener, wird auch in den getrockneten Aepfelschnitten, besonders den amerikanischen, ein Gehalt an Zink gefunden.

Zink kann, wenn auch selten, aus zinkreichen Böden in die Pflanzen übergehen. Ferner kann Zink beim Dörren des Obstes auf Zinkblechen oder auf verzinkten eisernen Horden in kleinen Mengen in das Obst gelangen; bei grösseren Mengen kann aber auch das Bestreuen der Aepfelschnitte mit Zinkoxyd behufs Ertheilung einer weissen Farbe in Betracht kommen.

2. Als Konservirungsmittel werden angewendet: schweflige Säure, Salicylsäure, Borsäure, Borate etc.

3. Als Versüssungs- bezw. gleichzeitig als Konservirungsmittel dient ausser Rohrzucker auch Stärkezucker bezw. -Sirup. Zu demselben Zweck werden auch künstliche Süssstoffe, wie Saccharin etc. angewendet.

4. Als Verunreinigungen, von den Einmachgefässen herrührend, kommen vor: Blei (von den Löthstellen), Kupfer, Zink und Zinn.

5. In Folge fehlerhafter Darstellung, Verpackung oder fehlerhafter Aufbewahrung (in feuchten Räumen) zeigen die getrockneten Dauerwaaren häufig Schimmelbildung, unter Umständen auch Fäulniss.

In den in Zuckerlösungen eingelegten Fruchtdauerwaaren können auch in Folge ungenügender Sterilisirung oder mangelhaften Verschlusses, und wenn die Zuckerlösung nicht koncentrirt genug war, besonders in der wärmeren Jahreszeit Gährungen auftreten.

Getrocknete Früchte erfahren mitunter durch Käfer, Milben etc. schadhafte Veränderungen.

Untersuchung.

1. Einer näheren Untersuchung hat die Feststellung der äusseren Beschaffenheit in Bezug auf Farbe, Geruch und Geschmack voraufzugehen. Die Uebereinstimmung der Waare mit der Bezeichnung ergiebt sich meistens durch den blossen Augenschein; wenn nöthig, wird das Mikroskop oder die Lupe zu Hülfe genommen.

2. Die chemische Untersuchung der Dauerwaaren selbst auf ihre Bestandtheile: Wasser, Zucker, Rohfaser und Mineralstoffe wird nur in sehr seltenen Fällen nothwendig werden. Soll diese ausgeführt werden, so lassen sich die getrockneten Waaren nach entsprechender Zerkleinerung und Mischung direkt verwenden; die in Wasser mit und ohne Kochsalz, in Essig oder Zuckerlösungen oder in Oel eingelegten Dauerwaaren müssen durch Waschen mit entsprechenden Lösungsmitteln entweder mit Wasser oder Aether — letzterer bei Anwendung von Oel — von dem Einmachmittel befreit, dann diese für sich gewogen, getrocknet, zerkleinert und untersucht werden, während andererseits die Einbettungsflüssigkeit ebenfalls für sich dem Gewicht nach festgestellt und untersucht wird. Die Untersuchung selbst auf die einzelnen chemischen Bestandtheile erfolgt nach den in Heft *1*, S. 1—19 angegebenen allgemeinen Untersuchungsverfahren.

Viel häufiger und wichtiger ist die Untersuchung dieser Dauerwaaren auf Konservirungsmittel, künstliche Färbungen, Verunreinigungen durch Metalle und auf Beschaffenheit.

3. Nachweis von Konservirungsmitteln. Bezüglich des Nachweises von Borax, Borsäure, Salicylsäure, schwefliger Säure, Fluor und Formaldehyd sei auf Heft *1*, S. 22—25 bezw. unter Milch S. 62 verwiesen, ferner für Salicylsäure auch auf die amtliche Anweisung zur chemischen Untersuchung des Weines. Die schweflige Säure kann man nach Zusatz von chemisch-reinem Zink und Salzsäure an dem Auftreten von Schwefelwasserstoff erkennen, wobei blinde Versuche einerseits von der betreffenden Probe mit Salzsäure für sich allein, andererseits von Zink und Salzsäure für sich allein zur Kontrolle dienen. Dieser Nachweis der schwefligen Säure kann jedoch nur als orientirende Vorprobe gelten; der sichere Nachweis und die gewichtsanalytische Bestimmung der schwefligen Säure erfolgt wie bei Wein durch Destillation im Kohlensäurestrom.

4. Nachweis von Metallen, sei es von Farbmitteln, sei es von den Einmachgefässen herrührend.

Blei lässt sich unter Umständen in der Form von Bleikügelchen mittels der Lupe in den Büchsendauerwaaren erkennen. In den meisten Fällen ist man auf den chemischen Nachweis der Metalle angewiesen. Hierfür erfordert aber die Art der Veraschung die grösste Vorsicht.

Für den Nachweis und die Bestimmung von Kupfer kann man, ohne Verluste befürchten zu müssen, die zerkleinerte Masse in Schalen oder Schmelztiegeln von Porzellan eintrocknen, im Muffelofen veraschen, die Asche mit Salpetersäure ausziehen, die Lösung zur Trockne verdampfen, mit Salzsäure wieder aufnehmen und in diese Lösung Schwefelwasserstoff einleiten etc.[1]). Bei den anderen in Betracht kommenden Metallen, Blei Zinn und Zink, können aber durch die einfache Veraschung leicht Verluste entstehen. Hierfür empfiehlt sich die Verkohlung und Veraschung mittels reinster koncentrirter Schwefelsäure unter Zuhülfenahme von Salpetersäure nach dem Verfahren von A. Halenke (vergl. S. 14 unter Mehl und Brot). Die Trennung und Bestimmung dieser Metalle erfolgt in üblicher Weise.

5. **Nachweis von Färbungsmitteln ausser Kupfer und Nickel.** Der Nachweis von Theerfarbstoffen kann nach Heft I, S. 37 erfolgen, der von sonstigen, oben genannten Färbungsmitteln geschieht in bekannter Weise.

6. **Bestimmung freier Säuren.** 10—20 g Substanz werden in Wasser vertheilt und aliquote Theile der Lösung mit titrirter Normallauge nach der Tüpfelmethode unter Anwendung von Azolithminpapier titrirt. Der Befund ist als Acidität in ccm der verbrauchten Normallauge auf 100 g Substanz anzugeben. Wird ein anderer Indikator angewendet, so ist derselbe besonders aufzuführen.

7. **Prüfung auf dextrinhaltigen Stärkezucker.** Auf das Vorhandensein von Stärkezucker lässt sich aus der Polarisation und der Zuckerbestimmung vor und nach der Inversion schliessen (vergl. unter Fruchtsäften und Gelées). Für den Nachweis dextrinhaltigen Stärkezuckers dient die Vergährung wie bei Honig (S. 119).

8. **Prüfung auf künstliche Süssstoffe.** Ueber den Nachweis von künstlichen Süssstoffen vergl. den Abschnitt „Künstliche Süssstoffe".

9. **Prüfung auf Beschaffenheit (Schimmel, Fäulniss etc.).** Dieselbe erfolgt nach Heft I, S. 20 und durch mikroskopische Untersuchung sowohl der natürlichen wie der im Kulturkolben behandelten Substanz.

Anhaltspunkte für die Beurtheilung.

1. Die Frucht- und Gemüsedauerwaaren, ausgenommen selbstredend die in Essig mit oder ohne Gewürz eingelegten Früchte und Gemüse, die getrockneten Gemüse und Früchte und die Sauergemüse, sollen einen

---

[1]) Ueber die kolorimetrische Bestimmung kleiner Mengen Kupfer vergl. K. B. Lehmann, Arch. f. Hygiene 1895. *24.* 1, 18 u. 73; 1896. *27.* 1; ferner V. Vedrödi, Chem.-Ztg. 1896. *20.* 581.

frischen Geruch besitzen. Dauerwaaren, in welchen bereits Fäulnissvorgänge eingetreten sind, auch verschimmelte oder durch Insekten angefressene Trockenfrüchte sind als verdorben zu beanstanden.

2. Die Färbung mit Theerfarbstoffen und mit an sich nicht unschädlichen Färbungsmitteln ist zu beanstanden und die mit unschädlichen Farbstoffen nur dann erlaubt, wenn dadurch der Dauerwaare keine bessere Farbe bezw. keine bessere Beschaffenheit ertheilt wird, als sie nach ihrer natürlichen Beschaffenheit besessen hat bezw. beanspruchen kann.

3. Metalle (wie Kupfer, Zink, Blei, Zinn) oder deren Verbindungen dürfen in einer Dauerwaare nicht vorkommen. Hierbei ist jedoch zu berücksichtigen, dass geringe Mengen Kupfer und auch Spuren von Zink unter normalen Verhältnissen — herrührend aus dem Boden — in allen Pflanzen, auch in den Gemüsen und Früchten vorkommen können. Auf kupfer- und zinkreichen Böden können sogar erhebliche Mengen dieser Metalle in die Pflanzen übergehen; derartige Bodenvorkommnisse sind aber selten.

Der künstliche Zusatz von löslichen Salzen oder Verbindungen dieser Metalle ist nach dem Farbengesetz vom 5. Juli 1887 nicht erlaubt.

4. Der Zusatz von Konservirungsmitteln mit Ausnahme von Kochsalz, Zucker und Essig ist zu beanstanden, wenigstens soll die Anwendung anderer Konservirungsmittel nur gegen Deklaration gestattet sein. Schweflige Säure ist auf alle Fälle zu beanstanden.

5. Die Verwendung von Saccharin oder sonstigen künstlichen Süssstoffen zur gewerbsmässigen Herstellung von Dauerwaaren ist nach dem Gesetz vom 6. Juli 1898, betreffend den Verkehr mit künstlichen Süssstoffen, verboten.

6. Die Verwendung von Stärkezucker und -sirup soll deklarirt werden.

Litteratur.

G. Wolffhügel, Ueber blei- und zinkhaltige Gebrauchsgegenstände. Arbeiten a. d. Kaiserl. Gesundheitsamte 1887. *2*. 112.

A. Tschirch, Das Kupfer vom Standpunkt der gerichtlichen Chemie, Toxikologie und Hygiene. Stuttgart 1893.

J. Mayrhofer, Ueber den Kupfergehalt der Konserven. Ber. über die X. Versammlung der freien Vereinigung bayrischer Vertreter der angewandten Chemie in Augsburg 1891. Wiesbaden 1892. 77.

K. B. Lehmann und J. Mayrhofer, Ueber die hygienische Bedeutung des Kupfers mit Rücksicht auf die Konserven. Ebendort, XI. Versammlung in Regensburg 1892. Wiesbaden 1893. 16.

K. B. Lehmann, Hygienische Studien über Kupfer:

    I. Die Bestimmung kleiner Kupfermengen in organischen Substanzen. Arch. f. Hygiene 1895. *24*. 1.

    II. Der Kupfergehalt der menschl. Nahrungsmittel. (In Gemeinschaft mit Mock, Kant u. Lang.) Ebendort 1895. *24*. 18.

III. Welche Kupfermengen können durch Nahrungsmittel dem Menschen unbemerkt eingeführt werden? (In Gemeinschaft mit Kant.) Arch. f. Hygiene 1895. *24*. 73.

IV. Der Kupfergehalt von Pflanzen und Thieren in kupferreichen Gegenden. Ebendort 1896. *27*. 1.

K. B. Lehmann, Einige Beiträge zur Bestimmung und hygienischen Bedeutung des Zinks. Ebendort 1897. *28*. 291.

V. Vedrödi, Das Kupfer als Bestandtheil der Sandböden in unseren Kulturgewächsen. Chem.-Ztg. 1893. *17*. 1932.

Derselbe, Ueber die Methode der quantitativen Bestimmung des Kupfers in den Vegetabilien. Chem.-Ztg. 1896. *20*. 584.

R. Kayser, Ueber zinnhaltige Konserven. Bericht über die XII. Versammlung der freien Vereinigung bayerischer Vertreter der angewandten Chemie in Lindau i. Bodensee 1893. München 1893. 16.

Fr. Adam, Ein Beitrag zur Kenntniss des Gehaltes verschiedener marktgängiger Gemüsekonserven an Blei, Kupfer und Zinn. Zeitschr. f. Nahrungsmittel-Untersuchung, Hygiene und Waarenkunde 1893. 7. 277.

R. Sendtner, Erfahrungen a. d. Gebiet der Kontrolle d. Lebensmittel u. Gebrauchsgegenstände. Gehalt von Gemüsekonserven an schwefliger Säure. Arch. f. Hygiene 1893. *17*. 429.

W. Reuss, Die Wiederherstellung der grünen Farbe von Vegetabilien und Konserven durch Reduktionsmittel (D. P. 70 698). Berichte der deutschen chem. Gesellschaft 1893. *26*. Referate 977 und 978.

H. Beckurts und P. Nehring, Ueber zinnhaltige Konserven. Apotheker-Zeitung 1896. 584.

J. Brandl, Experimentelle Untersuchungen über die Wirkung, Aufnahme und Ausscheidung von Kupfer. Arbeiten a. d. Kaiserl. Gesundheitsamte 1896. *13*. 104.

B. H. Paul und A. J. Cownley, Ueber die Bestimmung des Kupfers in vegetabilischen Substanzen; nach Pharm. Journ. Trans. 1896. 441 in Vierteljahresschrift f. Chem. der Nahrungs- und Genussmittel 1896. *11*. 427.

L. Janke, Ueber ein einfaches Verfahren zur Bestimmung von Zink in Nahrungsmitteln. Chem.-Ztg. 1896. *20*. 800.

H. W. Wiley, Untersuchungen von Konserven, Zinngehalt von Konserven. Vierteljahresschrift f. Chemie der Nahrungs- und Genussmittel 1895. *10*. 119.

Neumann-Wender, Kupferhaltige Essiggurken. Vierteljahresschrift f. Chemie der Nahrungs- und Genussmittel 1895. *10*. 119.

W. Fresenius und J. Mayrhofer, Der Stärkesirup bei Zubereitung von Nahrungs- und Genussmitteln. Zeitschr. f. Untersuchung d. Nahr.-, Genussmittel u. Gebrauchsgegenstände 1899. *2*. 35 und 279.

A. Halenke, Die Verwendung der Kjeldahl'schen Methode zur Zerstörung der organischen Substanz bezw. zum sicheren Nachweise verschiedener Metalle in Nahrungs- u. Genussmitteln sowie Gebrauchsgegenständen. Ebendort 1899. *2*. 128.

Honig.

Referent des geschäftsführenden Ausschusses: **A. Hilger.**
Verfasser: **C. Amthor, G. Rupp, Th. Weigle.**

Vorbemerkungen.

1. Begriffserklärung.

Honig ist der von den Arbeitsbienen aus den verschiedensten Blüthen aufgesaugte und in dem Honigmagen der ersteren verarbeitete Saft, welcher wieder in den Waben (Wachszellen) zum Zwecke der Ernährung der jungen Brut abgeschieden wird.

Frisch ausgelassen ist der Honig klar und dickflüssig, trübt sich allmählich und erstarrt je nach seiner Zusammensetzung früher oder später zu einer mehr oder weniger krystallinischen Masse.

Für die Farbe und den Geruch des Honigs sind die Blüthen massgebend, von welchen die Bienen den Honig sammeln; ausserdem ist die Art der Gewinnung von Einfluss auf das Aussehen des Honigs.

Der Koniferenhonig ist dunkler, weniger süss, hat bisweilen einen gewürzhaften, eigenartigen Geruch und Geschmack. Er erstarrt schwieriger wegen seines Gehaltes an Dextrinen.

Die überseeischen sogenannten Havannahonige sind in der Regel sehr unrein, haben eine schmutziggelbe bis braune Farbe, sowie meistens einen schwachen, weniger angenehmen Geruch und Geschmack.

In manchen Gegenden Deutschlands werden auch ganze Waben in den Handel gebracht, die theilweise guten Honig enthalten, zuweilen aber auch Korbstöcken entstammen, deren Inhalt theils aus Bienenbrot oder gar aus abgestorbener Brut besteht.

2. Bestandtheile des Honigs.

Der Honig ist im Wesentlichen eine wässerige koncentrirte Invertzuckerlösung, in welcher jedoch die Lävulose überwiegt; er enthält ausserdem noch Rohrzucker, Dextrine (Achroodextrin), ferner in geringen Mengen gummiähnliche Körper, stickstoffhaltige Verbindungen, Wachs, Farbstoffe, Riechstoffe, organische Säuren (Ameisensäure), Mineralstoffe, bei welchen die Phosphate überwiegen, endlich pflanzliche Gewebselemente, vor Allem Pollenkörner.

Die Zusammensetzung des Honigs ist folgende:

Invertzucker . . . . 70—80 ^{0}
    (nach Sieben Dextrose 34,7 %
          Lävulose 39,2 %)
Rohrzucker . . . . bis zu 10 %
Dextrine . . . . bis zu 10 -
Mineralstoffe . . . . 0,1—0,8 -
Nichtzucker . . . . 5 - u. mehr
    darunter Ameisensäure . . . . 0,2 -
Stickstoffhaltige Bestandtheile . . 0,8 -
Wasser im Durchschnitt . . . . 20 -

3. Verfälschungen des Honigs.

Die Verfälschungen des Honigs bestehen in Zusätzen von Wasser, Rohrzucker, Melasse, Invertzucker, Kunsthonig (Zuckerhonig), Stärkezucker, Stärkesirup und Dextrosezucker.

Das Vorkommen von Kunsthonig in künstlichen Waben aus Ceresin als Prima amerikanischer Honig wird in der Litteratur erwähnt.

Wird sehr wasserhaltiger Honig nahe der Bruttemperatur in feuchter Atmosphäre aufbewahrt, so geht derselbe häufig in alkoholische, später in saure Gährung über. Auch Schimmelbildung wird unter diesen Verhältnissen beobachtet.

4. Probenentnahme.

Es sind wenigstens 100 g des Honigs zu entnehmen und in Gläsern mit weiter Oeffnung, verschlossen mit Kork- oder Glasstopfen, aufzubewahren. Bei der Probenentnahme ist darauf zu achten, dass der Vorrath gut gemischt wird, denn bei längerem Stehen scheidet sich der Honig oft in einen unteren krystallinischen, hauptsächlich aus Dextrose bestehenden Absatz und einen oberen flüssigen Antheil, der hauptsächlich die Lävulose enthält.

Untersuchung.

I. Chemisch-physikalische Untersuchung.

1. Specifisches Gewicht.

30 g Honig werden in 60 g Wasser gelöst. Die Bestimmung des spec. Gewichtes dieser Lösung geschieht bei 15°.

2. Bestimmung des Wassergehaltes.

5 g Honig werden mit 25 g ausgeglühtem Quarzsand in einer flachen Platin- oder Glasschale abgewogen, mit 10 ccm Wasser vermischt und im

Wasserbade eingetrocknet. Das Austrocknen geschieht am besten im Vakuum bei 100⁰.

Der Trockenrückstand bezw. Wassergehalt kann auch bestimmt werden, indem man das specifische Gewicht einer ca. 10 %igen unfiltrirten Honiglösung bei + 15⁰ bestimmt und hieraus den Gehalt an Trockensubstanz nach den Halenke-Möslinger'schen Tabellen oder besser nach der von K. Windisch berechneten Extrakt- und Zuckertafel feststellt.

3. Aschenbestimmung.

Der bei der Bestimmung des Wassergehaltes erhaltene Rückstand oder eine getrennt abgewogene Menge Honig wird zur Aschenbestimmung unter Anwendung des Auslaugeverfahrens (siehe Vereinbarungen Heft I, S. 17) benutzt.

4. Polarisation.

10 g Honig werden zu 100 ccm in destillirtem Wasser gelöst. Diese Lösung wird mittelst Thonerdehydrat oder nach Soxhlet durch Kieselguhr und Holzschliff oder auch, wenn nöthig, durch Zusatz von 3 ccm Bleiessig und 2 ccm gesättigter Natriumsulfatlösung geklärt, filtrirt und bei + 20⁰ im Halbschattenapparat polarisirt (siehe Vereinbarungen Heft I, S. 8).

5. Bestimmung des Invertzuckers.

Die Bestimmung des Invertzuckers geschieht nach den bei den allgemeinen Untersuchungsmethoden (Vereinbarungen Heft I, S. 9) festgestellten Grundzügen.

6. Bestimmung des Rohrzuckers.

10 g Honig werden in 100 ccm heissen Wassers gelöst. Nach dem Erkalten fügt man 50 ccm Hefe-Invertinlösung (siehe Vereinbarungen Heft I, S. 7) hinzu und lässt die Mischung 2 Stunden lang zwischen 50 und 55⁰ stehen. Hierauf findet die Invertzuckerbestimmung gewichtsanalytisch oder polarimetrisch statt. Die Differenz der Ergebnisse der Zuckerbestimmungen unter 5. und 6. wird auf Rohrzucker berechnet.

7. Die Bestimmung der Dextrose und Lävulose.

Da das Verhältniss zwischen Dextrose und Lävulose im Honig ein sehr schwankendes ist, die Honige stets unvergährbare rechts- und linksdrehende, theilweise Fehling'sche Lösung reducirende Bestandtheile enthalten, ist es durchweg bedeutungslos, das Dextrose-Lävuloseverhältniss festzustellen. Erscheint es dennoch unter Umständen von Werth, so ist das kombinirte Titrirverfahren nach Sachsse-Soxhlet anzuwenden (siehe Vereinbarungen Heft I, S. 10).

8. Prüfung auf Stärkezucker, Stärkesirup, Dextrine u. dgl.

25 g Honig werden in 200 ccm einer Nährsalzlösung gelöst. Diese Lösung wird durch ¼ stündiges Kochen in einem Kolben mit Wattever-

schluss sterilisirt. Nach dem Erkalten des mit Watteverschluss versehenen Kolbens werden 5 ccm dünnflüssiger, gährkräftiger, am besten reingezüchteter Weinhefe (Saccharomyces ellipsoïdeus), nicht Presshefe zugesetzt.

Die Flüssigkeit wird bei einer Temperatur von 20—25⁰ gehalten bis die Gährung beendet ist, dann bei $+15^0$ auf 250 ccm aufgefüllt (man kann von vornherein zu der Vergährung einen Kolben von 250 ccm Inhalt mit Marke benutzen), mit Thonerde, nöthigenfalls mit 3 ccm Bleiessig und 2 ccm Natriumsulfatlösung geklärt und bei $+20^0$ polarisirt. Zeigt der Gährungsrückstand eine erhebliche Rechtsdrehung, so ist er durch Alkoholfällung auf Dextrin zu prüfen.

Presshefe darf wegen der derselben anhaftenden, Dextrine verzuckernden Fermente nicht verwendet werden[1]).

Das Verfahren von J. König und W. Karsch bietet beachtenswerthe Vortheile in folgender Ausführung: 40 g Honig werden in einem Maasscylinder auf 40 ccm mit Wasser aufgefüllt. Von dieser Mischung werden 20 ccm in einem ¼ l-Kolben unter langsamem Zuträufeln und fortgesetztem Umschwenken mit absolutem Alkohol bis zur Marke aufgefüllt und unter Umschütteln 2—3 Tage stehen gelassen. Von dem nach dieser Zeit herzustellenden Filtrate können 100 ccm nach Verjagung des Alkohols zur Zuckerbestimmung nach Sachsse-Soxhlet Verwendung finden, je weitere 100 ccm dienen nach Verdampfen zur Trockne, Wiederaufnahme mit Wasser zur Beobachtung der Polarisation nach vorheriger Behandlung mit Bleiacetat u. s. w.

Die Arbeiten von E. Beckmann[2]) über den Nachweis von Stärkesirup, Melassen, Handelsdextrinen im Honig werden besonders für den qualitativen Nachweis entsprechende Berücksichtigung erfahren.

---

[1]) Als Nährsalzlösung eignet sich sehr gut die von Pasteur in seinem Werke: Études sur la Bière S. 89 angegebene Raulin'sche Lösung unter Hinweglassung des Zuckers:

Wasser	1500 ccm
Weinsäure	4,00 g
Ammoniumnitrat	4,00 -
Ammoniumphosphat	0,60 -
Ammoniumsulfat	0,25 -
Kaliumkarbonat	0,60 -
Kaliumsilikat	0,07 -
Magnesiumkarbonat	0,40 -
Eisensulfat	0,07 -
Zinksulfat	0,07 -

Die Verwendung von Hefeabkochung anstatt einer Nährsalzlösung schliesst die Gefahr ein, dass das optisch nicht inaktive Hefegummi in den Honig gelangen und dadurch Fehlerquellen herbeiführen kann.

[2]) Zeitschr. f. analyt. Chem. 1896, *25*, S. 263.

9. Bestimmung des Stickstoffes.

Die Stickstoffbestimmung geschieht nach Kjeldahl (Vereinbarungen Heft I, S. 2).

10. Bestimmung der freien Säure.

10 g Honig werden in 50—100 ccm Wasser gelöst. Die Menge der freien Säure wird mittelst $^1/_{10}$-Normalkalilauge unter Benutzung von Phenolphtaleïn als Indikator bestimmt und als Ameisensäure berechnet.

II. Mikroskopische Untersuchung.

Zum Zwecke der mikroskopischen Untersuchung des Honigs werden 50 g Honig in Wasser gelöst. Die Lösung wird filtrirt oder ebenso zweckmässig centrifugirt. Der erhaltene unlösliche Rückstand wird mikroskopisch untersucht.

Beurtheilung.

Bei der mikroskopischen Prüfung beobachtete Wachspartikelchen können nicht beanstandet werden. Dieselben können auch kein sicheres Kennzeichen für die Beurtheilung der Aechtheit des Honigs bilden, da deren Nachweis auch in verfälschtem Honig gelang. Dasselbe gilt für das Auftreten der Pollenkörner im Honig.

1. Das specifische Gewicht der wässerigen Honiglösung 1 : 2 soll nicht unter 1,11 betragen, entsprechend 25 % Wasser im Honig.

2. Der Gehalt an Mineralbestandtheilen schwankt von 0,1—0,8 %; reine Honige enthalten meistens 0,1—0,35 %. Honigthau vor Allem erhöht den Gehalt an Mineralbestandtheilen.

3. Die Honige sind mehr oder weniger stark linksdrehend, doch giebt es auch rechtsdrehende Honige, und zwar namentlich Koniferen- und Honigthauhonige. Da sich insbesondere bei dünnflüssigen Honigen unter Umständen ein krystallinischer Absatz bildet, der vorwiegend aus Dextrose besteht und rechtsdrehend ist, so muss hierauf Bedacht genommen werden.

Es zeigt sich ferner hier und da die Erscheinung, dass ein Honig wegen des geringen Gehaltes an rechtsdrehenden Dextrinen schwach links dreht, und dass erst nach der Vergährung die Rechtsdrehung in den Vordergrund tritt.

Kleine Mengen von Rohrzucker setzen ebenfalls nur die Linksdrehung des Honigs herab, grössere bewirken Rechtsdrehung. Solche Honige zeigen nach der Inversion entweder eine Zunahme der Linksdrehung oder eine Umwandlung der Rechtsdrehung in Linksdrehung.

Erhebliche Mengen von Dextrinen machen den Honig rechtsdrehend. Diese Rechtsdrehung verschwindet nicht nach der Inversion.

4. Der Gehalt des Honigs an Rohrzucker soll 10% nicht überschreiten[1]).

5. Enthält der Honig weniger als 1,5% Nichtzucker (berechnet aus der Differenz von Gesammtzucker und Trockensubstanz), so ist auf Zusatz von künstlichem Invertzucker, Rohrzucker oder Dextrosezucker zu schliessen.

6. Beträgt die Rechtsdrehung der 10%-igen vergohrenen Honiglösung mehr wie +3 Bogengrade bei Anwendung des 200 mm-Rohrs, und giebt er die qualitativen Dextrinreaktionen, so ist der Honig als mit Glykose oder Stärkezucker versetzt zu bezeichnen. Dasselbe ist der Fall, wenn die nach dem Vergähren quantitativ ermittelte Dextrinmenge mehr als 10% beträgt.

Litteratur.

J. König, Chemie der menschlichen Nahrungs- und Genussmittel. 3. Aufl. *1.* 760; *2.* 782.

C. Amthor, Beitrag zur Kenntniss des Honigs. Repert. analyt. Chemie 1884. *4.* 361.

N. Sieben, Ueber die Zusammensetzung des Stärkezuckersirups, des Honigs und die Verfälschungen des letzteren. Zeitschr. d. Vereins f. Rübenzucker-Industrie des Deutschen Reichs 1884. 837.

M. Barth, Ueber Untersuchung und Beurtheilung von Honig. Pharm. Centrh. 1885. *26.* 87.

A. von Planta, Ueber die Zusammensetzung einiger Nektararten. Zeitschr. f. physiol. Chemie 1887. *10.* 227.

E. Dieterich, Honig-Untersuchungen. Helfenberger Annalen 1887. 35; 1888. 94; 1890. 50; 1891. 84; 1892. 60; 1893. 35; 1894. 22; 1895. 45; 1897. 179. 269. 343. 344; Erstes Decennium der Helfenb. Ann. 1886/95. 1897. 92.

C. Amthor, Analysen dreier dextrinhaltiger Naturhonige. Bericht über die 6. Versamml. d. freien Vereinigung bayer. Vertreter d. angew. Chemie zu München 1887. 61.

E. O. von Lippmann, Ueber rechtsdrehenden Naturhonig. Zeitschr. f. angew. Chemie 1888. 633.

R. Bensemann, desgl., ebendort 1888, 117.

E. von Raumer, Ueber die unvergährbaren rechtsdrehenden Bestandtheile des Honigs. Zeitschr. f. angew. Chemie 1889. 607.

C. Amthor und J. Stern, Analyse zweier rechtsdrehender Naturhonige. Zeitschr. f. angew. Chemie 1889. 575.

E. von Raumer, Untersuchung von Honig. Bericht über die 9. Versamml. der freien Vereinigung bayer. Vertreter d. angew. Chemie zu Erlangen 1890. 33.

W. Mader, Beiträge zur Kenntniss reiner Honigsorten. Dissert. Erlangen 1890.

M. Mansfeld, Untersuchung des Honigs. Zeitschr. d. allg. österr. Apoth.-Vereins 1891. *29.* 347.

Th. Weigle, Ueber Zuckerhonig. Bericht über die 10. Versammlung der freien Vereinigung bayer. Vertreter d. angew. Chemie zu Augsburg 1891. 38.

---

[1]) Jedoch sind vereinzelt auch schon höhere Gehalte an Rohrzucker im natürlichen Honig gefunden worden, vergl. z. B. K. Bensemann: Zeitschr. f. angew. Chemie 1888, 117. v. Lippmann, Ebendort 1888, 633.

C. Amthor, Ein Beitrag zur Honigfrage. Journ. d. Pharm. für Els.-Lothr. 1892. 298.

W. L. Villaret, Zusammensetzung des russischen Honigs. Pharm. Zeitschr. f. Russland 1893. *32.* 55 u. 71; Vierteljahresschr. über d. Fortschr. d. Chemie d. Nahr.- u. Genussmittel 1893. *8.* 26.

Beschlüsse des Vereins schweizerischer analytischer Chemiker, betr. die Untersuchung und Beurtheilung des Honigs. Vierteljahresschr. über die Fortschr. d. Chemie d. Nahr.- u. Genussmittel 1893. *8.* 242.

Th. Weigle, Ueber die dialytische Untersuchung des Honigs. Bericht über die 12. Versammlung d. freien Vereinigung bayer. Vertreter der angew. Chemie 1893. 18; Forschungsberichte über Lebensmittel u. s. w. 1894. *1.* 65.

Kapitel Honig im Codex alimentarius austriacus. Forschungsberichte über Lebensmittel u. s. w. 1894. *1.* 307.

Rudolf Hefelmann, Ueber rechtsdrehende Bienenhonige. Pharm. Centralh. 1894. *35.* 481 u. 527.

E. von Raumer, Ueber die Zusammensetzung des Honigthaues und über den Einfluss an Honigthau reicher Sommer auf die Beschaffenheit des Bienenhonigs. Zeitschr. f. analyt. Chemie 1894. *33.* 397.

E. Utescher, Unterscheidung von Kunsthonig und Naturhonig. Apoth.-Ztg. 1895. *10.* 278 u. 285.

R. Pfister, Versuch einer Mikroskopie des Honigs. Forschungsberichte über Lebensmittel u. s. w. 1895. *2.* 1 und 29.

J. König und W. Karsch, Das Verhältniss von Dextrose zu Lävulose im Honig und die Benutzung desselben zum Nachweise von Verfälschungen des Honigs. Zeitschr. f. anal. Chemie 1895. *34.* 1.

E. Beckmann, Beiträge zur Prüfung des Honigs. Zeitschr. f. analyt. Chemie 1896. *35.* 263.

K. Dieterich, Ueber die Bestandtheile von Kunsthonig und sein Nachweis. Pharm. Centralh. 1896. *37.* 469.

A. Hilger und O. Künnemann, Zur Chemie des Honigs. Forschungsberichte über Lebensmittel 1896. *3.* 211.

R. Frühling, Zur Polarisation des Honigs. Zeitschr. f. öffentl. Chemie 1898. *4.* 410.

Tony Kellen, Farbe und Geschmack einiger Honigsorten. Apoth.-Ztg. 1898. *13.* 382 nach Luxemburg. Bienen-Ztg. 1898.

Jules van der Berghe, Belgische Honige. Rev. internat. fals. 1898. *11.* 5.

A. Röhrig, Zuckerhonig. Zeitschr. f. öffentl. Chemie 1898. *4.* 174.

Branntweine und Liköre.

Referent des Ausschusses: **K. v. Buchka.**
Verfasser: **W. Fresenius** und **K. Windisch.**
Zunächst betheiligt: **L. Medicus** und **H. Roettger.**

A. Vorbemerkungen.

1. Begriffserklärung.

Die Branntweine sind alkoholische Getränke, die durch Destillation alkoholhaltiger Flüssigkeiten gewonnen werden. Je nachdem sie im Wesentlichen nur das so erhaltene Destillationserzeugniss oder ein Gemisch desselben mit Pflanzenauszügen, ätherischen Oelen und in vielen Fällen Zucker darstellen, unterscheidet man die eigentlichen Branntweine mit meist hohem Alkoholgehalt und nur geringen Extraktmengen von den Likören, welche ihrerseits wieder in die eigentlichen Liköre, gekennzeichnet durch höheren Zuckergehalt, und die Bitter, zuckerfreie oder nur wenig Zucker enthaltende alkoholische Pflanzenauszüge, zerfallen.

Die wichtigsten Branntweine sind der Kartoffelbranntwein, der Getreidebranntwein, namentlich der Kornbranntwein, der Rüben- und Melassenbranntwein, der Wein-, Obstwein-, Trester- und Hefenbranntwein, der Kirsch- und Zwetschenbranntwein. Der Kognak ist ein Erzeugniss der Destillation des Weines, der hauptsächlich in Westindien hergestellte Rum ein Erzeugniss der Destillation der vergohrenen Zuckerrohrmelasse. Die Rohstoffe zur Herstellung des Araks sind die Blüthenkolben der Kokospalme (Ceylon) und Reis (Java).

2. Bestandtheile der Branntweine.

Neben Aethylalkohol und Wasser sind in den Branntweinen folgende Nebenerzeugnisse der Gährung und Destillation nachgewiesen worden:

Höhere Alkohole: Hauptsächlich Amylalkohol, dann Isobutylalkohol (mitunter auch normaler Butylalkohol), normaler Propylalkohol, ferner kleine Mengen Hexylalkohol, Heptylalkohol, Oktylalkohol und noch höhere Alkohole.

Fettsäuren: Hauptsächlich Essigsäure, dann Buttersäure, Ameisensäure, Propionsäure, Baldriansäure, Kapronsäure (Hexylsäure), Oenanthsäure (Heptylsäure), Kaprylsäure (Oktylsäure), Pelargonsäure (Nonylsäure), Kaprinsäure, Palmitinsäure und Margarinsäure.

Fettsäureester: Die Verbindungen der genannten Fettsäuren mit Aethylalkohol und den übrigen Alkoholen, namentlich Essigäther.

Aldehyde: Hauptsächlich Acetaldehyd, dessen Polymere Paraldehyd und Metaldehyd, sowie Acetal (Aethylidendiäthyläther), ferner Butyraldehyd, Valeraldehyd, Akroleïn, Krotonaldehyd und Furfurol.

Basen in sehr geringen Mengen: Ammoniak, Amine (Trimethylamin), Pyridin, Kollidin und andere Pyridinbasen, sowie andere höhere organische Basen.

Sonstige Bestandtheile: Kleine Mengen Glycerin, Isobutylenglykol, ätherische Oele, Terpene, Terpenhydrate, Kampherarten, Eugenol, Koniferylalkohol, Vanillin, Riechstoffe unbekannter Zusammensetzung. Im Kirsch- und Zwetschenbranntwein, sowie in anderen Steinobstbranntweinen sind Blausäure, Benzaldehyd, die Verbindung beider, Benzaldehydcyanhydrin, Benzoësäure und Benzoësäureester enthalten.

Der Gehalt der gewöhnlichen Trinkbranntweine an Fuselöl im engeren Sinne, d. h. an höheren Alkoholen, schwankt innerhalb weiter Grenzen; je nachdem zu ihrer Herstellung ganz oder theilweise gereinigter Spiritus oder Rohspiritus oder gar Abgänge der Spiritusrektifikation verwendet werden, beträgt er 0—0,5 Volumprocent und noch mehr. Kognak enthält meist 0,1—0,25, Rum 0—0,15, Arak 0—0,1, Kirschbranntwein 0,03—0,15, Zwetschenbranntwein 0,1—0,3, Tresterbranntwein 0,3—0,4 Volumprocent Fuselöl (in 100 Raumtheilen Branntwein).

Die Liköre und Bitterbranntweine werden meist aus reinem, rektificirtem Weingeist (Kartoffelfeinsprit) hergestellt.

3. Verfälschungen und zufällige Beimengungen der Branntweine.

a) Vermischen der Edelbranntweine mit Kartoffelspiritus mit oder ohne Zusatz von Aromastoffen; Vergähren von Zucker oder zuckerhaltigen Stoffen mit den werthvolleren Rohstoffen der Edelbranntweine.

b) Künstliche Herstellung von Branntweinen im engeren Sinne mit Hülfe von Extrakten und Essenzen.

c) Zusätze von Mineralsäuren (Schwefelsäure) und scharf schmeckenden Pflanzenstoffen (Auszügen von Pfeffer, Paprika, Paradieskörnern u. s. w.).

d) Zusätze gesundheitsschädlicher Bitterstoffe und Farbstoffe.

e) Zusätze von künstlichen Süssstoffen (Saccharin, Dulcin) zu Likören.

f) Verwendung von denaturirtem Branntwein zur Herstellung von Trinkbranntweinen.

g) Gegenwart grösserer Mengen von Nebenerzeugnissen der Gährung und Destillation.

h) Gegenwart gesundheitsschädlicher Metallsalze, insbesondere Kupfer.

B. Probenentnahme.

Zur Untersuchung ist in der Regel mindestens $\frac{1}{2}$ l erforderlich. Die Einsendung hat in reinen Glasflaschen zu erfolgen, welche mit reinen, noch nicht gebrauchten Korkstopfen zu schliessen sind.

C. Untersuchung.

Die Untersuchung erstreckt sich in der Regel nur auf die Ermittelung des specifischen Gewichtes, des Gehaltes an Alkohol, Extraktstoffen, Zucker, Mineralbestandtheilen, Gesammtsäure, Fuselöl, sowie auf den Nachweis von Aldehyd und Furfurol. In gewissen Fällen ist ausserdem der Nachweis bezw. die Bestimmung der Gesammtester, von Stärkezucker und Stärkezuckersirup, künstlichen Süssstoffen (Saccharin, Dulcin), Glycerin, Bitterstoffen und scharf schmeckenden Stoffen, Farbstoffen, Metallen, freien Mineralsäuren, Denaturirungsmitteln, sowie bei Steinobstbranntweinen (Kirsch-, Zwetschenbranntwein) von Blausäure und Benzaldehyd erforderlich.

Die einzelnen Bestandtheile der Branntweine sind nach Grammen in 100 ccm Branntwein anzugeben.

1. Bestimmung des specifischen Gewichtes.

Die Bestimmung des specifischen Gewichts erfolgt bei 15° C. nach einem der in dem Abschnitt „Allgemeine Untersuchungsmethoden" (Vereinbarungen Heft I, S. 20) angegebenen Verfahren.

2. Bestimmung des Alkohols.

a) Der Alkoholgehalt solcher Branntweine, die nur sehr geringe Mengen Extrakt enthalten (gewöhnliche Trinkbranntweine, Kirschbranntwein, Arak u. s. w.), kann aus dem specifischen Gewichte unter Zugrundelegung der Alkoholtafel von K. Windisch ermittelt werden.

b) Bei extraktreicheren Branntweinen wird der Alkoholgehalt durch Destillation in ähnlicher Weise wie im Weine bestimmt. Branntwein mit mehr als 60 Gewichtsprocent Alkohol verdünnt man vor der Destillation mit dem gleichen Raumtheile Wasser. Auch bei zuckerreichen Likören ist eine Verdünnung mit Wasser vor der Destillation zweckmässig, um das Anbrennen der Destillationsrückstände zu vermeiden. Ist der Branntwein reich an Estern, so ist er mit einem kleinen Ueberschuss von Alkali zu destilliren. Wird eine Fuselölbestimmung ausgeführt, so kann man die Alkoholbestimmung mit derselben verbinden.

Bei Likören, Bittern und Essenzen, die erhebliche Mengen ätherischer

Oele enthalten, sind diese zuvor nach dem für steueramtliche Zwecke vorgeschriebenen Verfahren[1]) durch Sättigen der mit Wasser entsprechend verdünnten Flüssigkeit mit Salz abzuscheiden. Die abgeschiedenen ätherischen Oele können eventuell in Aether gelöst, von der übrigen Flüssigkeit getrennt und weiter untersucht werden.

Unter Umständen empfiehlt es sich, den Alkoholgehalt ausser in Gewichtsprocenten auch in Volumprocenten nach Maassgabe der dritten Spalte der Alkoholtafel von Windisch anzugeben.

3. Bestimmung des Extraktes.

a) Bei Branntweinen, die nur so geringe Extraktmengen enthalten, dass ihr Alkoholgehalt unmittelbar aus dem specifischen Gewichte abgeleitet wird, wird der Extraktgehalt in gleicher Weise bestimmt, wie in Weinen mit weniger als 3 g Extrakt in 100 ccm.

b) Bei Branntweinen, deren Alkoholgehalt nach dem Destillationsverfahren bestimmt wird, erfolgt die Extraktbestimmung in gleicher Weise wie im Wein. Bei der Ausführung des direkten Verfahrens ist wallendes Sieden des Branntweines zu vermeiden.

4. Bestimmung des Zuckers bezw. der Fehling'sche Lösung reducirenden Stoffe.

Die Bestimmung des Zuckers erfolgt nach dem Neutralisiren und Entgeisten des Branntweines in gleicher Weise wie in Fruchtsäften (vergl. das Kapitel „Fruchtsäfte etc." S. 105).

5. Bestimmung der Mineralstoffe.

Der Gehalt an Mineralstoffen wird durch Veraschen des Extraktes bezw. des Abdampfrückstandes einer bestimmten Menge Branntwein wie bei Wein bestimmt. In der Asche kann nach bekannten Verfahren der Kalk ermittelt werden.

6. Bestimmung der Gesammtsäure.

Von farblosen oder nur schwach gefärbten Branntweinen werden 50—100 ccm nach Zusatz einiger Tropfen alkoholischer Phenolphtaleïnlösung mit $^1/_{10}$-Normalalkali titrirt. Bei stärker gefärbten Branntweinen wird auf empfindlichem, violettem Lackmuspapier getüpfelt; der Sättigungspunkt ist erreicht, wenn ein auf das trockene Lackmuspapier aufgesetzter Tropfen keine Röthung mehr hervorruft. Bei hohem Alkoholgehalte des

---

[1]) Zeitschr. f. analyt. Chemie 1892, *31*, Amtl. Verordn. u. Erl. S. 12.

Branntweins verdünnt man ihn mit Wasser. Enthält ein Branntwein grössere Mengen Kohlensäure, was durch Prüfung mit Kalkwasser festzustellen ist, so ist er bis zum Kochen zu erhitzen oder, wenn nöthig, am Rückflusskühler zu kochen, ehe man die Säure bestimmt. Die Gesammtsäure der Branntweine ist als Essigsäure ($C_2H_4O_2$) zu berechnen.

7. Bestimmung des Fuselöls.

Die Bestimmung des Fuselöls erfolgt nach der amtlichen, vom Bundesrath erlassenen „Anweisung[1]) zur Bestimmung des Gehaltes der Branntweine an Nebenerzeugnissen der Gährung und Destillation" vom 17. Juli 1895 mit der Aenderung, dass der Branntwein zunächst mit Alkali zu destilliren ist.

8. Nachweis des Aldehydes.

Enthält ein Branntwein Zucker oder ist er nicht farblos, so ist zum Nachweise des Aldehyds das Destillat zu verwenden; von 100 ccm Branntwein destillirt man dann etwa 25—50 ccm ab und prüft das Destillat:

a) Mit einer durch schweflige Säure entfärbten Fuchsinlösung. 0,5 g reinstes Diamantfuchsin werden in $^1/_2$ l destillirtem Wasser unter schwachem Erwärmen gelöst, die Lösung filtrirt und mit einer Lösung von 3,9 g schwefliger Säure (SO_2) in $^1/_2$ l Wasser gemischt; der Gehalt der Lösung der schwefligen Säure ist jodometrisch festzustellen. Nach Verlauf einiger Stunden ist die Mischung wasserhell, falls ein wirklich reines Fuchsin verwendet wurde.

Der zu untersuchende Branntwein wird mit so viel Wasser verdünnt, dass seine Alkoholstärke ungefähr 30 Volumprocent beträgt. In ein Probirröhrchen, welches unmittelbar zuvor mit wässeriger schwefliger Säure ausgespült wurde, bringt man zwei Raumtheile des zu untersuchenden Branntweines und einen Raumtheil des Reagens. Man schliesst sofort die Oeffnung des Glases durch einen Gummistopfen, um die Einwirkung des atmosphärischen Sauerstoffs möglichst abzuhalten, und beobachtet nach Verlauf von 2 Minuten die etwa entstandene Färbung. Eine auftretende Rothfärbung zeigt Aldehyd an. Als Vergleichsflüssigkeit kann man eine Lösung von Aldehydammoniak (1 : 10 000) verwenden, auf welche man in gleicher Weise die fuchsinschweflige Säure einwirken lässt. Betreffs der Ausführung einer quantitativen kolorimetrischen Bestimmung des Aldehyds sei auf die Mittheilungen von Medicus und Paul[2]) verwiesen.

b) Mit m-Phenylendiaminchlorhydrat nach W. Windisch[3]). Man versetzt den Branntwein mit einer Auflösung von reinem m-Phenylen-

[1]) Zeitschr. f. analyt. Chemie 1895, *34*, Amtl. Verordn. u. Erl. S. 3.
[2]) Forschungsberichte über Lebensm. 1895, *2*, 299.
[3]) Zeitschr. f. Spiritusindustrie 1886, *9*, 519.

diaminchlorhydrat in ausgekochtem Wasser; bei Gegenwart von Aldehyd tritt Gelbfärbung ein und nach einigem Stehen zeigt sich eine starke grüne Fluorescenz.

c) Mit Nessler's Reagens (alkalischer Kalium-Quecksilberoxydlösung) nach W. Windisch[1]). Man versetzt den Branntwein mit einigen Tropfen Nessler's Reagens. Je nach dem Gehalte des Branntweines an Aldehyd entsteht ein hellgelber oder rothgelber Niederschlag.

d) Ammoniakalische Silberlösung wird durch aldehydhaltigen Branntwein unter Abscheidung von Silber (in der Form eines schwarzen Niederschlages oder eines Silberspiegels) reducirt.

e) Beim Kochen mit Alkali färbt sich aldehydhaltiger Branntwein gelb.

9. Nachweis des Furfurols.

Man versetzt 10 ccm farblosen Branntwein mit 10 Tropfen farblosem Anilin und 2—3 Tropfen Salzsäure (spec. Gew. 1,125). Eine auftretende Rothfärbung zeigt Furfurol an.

10. Bestimmung der Gesammtester.

100 ccm Branntwein, bezw. bei zuckerhaltigen oder gefärbten Branntweinen deren Destillat, werden in einem Kolben aus Jenaer Glas zunächst mit $^1/_{10}$-Normalalkali unter Verwendung von Phenolphtaleïn genau neutralisirt, dann mit einer gemessenen, je nach dem Estergehalte sich richtenden, überschüssigen Menge $^1/_{10}$-Normalalkali versetzt und 10 Minuten am Rückflusskühler gekocht. Hierauf wird das überschüssige Alkali mit $^1/_{10}$-Normalschwefelsäure zurücktitrirt (Phenolphtaleïn als Indikator). Die zur Verseifung der Ester in 100 ccm Branntwein erforderliche Menge $^1/_{10}$-Normalalkali wird als Esterzahl bezeichnet. Man kann die Ester auch als Essigester berechnen.

11. Nachweis und Bestimmung künstlicher Süssstoffe in Likören.

Siehe im Kapitel „Künstliche Süssstoffe".

12. Bestimmung von Glycerin in Likören.

Die Bestimmung von Glycerin in Likören erfolgt nach dem Entgeisten in derselben Weise wie in Weinen mit mehr als 2 g Zucker in 100 ccm.

13. Nachweis von Bitterstoffen und scharf schmeckenden Pflanzenstoffen.

Bitterstoffe und sonstige Pflanzenstoffe in den bitteren Branntweinen sind nach Dragendorff-Kubicki[2]) zu untersuchen.

---

[1]) Zeitschr. f. Spiritusindustrie 1887, *10*, 88.
[2]) Zeitschr. f. analyt. Chemie 1874, *13*, 67.

Sind gewöhnlichen Trinkbranntweinen scharfschmeckende Stoffe zugesetzt, z. B. Paprika-, Paradieskörner- oder Pfefferauszüge, so kann der Geschmack des Eindunstungsrückstandes zur Erkennung dienen.

14. Nachweis von Farbstoffen.

Als Farbstoffe für Branntweine kommen hauptsächlich Karamel (gebrannter Zucker) und andere braungelbe Farbstoffe in Betracht; Liköre sind indessen auch oft anders (roth, gelb, grün u. s. w.) gefärbt. Zum Nachweise des Karamels bedient man sich des Verfahrens von C. Amthor[1]) und verfährt im Uebrigen wie bei der Prüfung des Weines auf fremde Farbstoffe.

15. Bestimmung gesundheitsschädlicher Metalle (Kupfer, Zinn, Blei, Zink).

Eine gewisse Menge Branntwein wird eingedampft und der Rückstand verascht; in der Asche werden die Metalle nach den Regeln der Mineralanalyse bestimmt. Für kleine Mengen Kupfer wird das kolorimetrische Verfahren mit Ferrocyankalium empfohlen[2]).

Bei extraktreichen Branntweinen und Likören ist die organische Substanz nach dem Eindampfen in ähnlicher Weise wie beim Mehl (s. S. 14) zu zerstören.

16. Nachweis freier Mineralsäuren.

Der Nachweis freier Mineralsäuren erfolgt in derselben Weise wie im Essig (s. S. 80).

17. Nachweis von Denaturirungsmitteln (Pyridinbasen und Methylalkohol) in Trinkbranntweinen.

a) Nachweis von Pyridinbasen. Eine grössere Menge (mindestens $1/2$ l) Branntwein wird mit Schwefelsäure angesäuert, der Alkohol abdestillirt und der Rückstand stark eingeengt. Auf Zusatz von festem Alkali zu dem Rückstande tritt nach dem Erwärmen der eigenartige Geruch der Pyridinbasen auf. Zur weiteren Kennzeichnung der Pyridinbasen wird der Eindampfrückstand des Branntweines mit Schwefelsäure genau neutralisirt (Tüpfeln auf violettem Lackmuspapier), und die neutrale Flüssigkeit mit einer 5 %-igen wässerigen Lösung von Kadmiumchlorid versetzt. Bei Gegenwart von grösseren Mengen Pyridinbasen entsteht ein weisser Nieder-

---

[1]) Zeitschr. f. analyt. Chemie 1885, *24*, 30; vergl. W. Fresenius, ebendort 1890, *29*, 291.

[2]) J. Nessler und M. Barth, ebendort 1883, *22*, 37.

schlag. Nach Loock[1]) und Herzfeld[2]) können indessen auch pyridin-
freie Branntweine mit Kadmiumchlorid weisse Niederschläge geben.

b) **Nachweis des Methylalkohols nach A. Riche und
Ch. Bardy[3]) sowie K. Windisch[4]).** Das Verfahren beruht auf der Thatsache, dass Dimethylanilin bei der Oxydation einen violetten Farbstoff,
Methylviolett, Diäthylanilin aber keinen ähnlichen Farbstoff giebt. 10 ccm
Branntwein bezw. bei gefärbten und extrakthaltigen Branntweinen 10 ccm
Destillat werden mit 15 g Jod und 2 g rothem Phosphor versetzt und die
alsbald unter heftiger Reaktion sich bildenden Alkyljodide aus dem Wasserbade abdestillirt; als Vorlage dient ein kleiner Scheidetrichter mit 30 bis
40 ccm Wasser. Die von dem Wasser getrennten Jodide werden in ein
Kölbchen mit nicht zu weitem Halse gebracht, das man vorher mit 6 ccm
frisch destillirtem Anilin beschickt hat. Beim Erwärmen des Gemisches
im Wasserbade auf 50—60° erstarrt das Ganze unter Bildung von jod-
wasserstoffsaurem Dialkylanilin. Man fügt kochendes Wasser hinzu, kocht
bis zum Klarwerden der Lösung, scheidet durch Zusatz von Kalilauge die
freie Base ab, bringt diese durch Wasserzusatz in den Hals des Kölbchens
und lässt die gelbe ölige Flüssigkeit sich klären. Zur Oxydation der Base
dient eine Mischung von 2 g Chlornatrium, 3 g Kupfernitrat und 100 g
Sand. Man verreibt diese Stoffe gleichmässig, trocknet das Gemisch bei
50° und zerdrückt von Neuem die zusammengebackenen Klümpchen. Man
bringt 10 g des Oxydationsgemisches in ein 2 cm weites Probirröhrchen,
lässt 1 ccm der vorher gewonnenen öligen Base darauftropfen, mischt das
Ganze mit einem Glasstabe gut durch und erhitzt 10 Stunden lang im
Wasserbade auf 90°. Dann zerreibt man den eine schwarze, zusammen-
gebackene Masse bildenden Rohrinhalt in einer Porzellanschale, kocht ihn mit
100 ccm absolutem Alkohol auf, filtrirt durch ein Faltenfilter und löst 1 ccm
des Filtrates in 500 ccm Wasser auf. Bei Gegenwart von Methylalkohol
ist diese Lösung mehr oder weniger stark deutlich violett gefärbt; reiner
Aethylalkohol giebt nur eine ganz schwach röthlichgelb gefärbte Lösung.
Es ist zweckmässig, mit reinem Aethylalkohol, gegebenen Falls auch mit
selbst bereiteten Mischungen von Methyl- und Aethylalkohol, Gegenversuche
anzustellen.

18. Nachweis und Bestimmung von Blausäure.

a) **Nachweis der freien Blausäure.** 5 ccm Branntwein werden
in einem Probirröhrchen mit einigen Tropfen einer frisch bereiteten Guajak-
tinktur und 2 Tropfen stark verdünnter Kupfersulfatlösung versetzt und die

---

[1]) Zeitschr. f. öffentl. Chemie 1898, *4*, 316.
[2]) Ebendort 1898, *4*, 389.
[3]) Compt. rend. 1875, *80*, 1076; Monit. scientif. (3). 1875, *5*, 627.
[4]) Arbeiten a. d. Kais. Gesundheitsamte 1893, *8*, 286.

Mischung umgestülpt. Bei Gegenwart von freier Blausäure färbt sich die Flüssigkeit blau.

b) Nachweis der gebundenen Blausäure. 5 ccm Branntwein werden mit Alkalilauge alkalisch gemacht. Nach 3—5 Minuten wird die Flüssigkeit mit Essigsäure ganz schwach sauer gemacht und zum Nachweis der nunmehr in freiem Zustande vorhandenen Blausäure verfahren wie unter a). Enthält ein Branntwein gleichzeitig freie und gebundene Blausäure, so führt man die Guajak-Kupferprobe mit und ohne vorhergehende Behandlung der gleichen Menge Branntwein mit Alkali aus und vergleicht die Stärke der Blaufärbung. Um die Unterschiede der letzteren besser zu Tage treten zu lassen, muss man mitunter den Branntwein mit Wasser verdünnen.

c) Bestimmung der freien Blausäure. 200—500 ccm Branntwein werden mit einer überschüssigen Menge einer schwachen titrirten Silbernitratlösung (z. B. $^1/_{50}$ - normal) versetzt, die Mischung zu einem bestimmten Volumen aufgefüllt und filtrirt. In einem abgemessenen Theile des Filtrates wird das überschüssige Silber mit einer schwachen titrirten Rhodanammoniumlösung unter Verwendung von Eisenalaun als Indikator zurücktitrirt.

d) Bestimmung der gesammten Blausäure. 200—500 ccm Branntwein werden mit Ammoniak stark alkalisch gemacht, sogleich mit einer überschüssigen Menge einer schwachen titrirten Silbernitratlösung versetzt und sofort mit verdünnter Salpetersäure schwach angesäuert. Man füllt die Mischung auf ein bestimmtes Volumen auf und verfährt weiter nach c).

e) Bestimmung der an Aldehyde gebundenen Blausäure. Der Unterschied der gesammten und der freien Blausäure ergiebt die Menge der an Aldehyde (Benzaldehyd) gebundenen Blausäure.

D. Regeln für die Beurtheilung der Untersuchungs-Ergebnisse.

Bei den gewöhnlichen Trinkbranntweinen ist ein zu hoher Fuselölgehalt zu beanstanden, ebenso grössere Mengen von Aldehyd.

Branntweine, die zur Vortäuschung eines höheren Alkoholgehaltes mit Mineralsäuren (Schwefelsäure) oder scharf schmeckenden Pflanzenstoffen (Auszügen von Pfeffer, Paprika, Paradieskörnern u. s. w.) versetzt sind, sind zu beanstanden.

Für rektificirten Spiritus sind auf Grund des chemischen Verhaltens gewisse Unterscheidungen möglich[1]). In Betreff der Beurtheilung der künstlichen Färbung der Liköre und Branntweine, sowie des Zusatzes von

---

[1]) Vergl. die Normen der Schweizer Alkoholverwaltung. Zeitschr. f. analyt. Chemie 1892, *31*, 99; Zeitschr. f. Spiritusind. 1893, *16*, 310 und 325.

Zucker zum Kognak vergleiche man die Verhandlungen[1]) der freien Vereinigung bayerischer Vertreter der angewandten Chemie auf der 12. Versammlung zu Lindau 1893. Anhaltspunkte für die Zusammensetzung und Beurtheilung der Edelbranntweine finden sich in den Abhandlungen von K. Windisch[2]), sowie von C. Amthor und J. Zink[3]).

Im Uebrigen gilt bezüglich der Beurtheilung der Branntweine der Satz, dass durch die Prüfung des Geruches und Geschmackes von Seiten wirklich sachverständiger Fachleute in den meisten Fällen eine sicherere Beurtheilung möglich ist, als sie mit Hilfe der chemischen Analyse gewonnen werden kann[4]), wenn auch in besonderen Fällen der Werth der chemischen Untersuchung für die Begutachtung von Branntweinen nicht unterschätzt werden darf.

Litteratur.

J. Nessler und M. Barth, Untersuchung von Branntweinen. Zeitschr. f. analyt. Chemie 1883. *22*. 33.

B. Röse, Nachweis und Bestimmung von Fuselöl. Bericht über die 4. Versammlung d. freien Vereinigung bayer. Vertreter der angew. Chemie in Nürnberg 1885. 27.

A. Stutzer und O. Reitmair, Zur Fuselölbestimmung im Trinkbranntwein. Centralbl. f. allg. Gesundheitspflege. Ergänzungshefte 1886. *2*. 191; Repertorium d. analyt. Chemie 1886. *6*. 335 und 385.

E. Sell, Ueber Branntwein. Arbeiten a. d. Kaiserl. Gesundheitsamte 1888. *4*. 109.

X. Rocques, Untersuchung von Branntweinen. Bull. soc. chim. [2]. 1888. *50*. 157.

H. Richter, Analyse des Rums. Zeitschr. f. landwirthschaftl. Gewerbe 1889. *9*. 11.

Beschlüsse des Vereins schweizerischer analytischer Chemiker betr. die Untersuchung von Branntweinen und Likören. Schweiz. Wochenschr. f. Pharm. 1889. *27*. 177.

Karl Windisch, Ueber Methoden zum Nachweis und zur Bestimmung des Fuselöls in Trinkbranntweinen. Arbeiten a. d. Kaiserl. Gesundheitsamte 1889. *5*. 373.

W. Fresenius, Beiträge zur Untersuchung und Beurtheilung der Spirituosen. Zeitschr. f. analyt. Chemie 1890. *29*. 283.

A. Stutzer und O. Reitmair, Die Bestimmung von Fuselöl im Spiritus. Zeitschr. f. angew. Chemie 1890. 522.

E. Sell, Arak, Rum, Kognak. Arbeiten a. d. Kaiserl. Gesundheitsamte 1890. *6*. 335; 1891. *7*. 210.

---

[1]) Bericht über die 12. Versammlung der freien Vereinigung bayer. Vertreter d. angew. Chemie zu Lindau 1893, S. 32.

[2]) Arbeiten a. d. Kaiserl. Gesundheitsamte 1893, *8*, 257; 1895, *11*, 285; 1898, *14*, 309.

[3]) Forschungsber. über Lebensmittel 1897, *4*, 362.

[4]) J. Nessler und M. Barth, Zeitschr. f. analyt. Chemie 1885, *24*, 3.
W. Fresenius, ebendort 1890, *29*, 305.
E. Sell, Arbeiten a. d. Kaiserl. Gesundheitsamte 1890, *6*, 373; 1891, 7, 240 und 252.
K. Windisch, ebendort 1895, *11*, 285; 1898, *14*, 309.

E. Polenske, Ueber einige zur Verstärkung spirituöser Getränke bezw. zur Herstellung künstlichen Branntweins und Kognaks im Handel befindliche Essenzen. Arbeiten a. d. Kaiserl. Gesundheitsamte 1890. *6.* 294; 1895. *11.* 503 u. 507; 1897. *13.* 301; 1898. *14.* 684.

O. Schweissinger, Untersuchung von Branntwein auf denaturirten Spiritus. Pharm. Centralh. 1890. *31.* 141.

J. Szilágyi, Untersuchungen der im Handel vorkommenden Spiritusgattungen. Chem. Ztg. 1890. *14.* 66.

Behrend, Untersuchungen über den Fuselgehalt und die sonstige Beschaffenheit von Branntweinen des Kleinhandels. Zeitschr. f. Spiritusindustrie 1890. *13.* 273.

L. Medicus und W. Fresenius, Die künstliche Färbung der Liköre und der Zusatz von Zucker zu Spirituosen (Kognak). Bericht über die 12. Versammlung der fr. Vereinigung bayer. Vertreter d. angew. Chemie in Lindau 1893. München 1894. 32.

M. Mansfeld, Ueber Kognak. Zeitschr. d. allgem. österr. Apoth.-Vereins 1891. *29.* 21 u. 41.

Karl Windisch, Ueber die Zusammensetzung der Trinkbranntweine. Arbeiten a. d. Kaiserl. Gesundheitsamte 1893. *8.* 140.

Karl Windisch, Ueber ein allgemeines Verfahren zur Untersuchung der Trinkbranntweine im Kleinen und die nach demselben gewonnenen Ergebnisse bezüglich der Zusammensetzung von Kognak, Rum und Arak. Arbeiten a. d. Kaiserl. Gesundheitsamte 1893. *8.* 257.

M. Glasenapp, Bestimmung des Fuselöls im Spiritus nach dem Röse'schen Verfahren. Zeitschr. f. Spiritusindustrie 1894. *17.* 169; Zeitschr. f. angew. Chemie 1895. 657.

Die Spirituosen im Codex alimentarius austriacus. Zeitschr. f. Nahrungsm.-Untersuchung, Hyg. u. Waarenkunde 1894. *8.* 107; 1895. *9.* 362.

X. Rocques, Zusammensetzung und Analyse der Branntweine. Compt. rend. 1895. *120.* 372; Ann. chim. anal. appl. 1897. 2. 141.

L. Medicus, Bestimmung von Aldehyd im Weingeist. Forschungsber. über Lebensmittel 1895. 2. 299.

Karl Windisch, Ueber die Zusammensetzung des Kirschbranntweines. Arbeiten a. d. Kaiserl. Gesundheitsamte 1895. *11.* 285.

A. Stutzer und R. Maul, Bestimmung des Fuselöls im Feinsprit. Zeitschr. f. analyt. Chemie 1896. *35.* 159.

E. Rieter, Bestimmung des Aldehyds in alkoholischen Flüssigkeiten. Schweiz. Wochenschr. f. Chemie u. Pharmacie 1896. *34.* 237.

X. Rocques und L. Lusson, Veränderungen der Branntweine beim Altwerden. Ann. chim. anal. appl. 1896. *1.* 385; Monit. scientif. [4]. 1896. *10.* 785; Journ. pharm. chim. [6]. 1897. *5.* 55.

C. Amthor und J. Zink, Zur Kenntniss der Edelbranntweine. Forschungsberichte über Lebensmittel 1897. *4.* 362.

Karl Windisch, Ueber die Zusammensetzung des Zwetschenbranntweines. Arbeiten a. d. Kaiserlichen Gesundheitsamte 1898. *14.* 309.

M. Mansfeld, Die Beurtheilung von Kognak. Oesterr. Chem.-Ztg. 1898. *1.* 166.

W. Lenz, Die Beurtheilung von Kognak auf Grund der chemischen Analyse. Zeitschr. f. öffentl. Chemie 1899. *5.* 258.

Künstliche Süssstoffe.

Verfasser: **K. v. Buchka.**

Vorbemerkungen.

Künstliche Süssstoffe im Sinne des Gesetzes vom 6. Juli 1898 (siehe Reichsgesetzblatt 1898, S. 919 und Veröffentlichungen aus dem K. Gesundheitsamte 1898, S. 583) sind alle auf künstlichem Wege gewonnenen Stoffe, welche als Süssmittel dienen können und eine höhere Süsskraft als raffinirter Rohr- oder Rübenzucker, aber nicht entsprechenden Nährwerth besitzen.

Von solchen künstlichen Süssstoffen haben bisher zur Versüssung von Nahrungs- und Genussmitteln Verwendung gefunden: das Saccharin, das Dulcin und das Glucin.

a) Saccharin.

Dieser Süssstoff kommt theils als mehr oder weniger chemisch reines, schwer lösliches Saccharin oder Benzoësäuresulfimid, $C_6 H_4 < {}^{CO}_{SO_2} > NH$, theils in Form eines leicht löslichen Natriumsalzes des Saccharins, auch im Gemisch mit doppeltkohlensaurem Natrium (in Pastillenform) unter verschiedenen Benennungen im Handel vor. Solche Benennungen sind z. B.:

Krystallose, Monnet's Süssstoff, Saccharin, leicht lösliches Saccharin, Sykorin, Sykose, Zuckerin u. s. w. Je nach dem Grade der Reinheit werden diese einzelnen Marken als rein, absolut rein, raffinirt u. s. w., und je nach ihrer von der chemischen Zusammensetzung abhängigen verschiedenen Löslichkeit in Wasser als schwer löslich oder leicht löslich bezeichnet.

Reines Saccharin ist ein weisses krystallinisches Pulver, in Wasser schwer löslich.

Saccharin schmilzt bei 224° und kann unter vermindertem Druck nahezu unzersetzt sublimirt werden. Es ist etwa 500 mal süsser als Rohrzucker.

Das Natriumsalz des Saccharins stellt ebenfalls ein weisses Pulver dar und wird entweder als solches oder in Form von Tabletten in den Handel gebracht. Das Natriumsalz des Saccharins ist in Wasser leicht löslich.

Es schmilzt nicht unzersetzt und ist auch nicht sublimirbar. Durch Säuren wird aus dem Salze wieder Saccharin ausgeschieden. Das Natrium-

salz des Saccharins ist je nach dem Grade der Reinheit etwa 300 bis
550 mal süsser als Rohrzucker.

Die hohe Süsskraft aller Saccharinzubereitungen bedingt es, dass den
damit zu süssenden Nahrungs- und Genussmitteln nur kleine Mengen des
Süssstoffes zugesetzt zu werden brauchen; dadurch wird sein Nachweis
nicht unwesentlich erschwert.

Gesichtspunkte für die chemische Untersuchung der mit Saccharin gesüssten Nahrungs- und Genussmittel.

Um die Anwesenheit des Saccharins in einem Nahrungs- oder Genussmittel festzustellen, muss dieser Süssstoff zunächst durch Ausschütteln
oder Ausziehen des Untersuchungsgegenstandes mit einem geeigneten
Lösungsmittel (Aether, Alkohol, Benzin) in Lösung gebracht werden. Da
aber die Löslichkeitsverhältnisse des Saccharins und seines Natriumsalzes
verschieden sind, und letzteres insonderheit in den für den bezeichneten
Zweck besonders geeigneten Lösungsmitteln (s. o.) nicht oder nur wenig
löslich ist, so ist es zweckmässig, in allen Fällen vor dem Ausschütteln
oder Ausziehen mit Aether u. s. w. das zu untersuchende Nahrungs- oder
Genussmittel am besten mit Phosphorsäure anzusäuern, sofern nicht schon
von vornherein saure Reaktion vorhanden ist.

Das nach dem Verdunsten des Lösungsmittels zurückbleibende Saccharin
kann dann an seinem stark süssen Geschmack erkannt werden. Diese
Erkennung wird erschwert, wenn durch das Ausziehen mit Aether u. s. w.
neben dem Saccharin auch andere stark schmeckende Stoffe, wie z. B.
Bitterstoffe beim Bier, mit in Lösung gehen. In diesem Fall müssen entweder diese Stoffe in geeigneter Weise, z. B. durch Behandeln mit Kupfersulfat[1]) beseitigt oder das Saccharin durch Sublimation im luftverdünnten
Raum von ihnen getrennt werden[2]). Nicht immer wird man so viel Saccharin
aus dem Untersuchungsgegenstande gewinnen, dass eine Bestimmung des
Schmelzpunktes ausgeführt werden kann. Uebrigens kann man auch das
Saccharin zur weiteren Feststellung entweder durch Schmelzen mit Aetz-
natron in Salicylsäure überführen und diese durch die Reaktion mit Eisenchlorid erkennen oder durch Schmelzen mit Soda und Salpeter den Schwefel
des Saccharins zu Schwefelsäure oxydiren und diese nachweisen.

Nachweis in Wein und weinähnlichen Getränken.

Die Bestimmung des Saccharins in Wein und weinähnlichen Getränken geschieht nach Ziffer 17 der von dem Bundesrath erlassenen Anweisung zur chemischen Untersuchung des Weines vom 25. Juni 1896
(Centralbl. f. d. Deutsche Reich 1896, S. 197).

---

[1]) E. Späth, Zeitschr. f. angew. Chemie 1893, S. 579.
[2]) A. Herzfeld und F. Wolff, Zeitschr. d. Vereins für Rübenzuckerindustrie
1898, S. 558.

b) Dulcin.

Das Dulcin oder Paraphenetolkarbamid, $C_2H_5O . C_6H_4 . NH . CO . NH_2$, hat bisher eine geringere Verbreitung als das Saccharin gefunden. Das Dulcin stellt ein weisses Pulver dar, welches in kaltem Wasser schwer, in heissem Wasser leichter löslich ist; von Aether und Chloroform wird es gleichfalls gelöst. In Petroläther ist es fast unlöslich, löslich aber in einem Gemisch von Aether und Petroläther. Dulcin schmilzt bei 173° und zersetzt sich zum grossen Theil bei stärkerem Erhitzen; es ist also nicht ganz unzersetzt sublimirbar. Dulcin ist etwa 400 mal süsser als Rohrzucker. Zur Erkennung des Dulcins können neben dem süssen Geschmack die folgenden Reaktionen dienen:

a) Wird Dulcin mit wenig Wasser in einem Reagensglas suspendirt, dazu eine salpetersäurefreie Lösung von Merkurinitrat (5—8 Tropfen) gegeben, und dann 8—10 Minuten im siedenden Wasserbade erhitzt, so tritt eine schwach violette Färbung auf, die auf Zusatz geringer Mengen von Bleisuperoxyd an Stärke zunimmt[1]).

b) Wird Dulcin mit 3—4 Tropfen Phenol und koncentrirter Schwefelsäure kurze Zeit erhitzt, sodann mit Wasser verdünnt und Ammoniakflüssigkeit hinzugefügt, so zeigt sich an der Berührungsstelle der beiden sich nicht sofort mischenden Flüssigkeiten eine blaue Zone[2]).

c) Wird Dulcin mit wässriger Natronlauge gemischt der Destillation unterworfen, so geht mit den Wasserdämpfen Phenetidin über, das durch Erhitzen mit Eisessig in Acetphenetidid oder Phenacetin übergeführt und als solches erkannt werden kann.

Um das Dulcin aus den damit gesüssten Nahrungs- und Genussmitteln zu gewinnen, kann man diese mit Chloroform ausziehen oder ausschütteln und das Dulcin nach dem Verdunsten des Lösungsmittels durch eine der oben bezeichneten Reaktionen nachweisen.

c) Glucin.

Glucin, ein bisher nur wenig benutzter Süssstoff, ist das Natriumsalz eines Gemisches einer Mono- und Disulfosäure einer Verbindung, welche die Zusammensetzung $C_{19}H_{16}N_4$ haben soll.

Das Glucin des Handels ist ein hellbräunliches Pulver, in heissem Wasser leicht löslich. Aus der wässerigen Lösung scheiden andere Säuren ein Gemisch der Sulfosäuren ab. In Aether und Chloroform ist Glucin unlöslich. Ueber 250° zersetzt es sich, ohne zu schmelzen, auch im Vakuum erhitzt, zersetzt es sich. Glucin soll 300 mal so süss als Rohrzucker sein. Wird Glucin in verdünnter Salzsäure gelöst, zu dieser Lösung unter Abkühlen eine Natriumnitritlösung gesetzt, und die so gewonnene Lösung

---

[1]) Jorissen, Journ. de pharm. de Liège, 3. Art 2.

[2]) Berlinerblau und Thoms, Pharm. Centralhalle 1893, S. 280 u. 550.

mit einer alkalischen Lösung von α-Naphtol versetzt, so entsteht eine rothe Färbung, mit Resorcin oder mit Salicylsäure, gleichfalls in alkalischer Lösung, eine hellgelbe Färbung.

Anhaltpunkte für die Beurtheilung der mit künstlichen Süssstoffen gesüssten Nahrungs- und Genussmittel.

Durch das Gesetz vom 6. Juli 1898 ist es verboten, künstliche Süssstoffe bei der gewerbsmässigen Herstellung von Bier, Wein oder weinähnlichen Getränken, von Fruchtsäften, Konserven und Likören, sowie von Zucker- oder Stärkesirupen zu verwenden, und Nahrungs- und Genussmittel der vorgedachten Art, welchen künstliche Süssstoffe zugesetzt sind, zu verkaufen oder feilzuhalten. Andere unter Verwendung künstlicher Süssstoffe hergestellte Nahrungs- und Genussmittel dürfen nur unter einer diese Verwendung erkennbar machenden Bezeichnung verkauft oder feilgehalten werden.

Litteratur.

a) Saccharin.
1. Chemische Untersuchungen.

H. Eckenroth, Zur Charakteristik des Saccharins. Pharm. Ztg. 1887. *32*. 599.

E. D. Gravill, Notes on saccharin. The pharm. journ. and transact. 1887/8. [3]. *18*. 337.

E. Maumené, Sur la saccharine azoto-sulfurée de Fahlberg. Bull. de la soc. chim. de Paris 1887. *47*. 92.

C. Schmitt, Ueber den Nachweis der o-Sulfaminbenzoësäure, genannt „Fahlberg'sches Saccharin". Repert. für anal. Ch. 1887. 7. 437.

D. A. Sutherland, Ueber Saccharin. Journ. of the soc. of chem. industry 1887. *6*. 808.

G. Vulpius, Ueber Saccharinsekt. Apoth.-Ztg. 1887. 2. 418.

A. H. Allen, The detection of saccharine in beer. The Analyst 1888. *13*. 105.

E. Börnstein, Erwiderung, betreffend die Fluoresceïnreaktion zur Erkennung des Benzoësäure-Sulfimids. Ber. d. deutsch. chem. Gesellsch. 1888. *21*. 3396.

— Zur Erkennung des Benzoësäure-Sulfimids (Fahlberg's „Saccharin") in Nahrungsmitteln. Zeitschr. f. anal. Chem. 1888. *27*. 165.

D. A. v. B., La saccharine à l'académie en Belgique. Revue internat. scientif. et populaire des falsific. des denrées alimentaires 1888/89. *2*. 162.

A. Fz. Caro, La saccharine devant l'Académie Royale de médecine de Madrid. Revue intern. scientif. et populaire des falsific. des denrées alimentaires 1888/9. *2*. 141.

Samuel C. Hooker, Ueber die Auffindung von Benzoësäuresulfimid (Saccharin). Ber. d. deutsch. chem. Ges. 1888. *21*. 3395.

David Lindo, Tests for so-called saccharine, antipyrine and antifebrine and Note on a test for saccharine. Chem. News 1888. *58*. 51 u. 155 u. Vierteljahresschr. f. d. Ch. d. Nahrungsm. 1888. 264.

C. Rüger, Ueber das Fahlberg'sche Saccharin. Gesundheit 1888. *13*. 241.

G. Vulpius, Einiges über Saccharin. Apoth.-Ztg. 1888. *3*. 112.

Administration supérieure des douanes (Frankreich). Recherche de la saccharine. Journ. de pharmac. et de chimie 1889. [5]. *20*. 164.

B. Haas, Ueber die Fluoresceïnreaktion des Benzoësäuresulfimids. Zeitschr. f. Nahrungsm., Hygiene u. Waarenkunde 1889. *3*. 53.

R. Kayser, Th. Weigle und A. Hilger, Saccharin und Nachweis von Saccharin. Ber. üb. die neunte Vers. der freien Verein. bayer. Vertreter der angew. Chem. in Erlangen am 16. und 17. Mai 1890. 10.

Reischauer, Recherche do la saccharine dans les aliments. Rev. internat. scientif. et populaire des falsific. des denrées alimentaires 1890. *3*. 118.

D. Vitali, Nachweis des Saccharins. Chem. Centralbl. 1891. II. 91 u. l'Orosi, *14*, 109 u. Zeitschr. f. analyt. chem. 1892. *31*. 89.

Sucrol, ein neuer Süssstoff. Pharmac. Post 1893. *26*. 166.

F. Gantter, Ueber die Brauchbarkeit der Fluoresceïnreaktion zum Nachweis von Saccharin in Bier. Zeitschr. f. anal. Chemie 1893. *32*. 309.

Hairs, Nachweis von Saccharin in Gegenwart von Salicylsäure. Journ. de pharm. d'Anvers 1893 und Chem. Centralbl. 1893. II. 987.

Lindemann et Motten, Sur une nouvelle méthode de recherche des alcaloides, de la saccharine et de l'acide salicylique. Bull. de la soc. chim. de Paris 1893. [3]. *9*. 441.

E. Späth, Ueber den Nachweis des Saccharins im Bier. Zeitschr. f. angew. Chemie 1893. 579.

E. Crato, Ueber Gehaltsbestimmung einiger Saccharine des Handels. Pharmac. Centralh. f. Deutschland 1894. *35*. 725.

G. und R. Fritz, Identitätsreaktionen und Beschreibung einiger neuer Präparate. Pharmac. Post 1895. *28*. 433 u. 457.

R. Hefelmann, Ueber die Saccharine des Handels und ihre Werthbestimmung. Pharmac. Centralh. f. Deutschland 1894. *35*. 105.

— Zur Untersuchung der Saccharine des Handels. Pharmac. Centralh. f. Deutschland 1895. *36*. 219.

Wll. J. Pape, Orthobenzoicsulfimide. Journ. of the chem. soc. 1895. *67*. *68*. 985.

R. Seifert, Zur Werthbeurtheilung der Saccharinsorten. Pharmac. Centralh. f. Deutschland 1895. *36*. 321.

H. Eckenroth, Untersuchungen über die Handelssaccharine. Pharmac. Ztg. 1896. *41*. 141.

R. Hefelmann, Ueber die Löslichkeit von o-Anhydrosulfaminbenzoësäure (Saccharin) und p-Sulfaminbenzoësäure in Aether. Pharmac. Centralh. f. Deutschl. 1896. *37*. 279.

H. Langbein, Untersuchung der Handels-Saccharine mit Hilfe der kalorimetrischen Bombe. Zeitschr. f. angew. Chemie 1896. 486.

J. Wauters, Nachweis des Saccharins im Bier. Moniteur scientifique [4]. 1896. *10*. 146 und Vierteljahresschr. f. Chemie der Nahrungs- u. Genussm. 1896. *11*. 55.

G. Mopurgo, Zur Erkennung des Saccharins in den Weinen. Vierteljahresschr. f. Chemie der Nahrungs- und Genussm. 1897. *12*. 95.

W. A. H. Taylor, Commercial saccharine. The pharmac. journ. and transact. 1887/88. [3]. *18*. 377.

Georg Cohn, Ueber künstliche Süssstoffe. Apoth.-Ztg. 1898. *13*. 796 u. 804.

A. Gawalowski, Nachweis von Saccharin in Rüben- und Rohrzucker. Oesterreichische Chem. Ztg. 1898. *1*. 386.

A. Herzfeld und F. Wolff, Ueber die Bestimmung der künstlichen Süssstoffe
in Nahrungsmitteln. Zeitschr. d. Vereins f. Rübenzuckerindustrie 1898. 558
und Zeitschr. f. Unters. d. Nahrungs- und Genussm. 1898. *1.* 839.

B. Alexander Katz, Zur Verwendung des Saccharins bei Herstellung von
Lebensmitteln, insbesondere von Malzbieren. Zeitschr. f. öffentl. Chemie
1898. *4.* 481.

A. Hasterlik, Der Nachweis von Saccharin in Nahrungsmitteln. Chem.-Ztg.
1899. *23.* 267.

R. Rössing, Ueber den Nachweis von Saccharin im Bier. Zeitschr. f. öffentl.
Chemie 1899. *5.* 207.

2. Physiologische Untersuchungen.

V. Aducco et U. Mosso, Expériences physiologiques sur l'action de la sulfimide
benzoïque ou saccharine de Fahlberg. Archives italiennes de biologie 1886.
VII. 158.

E. Salkowski, Ueber das Verhalten des Saccharins im Organismus. Virchow's
Arch. f. pathol. Anatomie 1886. *105.* 46.

A. Stutzer, Ueber Fahlberg's Saccharin. Deutsch. amerikan. Apoth.-Ztg. 1885.
No. 14. Centralbl. f. d. medicin. Wissensch. 1886. 53.

Kohlschütter und Elsasser, Saccharin bei Diabetes mellitus. Deutsch. Arch.
f. klin. Medicin 1887. *41.* 178.

R. von Limbeck, Zur Biologie von Micrococcus ureae. Prager medicin.
Wochenschr. 1887. *12.* 189.

E. Salkowski, Notiz über die Beschaffenheit des sogenannten Saccharins und
sein Verhalten im Organismus. Virchow's Arch. f. patholog. Anatomie 1887.
110. 613.

Stadelmann, Ueber die Schädlichkeit des Saccharins. Mittheilungen aus der
medicinischen Klinik. Heidelberg 1887.

E. J. Millard, The influence of saccharine upon the action of some ferments.
The pharmac. journ. and transact. 1887/88. *18.* 471.

L. Blau, Ueber Diabetes mellitus. Schmidt's Jahrb. der in- und ausländischen
gesammten Medicin 1888. *220.* 91.

Brouardel, Gabriel Ponchet et Ogier, Saccharine, son usage dans l'ali-
mentation publique, son influence sur la santé. Rapport présenté au Comité
consultatif d'hygiène publique de France dans la séance du 13 août 1888.
Ann. d'hygiène publ. et de médecine légale 1888. [3]. *20.* II. 300.

Bruylants, Saccharine. Journ. de pharmac. et de chim. [5]. *18.* 1888. 292.

Dougall. Glasgow medical journ. 1888. 292. Citirt nach Lewin, Die Nebenwirkungen der Arzneimittel 1899. 556.

Girard. Apoth.-Ztg. 1888. *3.* 1023.

Eichhorst, Praktische Erfahrungen über die zuckerige und einfache Harnruhr.
Correspondenzbl. f. Schweizer Aerzte 1888. 393.

Hedley, An objection to the use of saccharine. British medic. journ. 1888. I. 296.

C. Paul, Sur la saccharine considerée comme antiseptique des voies digestives.
Bull. de l'Académie de Médecine 1888, No. 28. Schmidt's Jahrbücher
der in- und ausländischen ges. Medicin. 1888. *220.* 233.

— De la saccharine comme antiseptique en ophthalmologie. Bulletin de thérapie
1888. *57.* 43. Schmidt's Jahrbücher der in- und ausländischen ges.
Medicin 1889. *223.* 165.

F. W. Pavy, Saccharin, a disclaimer. Lancet 1888. *2*. 887.

Plugge, Over den infloed van Saccharine op de digestie. Nederl. Weekbl. 1888. II. 25. Schmidt's Jahrbücher der in- und ausländischen ges. Medicin 1889. *221*. 140.

Pollatschek, Die medicinische Verwendung des Saccharins. Breslauer ärztliche Zeitung 1888. 28.

Th. Stevenson and L. C. Wooldridge, Saccharin. The Lancet 1888. *2*. 958.

Woltering, Zur Frage Diabetes und Saccharinkakao. Wiener medicinische Blätter 1888. *11*. 1390.

Worms, Du sucre de houille ou saccharine. Bulletin de l'Académie de Médicine 1888. *52*. 498 Schmidt's Jahrbücher der in- und ausländischen ges. Medicin 1888. *219*. 139.

Arnoldo Cantani, Ueber Diabetes mellitus. Deutsche medicin. Wochenschr. 1889. *15*. No. 12. 13. 14.

Dujardin-Beaumetz, Des progrès accomplis dans ces dernières années dans le traitement du diabétique. Bulletin général de thérapie 1889. *58*. 241. Schmidt's Jahrbücher der in- und ausländischen ges. Medicin 1894. *241*. 206.

E. Gans, Untersuchungen über den Einfluss des Saccharins auf die Magen- und Darmverdauung. Berliner klin. Wochenschr. 1889. *26*. 281.

C. Paul, Nouvelles recherches sur l'action de la saccharine. Bulletin de l'Académie de Médicine 1889. No. 30. Schmidt's Jahrbücher der in- und ausländischen ges. Medicin 1889. *223*. 267.

L. Roesler, Ueber Saccharin. Gutachten der K. K. chemisch-physiologischen Versuchsstation für Obst- und Weinbau zu Klosterneuburg bei Wien. Zeitschr. für Nahrungsmitteluntersuchung, Hygiene und Waarenkunde 1889. *3*. 222.

A. H. Smith, Saccharin as a means of acidifying the urine. The medical record 1889. 541 u. 553.

Worms, La diabèthe à évolution lente, pronostic et traitement. Bulletin de l'Académie de Medicine 1889. *53*. 697. Schmidt's Jahrbücher der in- und ausländischen ges. Medicin 1894. *241*. 206.

Gutachten des K. K. österreichischen obersten Sanitäts-Rathes über den Einfluss des Genusses von Saccharin auf die Gesundheit. Das österreichische Sanitätswesen 1890 No. 9—11.

B. Hofmeister, Diabetes mellitus. Wiener Klinik 1890. 117.

J. Jessen, Zur Wirkung des Saccharins. Archiv f. Hygiene 1890. *10*. 64.

K. B. Lehmann, Zur Saccharinfrage. Archiv für Hygiene 1890. *10*. 81.

L. Nékém, Ueber den Einfluss des Saccharins auf die Fleischverdauung. Chem.-Ztg. 1890. *14*. 407.

W. Taschkes, Beiträge zur Kenntniss von der Wirksamkeit des Saccharins. Wiener medicinische Wochenschrift 1890. *40*. 345 u. 388.

Petschek und Zerner, Ueber die physiologische Wirkung des Saccharins. Therapeutische Monatshefte 1890. *4*. 47.

E. Salkowski, Ueber die Zusammensetzung und Anwendbarkeit des käuflichen Saccharins. Virchow's Archiv für pathologische Anatomie 1890. *120*. 325.

S. Savitzki, Influence de la saccharine sur l'assimilation et l'échange azotique chez l'homme. Journal de pharmacie et de chimie 1890 [5]. *21*. 327.

A. Stutzer, Beeinträchtigt Fahlberg's Saccharin die Verdaulichkeit der Eiweissstoffe durch den Magensaft? Landwirthschaftl. Versuchsstat. 1890. *38*. 63.

J. Huygens, Die Unschädlichkeit von Saccharin als Surrogat von Zucker bei der Zubereitung von Nahrungsmitteln. Hygienische Rundschau 1891. *1.* 234.

C. Kornauth, Studien über das Saccharin. Die landwirthschaftl. Versuchsstat. 1891. *38.* 241.

Fr. Kuhn, Ueber Hefegährung und Bildung brennbarer Gase im menschlichen Magen. Zeitschr. f. klinische Medicin 1892. *21.* 572.

Dujardin-Beaumetz, Progrès de l'hygiène alimentaire chez les diabétiques. Bulletin général de thérapie 1889. *58.* 3. 259. Schmidt's Jahrbücher der in- und ausländischen ges. Medicin 1894. *241.* 206.

A. Heffter, Ueber Diabetes mellitus. Schmidt's Jahrbücher der in- und ausländischen ges. Medicin 1894. *241.* 193.

Burkard und Seifert, Ueber die konservirende Wirkung der Saccharinsorten. Pharmac. Centralh. f. Deutschland 1895. 365.

E. Riegler, Ueber das Verhalten des Saccharins zu den verschiedenen Enzymen. Archiv für experimentelle Pathologie und Pharmakologie 1895. *35.* 306.

Schmiedberg, Grundriss der Arzneimittellehre 1895. *193.* 187.

R. G. Hogarth, Case in which acute pain in the region of the stomach and pancreas was apparently produced by the continuous use of saccharin. British med. journ. 1897. *1.* 715.

Bernstein, Experimentelle Untersuchungen über die Wirkungen des Saccharins. Klinisch-Therapeut. Wochenschr. 1898. 581.

A. Keller, Die Verwendung des Saccharins bei der Säuglingsernährung. Centralbl. f. innere Medicin 1898. 797.

Gutachten der K. wissenschaftlichen Deputation für das Medicinalwesen, betreffend Saccharin. Vierteljahrsschr. f. gerichtl. Medicin und öffentl. Sanitätswesen 1899. Suppl. 1. 233.

L. Lewin, Die Nebenwirkungen der Arzneimittel 1899. 555.

b) *Dulcin.*

1. Chemische Untersuchungen.

G. Mopurgo, Zum Nachweise des Dulcins in Getränken. Chem.-Ztg. 1893. *17.* Repert. 135.

H. Thoms, Ueber Dulcin (p-Phenetolkarbamid). Ber. d. deutsch. pharmac. Gesellsch. 1893. *3.* 133.

— Ueber Dulcin. Ebenda 1893. *3.* 205.

Neumann-Wender, Die neuen Süssstoffe Dulcin und Sucrol. Zeitschr. f. Nahrungsm.-Unters., Hygiene und Waarenkunde 1893. 7. 237.

J. Berlinerblau und H. Thoms, Correspondenz. Chem.-Ztg. 1893. 1459. 1487 u. 1794.

Neumann-Wender, Eine empfindliche Reaktion auf Paraphenetolkarbamid. Pharmac. Post 1893. *26.* 269.

L. Wonghöffer, Ueber Dulcin. Apoth. Ztg. 1894. *9.* 200.

C. Beckert, Die Löslichkeit des Dulcins in fetten Oelen. Apoth.-Ztg. 1894. *9.* 951.

Dennhardt, Versuche zum Nachweise des Dulcins. Ber. d. deutschen pharmac. Ges. 1896. *6.* 287.

A. Jorissen, Neue Methode zum Nachweise von Dulcin in Getränken. Journ. de pharm. de Liège. Chem. Centralbl. 1896. *1.* 1084.

J. Sterling, Ueber das Dulcin. Münchener medicin. Wochenschr. 1896. *43.* 1227.

R. Ruggero, Ueber das Dulcin oder p-Phenetolkarbamid und über die Methode seiner Auffindung. Vierteljahresschr. f. Chem. d. Nahrungs- und Genussm. 1897. *12.* 545.

2. Physiologische Untersuchungen.

A. Kossel und Ewald, Dulcin. Arch. d. Anatomie u. Physiologie. Physiologische Abtheilung 1893. 389.

J. Stahl, Ueber Dulcin. Ber. d. deutsch. pharmac. Ges. 1893. *3.* 141.

G. Aldehoff, Zur Kenntniss des Dulcins. Therap. Monatshefte 1894, 71.

R. Kobert, Ueber Dulcin. Centralbl. f. klin. Medicin 1894. *15.* 353.

— Ueber Dulcin im Vergleich zum Saccharin. Pharmac. Zeitschr. f. Russland 1895. *34.* 405.

Treupel, Kurze Bemerkung zu dem Aufsatze „Ueber das Dulcin“. Münchener medicin. Wochenschr. 1897. *44.* 12.

c) *Glucin.*

E. Nölting und F. Wegelin, Ueber einige Triazinderivate des Chrysoïdins und des Orthoamidoazotoluols. Ber. d. deutsch. chem. Gesellsch. 1897. 2595 f.

Wasser.

Referent des Ausschusses: **Dr. König.**
Verfasser: **Dr. Hintz, Dr. Janke, Dr. Ohlmüller.**

Unter „Wasser" soll hier ausschliesslich nur das Trink- und häusliche Gebrauchswasser verstanden werden.

Erste Bedingung für den richtigen Ausfall der Untersuchung und für die richtige Beurtheilung eines Trinkwassers ist die Probenahme, welche unter Berücksichtigung der örtlichen wie zeitlichen Verhältnisse einer Wasserversorgungsstelle, thunlichst von dem Sachverständigen selbst, ausgeführt werden soll.

Als weiterer leitender Anhaltspunkt muss gelten, dass sich die Probenahme wie Untersuchung ganz nach der gestellten Frage richtet und dass nicht für alle Fälle ein einziges allgemein gültiges Verfahren aufgestellt werden kann.

Untersuchung der örtlichen Verhältnisse.

Hierbei ist zu beachten, ob das Wasser ein Oberflächen- oder ein Grundwasser ist.

Als Oberflächenwasser bezeichnet man das zu Tage liegende Wasser von Seeen, Teichen, Flüssen, Bächen u. dergl., auch vorübergehende Ansammlungen von Niederschlagswasser, ferner das in künstlichen Aufstaubehältern, wie Cisternen, Thalsperren, aufgesammelte Wasser, schliesslich das Quellwasser, welches nicht gegen den Zutritt von Oberflächenwasser geschützt ist.

Als Grundwasser bezeichnet man das im Boden auf undurchlässigen Schichten ruhende oder fliessende Wasser, sei es, dass dasselbe nach Lage und Form der undurchlässigen Bodenschichten freiwillig als Quelle zu Tage kommt, ohne Zutritt von Oberflächenwasser, oder dass es erbohrt wegen seines eigenen Druckes ausströmt (artesische Brunnen), oder durch maschinelle Einrichtungen aus Bohrlöchern oder Schacht- oder Kesselbrunnen gehoben wird (Pumpen).

Bei Oberflächenwasser ist zu berücksichtigen, dass dasselbe auf natürlichen und künstlichen Wegen verunreinigt werden kann. In erster Beziehung ist zu erwähnen, dass die Farbe, die Klarheit, z. Th. auch die Härte des Wassers von der Boden- und Gesteinsart abhängig ist, auf der es steht oder sich bewegt; dass ferner Veränderungen der Beschaffenheit des Oberflächenwassers von der Neigung (Abschwemmung) oder Beschaffenheit des Geländes (Bodenart, Wald, Wiese, Feld etc.) beeinflusst werden können. In letzter Beziehung wird die Herkunft der Verunreinigungen, ob dieselben aus menschlichen Wohnstätten, aus Fabriken, Bergwerks- oder anderen Gewerbebetrieben stammen, die Beschaffenheit und Menge derselben und die Art ihres Zutrittes zum Oberflächenwasser zu ermitteln sein.

Die Definition des Begriffes „Grundwasser" setzt voraus, dass dieses Wasser einer Filtration durch Bodenarten unterworfen war, und durch eine Bodendecke vor direktem Zutritt von Luft und Oberflächen- bezw. Regenwasser geschützt ist.

Während jener Filtration sind ungelöste Bestandtheile mechanisch abgeschieden und andererseits gewisse Bodenbestandtheile in Folge ihrer Löslichkeit in Wasser durch letzteres gelöst worden.

Die physikalischen und chemischen Eigenschaften eines Grundwassers sind sonach von dem Gefüge und der Art der durchwanderten Bodenschichten abhängig. Beispielsweise kann Grundwasser trübe und sehr bakterienreich sein, wenn es zerklüftete Gesteinsschichten oder lockeres GeRölle durchlaufen hat; dies ist namentlich nach starken Niederschlägen der Fall, oder wenn Oberflächengewässer verschwinden und einen unterirdischen Lauf annehmen. Gut filtrirende Bodenschichten liefern ein klares, sehr bakterienarmes, sogar bakterienfreies Grundwasser. Andererseits wird die chemische Zusammensetzung von der Art der Bodenschichten beeinflusst; so ist Wasser aus kalkreichen Böden reich an Kalk.

Ueber die Beschaffenheit eines Grundwasserstromes geben Bohrungen (Bohrregister) Aufschluss, die stets durch einen hydrologisch geschulten Sachverständigen anzustellen sind.

Die Beschaffenheit eines Grundwassers ist im Allgemeinen von der Höhe der durchwanderten Bodenschicht abhängig.

Werden jedoch aus einem Grundwasserstrome sehr grosse Mengen von Wasser entnommen, so kann Wasser aus entfernteren Bezirken herangezogen und dadurch die Beschaffenheit des ursprünglichen Wassers wesentlich verändert werden.

Wo der Grundwasserspiegel nahe der Erdoberfläche liegt, können Verunreinigungen des Bodens das Grundwasser nachtheilig beeinflussen; die Ursache und Ausdehnung derselben ist eingehend zu erforschen.

Schliesslich ist noch darauf zu achten, ob nicht die Möglichkeit einer Verunreinigung des Grundwassers vorliegt durch die Art, wie es zugängig gemacht wird. Bei Quellen wird zu untersuchen sein, ob die bauliche Fassung gegen eine Verunreinigung des Wassers Gewähr leistet; ob nicht unreine Flüssigkeiten zutreten oder überhaupt unreine Stoffe durch Wind oder sonstwie hineingelangen können. Die Prüfung der nächsten Umgebung der Quelle wird hierbei leitend sein.

Bei Beurtheilung des Einflusses des Geländes wird zu berücksichtigen sein, ob dasselbe als Acker- oder Wiesenland benutzt oder mit Wald bestanden ist, ob sich darauf Wohnungen, Stallungen, Dungstätten, Abzugsgräben für Schmutzwässer befinden und dergl.

Wird das Grundwasser durch Brunnen zugängig gemacht, so ist zwischen Röhren- (Abessinier-) und Schacht-Brunnen (auch Kesselbrunnen genannt) zu unterscheiden.

Röhrenbrunnen ermöglichen eine Verunreinigung des Grundwassers von oben her nur bei geringer Tiefe. Immerhin wird bei diesen, besonders aber bei den Schachtbrunnen die Aufmerksamkeit auf die Möglichkeit der Bodenverunreinigung und des Zutrittes von Unreinlichkeit zum Brunnen ebenso wie bei Quellen zu richten sein. Bei Schachtbrunnen ist die Bauart näher festzustellen, ob sie aus Eisen- oder Thonröhren, Holz, Bruch- oder Mauersteinen gebaut sind, ob die Brunnenwandungen dicht oder undicht sind, so dass sie möglicherweise den Zutritt von Seitenwasser gestatten. Durch Befahrung des Schachtes kann der Zufluss unreiner Stoffe oft direkt nachgewiesen werden. Beschädigte Pumpen oder unreine Hebevorrichtungen (faulendes Holz) können ebenfalls das Wasser verschlechtern.

Die sogenannten Ziehbrunnen sind immer Verunreinigungen von aussen her ausgesetzt; bei artesischen Brunnen ist diese Möglichkeit ausgeschlossen.

Bei allen Brunnen muss für den raschen Abfluss des Aufschlagwassers gesorgt sein, dasselbe darf nicht wieder in den Boden versickern.

Das Oberflächen- wie auch das Grundwasser sind unter Umständen in ihrer Zusammensetzung sehr von dem zeitweiligen Regenfall abhängig; auch können durch anhaltende Trockenheit und starken Frost Risse und Veränderungen des Gefüges des Bodens entstehen, welche ihrerseits wieder Veränderungen in der Filtration des Grundwassers durch den Boden im Gefolge haben. Um daher ein zutreffendes und einwandfreies Urtheil über die Beschaffenheit einer Wasserversorgung zu erhalten, ist es nothwendig, das Wasser öfters und zu verschiedenen Jahreszeiten zu untersuchen.

Wird das Wasser in Rohrleitungen einer allgemeinen Benutzung übergeben, so finden, je nachdem es Oberflächen- oder Grundwasser ist, die vorstehenden Leitsätze sinngemässe Anwendung. Ausserdem wird die Masse der Leitungsröhren Berücksichtigung finden müssen; gemauerte Leitungen können, wenn durchlässig, unreines Wasser von der Seite her aufnehmen; bei Bleiröhren kann Metall in Lösung gehen; faulende Holzrohre verleihen dem Wasser einen widerlichen Geruch und Geschmack.

Oberflächenwasser soll nicht ohne voraufgehende Reinigung zum

Genusse zugelassen werden. Am zweckmässigsten ist eine gemeinsame Reinigung durch Sandfilter. Die sogenannten Hausfilter sollten nur zum Nothbehelf dienen; bei allen tritt früher oder später ein Durchwachsen von Keimen immer auf.

Probenentnahme des Wassers.

Das erste Erforderniss für eine einwandfreie Probenentnahme des Wassers ist die vollständige Reinheit der Gefässe, sowohl derjenigen, welche zum Schöpfen, als auch derjenigen, welche zum Versenden bezw. Aufbewahren dienen. Für letzteren Zweck empfehlen sich Flaschen von weissem Glase mit Glasstöpselverschluss. Statt der Glasstöpsel kann man sich aushülfsweise auch der Korkpfropfen bedienen, jedoch dürfen diese noch nicht gebraucht, sondern müssen neu sein und vor dem Gebrauch gereinigt werden. Es ist zweckmässig, solche Pfropfen vor dem Gebrauch mit einer Paraffinschicht zu überziehen.

1. Für Zwecke der chemischen Untersuchung werden die Flaschen zunächst mit Salzsäure und dann mit frisch abgekochtem und abgekühltem Wasser gereinigt.

Die Flaschen und Stopfen werden vor dem Füllen mit dem betreffenden Wasser mehrere Male aus- bezw. abgespült.

Bei einem offenen zugänglichen Wasser hält man die Flasche einfach einige Centimeter unter die Oberfläche und zwar so, dass weder die etwaige staubige oberste Schicht des Wassers in die Flasche treten kann, noch Schlamm aus den untersten Schichten aufgerührt wird. Wenn man das Wasser nicht mit dem Arm erreichen kann, befestigt man je nach der Entfernung die Flasche an einer Stange unter Beschwerung mit einem Gewicht und senkt sie so vorsichtig unter das Wasser.

Ueber die Wahl der Entnahmestellen bei Oberflächengewässern kann nur die Lage des Einzelfalles entscheiden; bei Flüssen liefern beispielsweise Proben ober- und unterhalb des Zutritts der Verunreinigung geeignete Vergleichsergebnisse. Auch die Tiefe der Entnahme ist von begleitenden Umständen abhängig; bei verunreinigenden Flüssigkeiten, welche specifisch schwerer als das Wasser sind (kochsalzhaltige Grubenwässer etc.), sind Tiefenproben angezeigt.

Handelt es sich um ein Brunnenwasser, so wird die Pumpe mindestens 10 Minuten in Betrieb gesetzt; jedenfalls aber soll je nach der Tiefe des Brunnens so lange gepumpt werden, bis sicher alles Wasser aus den Pumpenröhren entfernt ist; dann wird die Flasche untergehalten, erst, wie oben angegeben, einige Male mit dem Wasser nachgespült und dann gefüllt.

Bei einem Leitungswasser öffnet man den Hahn, lässt das in der Hausrohrleitung stehende Wasser ausfliessen und verfährt dann wie vorhin. Als ausreichend darf man die Zeit des Abfliessens erachten, wenn ein vorgehaltenes Thermometer seinen Stand nicht mehr ändert.

Es kann auch von Werth sein, das zuerst ausgepumpte oder auslaufende Wasser zu untersuchen (Vermehrung des Keimgehaltes, Veränderung des Geschmackes durch schlechte Pumpenrohre, Einwirkung der Rohrleitungsmasse — Bleilösung —).

Um das Wasser aus grösseren Tiefen zu entnehmen, bedient man sich besonderer Schöpfgefässe, die beim Einsenken geschlossen bleiben und deren Verschluss, wenn sie in der gewünschten Tiefe eingesenkt sind, durch eine Vorrichtung geöffnet werden kann[1]).

Die Verschlüsse der Flaschen werden zum Versand mit befeuchtetem Pergamentpapier oder mit reinen Leinwand- (Baumwoll-) Lappen zugebunden. Es ist darauf zu achten, dass sich in der Flasche noch etwas Luft befindet, damit die Flasche bei Ausdehnung des Wassers durch Wärme nicht zersprengt wird. Während des Versandes sind die Proben gegen starke Erwärmung und Abkühlung (Einfrieren) in geeigneter Weise zu schützen.

Für eine volle chemische Untersuchung sind 10 l, für eine beschränkte mindestens 2 l erforderlich. Wenn der Chemiker nicht selbst die Probe entnimmt, ist eine besondere Anweisung dem Entnehmenden mitzugeben.

2. Probenentnahme für die bakteriologische Untersuchung. Für diese ist eine noch grössere Vorsicht geboten, als für die Probenentnahme zur chemischen Untersuchung. Als erster Grundsatz muss beobachtet werden, dass die Proben nur in sterilisirten Gefässen und so entnommen werden müssen, dass eine Beimengung von Bakterien aus der Luft, von den Händen oder der Schöpfvorrichtung zu dem Wasser völlig ausgeschlossen ist. Als Probegefässe benutzt man Glasflaschen von 100 ccm Inhalt, welche mit einem Wattepfropfen oder Glasstöpsel geschlossen sind.

Bei zugänglichen offenen Wässern, wie Quellen, Teichen, Seeen etc. kann man diese sterilisirten Flaschen unter Beachtung der oben gegebenen Vorschrift einfach unter die Oberfläche tauchen, bei Pumpbrunnen oder Leitungswasser hält man die Flaschen, nachdem das Wasser genügend lange geflossen ist (vergl. oben), unter den laufenden Strahl. Für bestimmte Fälle ist auch die Probenentnahme mit Hülfe eigens hierzu eingerichteter Apparate angezeigt.

Die entnommenen Wasserproben werden womöglich gleich an Ort und Stelle für die bakteriologische Untersuchung weiter verarbeitet. Wenn die Anlage der Kulturen an Ort und Stelle nicht angängig ist, so sind die Proben, um einer etwaigen Aenderung ihrer bakteriellen Beschaffenheit thunlichst entgegenzuwirken, in zweckmässiger Eisverpackung zu versenden und hiernach sofort in Bearbeitung zu nehmen.

---

[1]) Solche Schöpfgefässe haben angegeben: R. Fresenius, Anleitung zur quantitativen chem. Analyse, 6. Aufl., Bd. II, S. 189. — v. Esmarch, vergl. Th. Weyl, Handbuch d. Hygiene Bd. 1, S. 572. — B. Fischer, Th. Weyl, Handbuch d. Hygiene, Bd. 1, S. 573. — W. Ohlmüller, Die Untersuchung des Wassers. Berlin 1896. S. 7.

Es dürfte dem Bakteriologen zu überlassen sein, wie er die Untersuchung ausführen will.

Physikalische und chemische Untersuchung des Wassers an Ort und Stelle.

Die Untersuchung eines Wassers an Ort und Stelle soll nur von einem Sachverständigen ausgeführt werden und sich zunächst auf Ermittelung der Reaktion und der Temperatur des Wassers, sowie auf dessen Aussehen, Geschmack und Geruch erstrecken.

Auf manche Bestandtheile des Wassers, welche, wie freie Kohlensäure, Schwefelwasserstoff, gasförmig gelöster Sauerstoff und Stickstoff beim Versand eine Verflüchtigung oder wie kohlensaures Eisenoxydul eine Zersetzung erleiden können, ist unter allen Umständen die chemische Untersuchung an Ort und Stelle auszuführen, oder in dem Maasse vorzubereiten, dass Veränderungen der Wasserprobe ausgeschlossen sind; nach Umständen empfiehlt sich dies auch für Ammoniak, salpetrige Säure und Oxydirbarkeit.

Direkter Nachweis von verunreinigenden Zuflüssen.

Wenn es sich um Beantwortung der Frage handelt, ob ein Wasser durch irgend einen bestimmten Zufluss aus der Umgebung verunreinigt wird, so richtet sich die Beweisführung ganz nach der Art des vermutheten verunreinigenden Zuflusses.

Wenn das verunreinigende Wasser seitlich direkt zu dem Brunnen bezw. der Quelle etc. zufliesst und beobachtet werden kann, so entnimmt man Proben von dem zufliessenden Wasser und aus dem Behälter oder der Rinne, welche das vermuthliche verunreinigende Wasser führen, untersucht beide, um festzustellen, ob sie gleiche Bestandtheile enthalten. Bejahendenfalls ist alsdann der Nachweis des verunreinigenden Zuflusses direkt erbracht.

Lässt sich ein solcher offener seitlicher Zufluss nicht beobachten, enthält aber der vermuthliche verunreinigende Zufluss irgend einen seltenen kennzeichnenden Bestandtheil, z. B. Rhodanverbindungen aus Gaswasser, oder grössere Mengen von Chloriden, oder Zink-, Kupfersalze oder Kaliseifen etc., so kann man den Nachweis dadurch führen, dass man das zu beurtheilende Wasser auf diese Bestandtheile untersucht.

Andere eigenartige Verunreinigungen geben sich durch den Geruch zu erkennen, z. B. Leuchtgasbestandtheile aus undichten Röhren, Petroleum von Ausflüssen aus Petroleumlagern etc.

Unter Umständen erleiden die Bestandtheile der verunreinigenden Zuflüsse beim Durchfiltriren durch den Boden eine Umsetzung, z. B. die Sulfate von Zink, Kupfer, Eisen, die Kaliseifen mit Kalk- und Magnesiaverbindungen des Bodens, indem sich die Sulfate oder fettsauren Salze der letzteren Basen bilden und das Wasser eine aussergewöhnlich erhöhte Menge von Calcium- und Magnesiumsulfat oder von Kaliumsulfat und Kaliumkarbonat annimmt, während die ersteren Basen vom Boden absorbirt werden. Es kann dann indirekt der Nachweis der Verunreinigung durch die quantitative Bestimmung dieser Bestandtheile in dem Wasser erbracht werden.

Der Ammoniak- und organische Stickstoff aus Abort- und Jauchegruben kann zum Theil im Boden zu Salpetersäure oxydirt werden und giebt sich im Wasser durch einen erhöhten Gehalt an letzterer zu erkennen.

In anderen Fällen bleibt nichts anderes übrig, als die Bodenschichten zwischen dem Gewässer und dem vermuthlichen verunreinigenden Zufluss aufzugraben oder durch Bohrungen auf die fraglichen verunreinigenden Bestandtheile zu untersuchen.

Oder man kann den Zusammenhang mit dem verunreinigenden Zufluss dadurch nachweisen, dass man diesem einen stark färbenden, schmeckenden, riechenden oder anderen eigenartigen Stoff zufügt, der durch die Bestandtheile des verunreinigenden Zuflusses, selbst in starker Verdünnung, nicht verändert wird, und der sich alsdann, wenn ein solcher Zusammenhang besteht, nach einiger Zeit in dem zu beurtheilenden Wasser ebenfalls nachweisen lassen muss. Als solche Stoffe sind zu empfehlen Fluoresceïnlösungen, Saprollösungen und unter Umständen auch gehaltreiche Kochsalzlösungen.

Ebenso wie die Verunreinigungen selbst sehr zahlreich sein können, so gestaltet sich auch der Nachweis derselben sehr mannigfaltig und verschieden. Es ist daher kaum möglich, hierüber für jeden Fall giltige Anweisungen zu geben. Der erfahrene Sachverständige wird aber, wenn er unter Berücksichtigung aller örtlichen Verhältnisse mit Umsicht und Vorsicht zu Werke geht, den richtigen Weg für derartige Nachweise finden.

Gesichtspunkte für die Untersuchung des Wassers.

Zur vollen Untersuchung eines Wassers gehört:

1. die physikalische Untersuchung (Feststellung der Temperatur, des Aussehens, des Geschmackes und Geruches, in seltenen Fällen auch des spec. Gewichtes);
2. die chemische Untersuchung (Bestimmung derjenigen chemischen Bestandtheile, welche zur Beurtheilung des vorliegenden Falles erforderlich sind);
3. die mikroskopische Untersuchung (mikroskopischer Nachweis der im Wasser bezw. in den Schwebestoffen vorhandenen thierischen und pflanzlichen Lebewesen);
4. die bakteriologische Untersuchung (kultureller Nachweis der in dem Wasser vorhandenen Keime von Mikrophyten und ihrer Art).

Für die richtige Beurtheilung eines Trinkwassers sind im Allgemeinen alle 4 Untersuchungsarten gleich wichtig. Jedoch kann man für besondere Fälle und Fragen Beschränkungen eintreten lassen:

<table>
<tr><td>

Nothwendige Bestimmungen.

1. Von der physikalischen Untersuchung: Feststellung des Aussehens, des Geruches und Geschmackes.
2. Von der chemischen Untersuchung:
   a) Abdampfrückstand bei 110°.
   b) Glühverlust.
   c) Kaliumpermanganatverbrauch, bez. Sauerstoffverbrauch.
   d) Chlor.
   e) Schwefelsäure.
   f) Ammoniak.
   g) Salpetrige Säure.
   h) Salpetersäure.
   i) Eisen bei Leitungswasser.
   k) Kalk.
   l) Magnesia.
   m) Blei bei Leitungswasser.
3. Mikroskopische Untersuchung der sichtbaren Schwebestoffe bezw. des Bodensatzes auf organische und unorganische Bestandtheile, sowie auf pflanzliche und thierische Lebewesen.
4. Feststellung der Anzahl der Mikrophytenkeime.

</td><td>

Wünschenswerthe Bestimmungen·

1. Von der physikalischen Untersuchung: Feststellung der Temperatur.
2. Von der chemischen Untersuchung
   a) Gewichtsbestimmung der organischen und unorganischen Schwebestoffe, wenn solche sichtbar sind.
   b) Bestimmung der Kohlensäure in den einzelnen Bindungsformen.
   c) Phosphorsäure und Kieselsäure.
   d) Gasförmig gelöster Sauerstoff und vielleicht Stickstoff.
   e) Schwefelwasserstoff.
   f) Thonerde, Mangan, Kupfer, Zink und Alkalien.
   g) Albuminoidammoniak.
   h) Gesammtstickstoff.
3. Bestimmung der Arten der niederen pflanzlichen und thierischen Lebewesen.
4. Feststellung der Arten von Bakterien, besonders wenn es sich um die Frage handelt, ob das Wasser die Ursache von ansteckenden Krankheiten ist.

</td></tr>
</table>

Ausführung der Untersuchungen.

Physikalische Untersuchung des Wassers.

Hierüber vergleiche vorstehend S. 148 u. ff.

Falls eine Bestimmung des specifischen Gewichtes des Wassers erforderlich wird, was nur selten der Fall sein dürfte, so geschieht dieselbe mittels eines Pyknometers.

Chemische Untersuchung des Wassers.

1. Bestimmung der Schwebestoffe.

In der Mehrzahl der Fälle wird man bei Trinkwassern entsprechend ihrem Aussehen von einer Bestimmung der Schwebestoffe absehen können.

Will man dieselben feststellen, so lässt man den Inhalt einer Flasche im Dunkeln sich klären und zieht mit dem Heber das klare Wasser möglichst weit vom Bodensatz ab; mittels eines getrockneten Filters von bekanntem Gewichte und Aschengehalt werden die Schwebestoffe von dem Reste des Wassers getrennt. Zunächst wird die Menge des abgezogenen und filtrirten Wassers bestimmt und für die weitere Untersuchung bei Seite gestellt. Die Schwebestoffe werden auf dem Filter mehrmals mit destillirtem Wasser ausgewaschen, dann nach dem Trocknen bei 110^0 gewogen; zur Bestimmung ihres anorganischen Antheils werden sie verascht.

Sind verhältnissmässig viel Schwebestoffe vorhanden, oder handelt es sich um ein schwer filtrirbares Wasser, so kann man die Schwebestoffe auch in der Weise bestimmen, dass man das Wasser durch ein trocknes Faltenfilter von thunlichst aschefreiem, schwedischem Filtrirpapier unter Bedecken des Trichters filtrirt und von dem Filtrat und dem ursprünglichen Wasser gleiche Mengen, je nach dem Gehalt 200—500 ccm, in vorher geglühten und gewogenen Platinschalen zur Trockne verdampft, 2 Stunden bei 110^0 trocknet, wägt, glüht und nach Behandeln des Rückstandes mit kohlensäurehaltigem Wasser oder festem Ammoniumkarbonat und nach schwachem Erhitzen wiederum wägt. Aus dem Gewichtsunterschied der ungeglühten und geglühten Rückstände des unfiltrirten und filtrirten Wassers erfährt man die Menge der organischen und unorganischen Schwebestoffe[1]).

2. Bestimmung des Abdampfrückstandes und des Glühverlustes.

Man dampft je nach dem Gehalt 250 oder 500 ccm Wasser auf dem Wasserbade in einer gewogenen Platinschale ein, trocknet den Rückstand 2 Stunden im Luftbade bei 110^0 und wägt. Bei reinem Wasser ist der Abdampfrückstand hellgrau bis weiss, bei verunreinigtem braun bis schwarz bezw. um so dunkeler, je unreiner das Wasser ist.

Den Trockenrückstand erhitzt man langsam über freier Flamme und beobachtet die eintretenden Veränderungen.

Grössere Mengen gelöster organischer Stoffe geben sich wie schon durch Missfärbung des Abdampfrückstandes, so auch durch deutliche Schwärzung des Rückstandes zu erkennen.

Will man den Glühverlust feststellen, so zerstört man durch vorsichtiges Erhitzen die organischen Stoffe und verwandelt den gebildeten Aetzkalk u. s. w. wieder in Karbonate, indem man den Glührückstand mit destillirtem Wasser anfeuchtet, welches mit Kohlensäure gesättigt ist. Nach wiederholtem Abdampfen mit kohlensäurehaltigem Wasser und vorsichtigem Erhitzen wägt man. Statt des kohlensäurehaltigen Wassers kann man sich auch des festen Ammoniumkarbonats bedienen.

Anmerkung. Zu diesen Bestimmungen ist Folgendes zu bemerken: a) durch Trocknen bei 110^0 wird nicht alles Krystallwasser aus-

---

[1]) Vergleiche J. König, Die Untersuchung landw. und gewerbl. wichtiger Stoffe. Berlin 1898 S. 651.

getrieben; trocknet man aber bei höheren Temperaturen, so tritt eine Zersetzung und Verflüchtigung besonders von organischen Stoffen ein.

b) durch das Glühen werden bei vorhandenen grösseren Mengen organischer Stoffe die Nitrate zersetzt, ausserdem erleiden Chloride, wie Chlormagnesium und Chlorcalcium, unter Chlorverlust eine theilweise Umwandlung in Oxyde. Diesen Verlusten kann man durch Zusatz einer ganz bestimmten Menge von Natriumkarbonat vorbeugen, welches später in Abzug gebracht wird.

Immerhin sind beide Bestimmungen nur als annähernde anzusehen.

3. Bestimmung des Kaliumpermanganat- bezw. Sauerstoff-Verbrauchs.

Die Menge der flüchtigen und nicht flüchtigen organischen Stoffe wird allgemein durch Oxydation mit Kaliumpermanganat bestimmt, und zwar sowohl in alkalischer Lösung (nach Schultze-Trommsdorff), als in saurer Lösung (nach Kubel-Tiemann).

Durchweg empfiehlt sich die Oxydation in alkalischer Lösung, unter Umständen auch die Oxydation in alkalischer und saurer Lösung.

Die Oxydation in alkalischer Lösung wird wie folgt ausgeführt:

100 ccm Wasser werden mit $^1/_2$ ccm Natronlauge (1 Theil reinstes Natriumhydroxyd in 2 Theilen Wasser), sodann mit 10 ccm oder so viel $^1/_{100}$ Normal-Chamäleonlösung versetzt, dass das Wasser auch beim Kochen noch roth gefärbt bleibt. Das Kochen erfolgt, vom Beginn des Kochens an gerechnet, genau 10 Minuten lang. Die gekochte Flüssigkeit lässt man auf 50—60° erkalten, fügt 10 ccm verdünnte Schwefelsäure (1 : 3) und 10 ccm bezw. eine gleiche Anzahl ccm $^1/_{100}$ Normal-Oxalsäure zu und titrirt, nachdem sich alle Flocken von Manganoxyduloxyd gelöst haben und die Lösung farblos geworden ist, mit derselben Chamäleonlösung, bis wieder Rosafärbung eintritt.

Der Unterschied aus der Gesammtzahl der ccm Chamäleon weniger der Anzahl ccm Chamäleon, welche 10 ccm $^1/_{100}$ Normal-Oxalsäure entsprechen, giebt die für 100 ccm Wasser erforderliche Menge der $^1/_{100}$ Normal-Chamäleonlösung an.

Als Ausdruck für die Menge der vorhandenen organischen Stoffe wird entweder die Menge des zur Oxydation verbrauchten Kaliumpermanganats oder die entsprechende Menge des in Wirksamkeit getretenen Sauerstoffs in mg für 1 l Wasser angegeben.

Die Bestimmung der Oxydirbarkeit ist in möglichst frischem Wasser auszuführen, welches dem Einfluss des Lichtes thunlichst entzogen war.

Trübe Wässer werden, wenn sie sich nicht rasch klären, vor der Titration durch ein vorher ausgeglühtes Asbestfilter filtrirt; an organischen Stoffen reiche Wässer müssen so verdünnt werden, dass der Verbrauch an Kaliumpermanganat für 100 ccm nicht 10 ccm der $^1/_{100}$ Normal-Lösung übersteigt. Hierbei ist stets mit einer Wassermenge von 100 ccm zu arbeiten.

Sind in dem Wasser noch andere Kaliumpermanganat reducirende Stoffe (Nitrite, Eisenoxydulverbindungen, Schwefelwasserstoff etc.) vorhanden, dann wird deren Menge entweder in besonderen Proben bestimmt und in Rechnung gebracht, oder die in Verwendung genommene Wassermenge (100 ccm) wird mit 3 Tropfen Schwefelsäure (1 Vol. : 3 Vol.) und mit der titrirten Kaliumpermanganatlösung bei gewöhnlicher Temperatur bis zur bleibenden Röthung behandelt. Die so verbrauchte Anzahl ccm des Oxydationsmittels wird von der Gesammtmenge Kaliumpermanganatlösung in Abrechnung gebracht.

Unerlässlich ist es, stets nur eigens mit Schwefelsäure und Kaliumpermanganatlösung gereinigte Glasgefässe zu diesen Bestimmungen zu verwenden.

4. Nachweis und Bestimmung des Ammoniaks und des Albuminoid-Ammoniaks.

a) *Qualitativer Nachweis des Ammoniaks.*

Etwa 100 ccm Wasser werden mit ca. $\frac{1}{2}$ ccm Natriumhydratlösung (1 : 2) und 1 ccm Natriumkarbonatlösung (2,7 : 5) versetzt, der Niederschlag absetzen gelassen, die überstehende Flüssigkeit abgegossen und mit Nessler'schem Reagens — alkalischer Quecksilberchlorid-Kaliumjodidlösung — versetzt. Je nachdem eine schwach gelbe oder eine rothbraune Färbung oder gar ein rothbrauner Niederschlag entsteht, enthält das Wasser wenig oder viel Ammoniak.

Die Prüfung muss in einem ammoniakfreien Raume vorgenommen werden und die erste auftretende Veränderung des Farbentones ist maassgebend.

Gefärbte oder trübe Wässer kann man auch durch Zusatz von einigen Tropfen Alaunlösung (1 : 10) und darauf mit obiger Natronlauge und Sodalösung klären. Enthält ein Wasser Schwefelwasserstoff oder Schwefelalkali, so kann die Färbung mit Nessler's Reagens auch von Schwefelquecksilber herrühren. In diesem Falle verschwindet die Färbung nach dem Ansäuern nicht, während die durch Ammoniak bewirkte Färbung nach dem Ansäuern mit Säure verschwindet.

b) *Quantitative Bestimmung des Ammoniaks.*

Ist qualitativ Ammoniak im Wasser nachgewiesen, so empfiehlt es sich, dasselbe quantitativ zu bestimmen, und zwar für geringe Mengen kolorimetrisch nach dem Verfahren von Frankland und Armstrong, wobei man sich der Kolorimeter von J. König[1] bedienen kann. Die Vorbehandlung und eventl. Klärung mit Alaunlösung, Natronlauge und Soda ist dieselbe wie bei der qualitativen Prüfung; nur nimmt man 300 ccm Wasser statt 100 ccm und verwendet 100 ccm des geklärten Wassers für die Prüfung. Ergeben sich nach diesem Verfahren mehr als 10 mg oder

---

[1] Vergl. J. König, Die Untersuchung landwirthsch. und gewerblich wichtiger Stoffe. 1898 S. 608

20 mg Ammoniak in 1 l, so empfiehlt es sich, dasselbe durch Destillation mit Magnesia zu bestimmen.

500 ccm oder 1 l Wasser werden in einer geräumigen Retorte mit frisch gebrannter Magnesia versetzt, mit vorgelegtem Kühler entsprechend lange destillirt, das Destillat in einer Vorlage mit titrirter Schwefelsäure aufgefangen und letztere zurücktitrirt.

Bei der leichten Zersetzbarkeit der stickstoffhaltigen organischen Stoffe im Wasser wird auch durch Magnesia leicht etwas zu viel Ammoniak erhalten.

c) Bestimmung des sog. Albuminoid-Ammoniaks, d. h. des Ammoniaks leicht zersetzlicher organischer Stickstoffverbindungen.

Soll die Menge des Albuminoid-Ammoniaks besonders bestimmt werden, so wendet man am zweckmässigsten das Verfahren von Wanklyn, Chapman und Smith[1]) an, welches darin besteht, dass man je nach der vorhandenen Menge Stickstoff 1—2 l Wasser erst unter Zusatz von frisch gebrannter Magnesia oder ammoniakfreier Natriumkarbonatlösung längere Zeit in einer geräumigen Retorte mit vorgelegtem, schräg aufstehendem Kühler, wie bei der Ammoniakbestimmung, kocht, um alles fertig gebildete Ammoniak auszutreiben, welches in einer Vorlage aufgefangen wird. Nach dem Erkalten setzt man 100 ccm einer Lösung zu, welche 200 g Kalihydrat und 8 g Kaliumpermanganat im Liter enthält, und kocht wieder mehrere Stunden; das entwickelte Ammoniak wird in einer neuen, mit dem Kühler verbundenen Vorlage aufgefangen und wie üblich bestimmt.

5. Nachweis und Bestimmung der salpetrigen Säure.

a) Qualitativer Nachweis. Ein farbloses und klares Wasser kann direkt verwendet werden, ein gefärbtes, trübes Wasser wird wie vorstehend bei der Prüfung auf Ammoniak durch Zusatz von Alaunlösung, Natronlauge und Sodalösung geklärt und nach einem der 3 Verfahren geprüft.

α) Etwa 50 ccm Wasser werden mit etwa $^1/_2$ ccm Zinkjodidstärkelösung, darauf nach dem Mischen mit 5—6 Tropfen verdünnter Schwefelsäure versetzt und wieder gemischt.

Oder man löst in 50—100 ccm Wasser einige kleine Körnchen Jodkalium, fügt etwa 1 ccm frisch bereiteter Stärkelösung und dann 1 bis 2 ccm verdünnter Schwefelsäure hinzu. Entsteht sogleich eine stark blaue Färbung von Jodstärke, so ist sehr viel, tritt die Färbung erst nach einigen Minuten und schwach auf, so ist sehr wenig salpetrige Säure im Wasser. Zwischenstufen der Färbung lassen das Mehr oder Weniger von salpetriger Säure im Wasser leicht erkennen.

Da diese Reaktion durch organische Stoffe und Ferrisalze beein-

---

[1]) Vergl. R. Fresenius, Quant. Anal., 6. Aufl. II, 172; J. A. Wanklyn, Analyse des Wassers, übersetzt von H. Borckert, S. 33

flusst, ferner eine später (nach etwa 5 Minuten und mehr) eintretende Reaktion auch durch Bakterien hervorgerufen werden kann, so wird für den qualitativen Nachweis der salpetrigen Säure die vorstehende Prüfung zweckmässig durch die folgende kontrollirt, welche weder von organischen Stoffen noch von Ferrisalzen beeinflusst wird.

β) Etwa 100 ccm Wasser werden in einem hohen Glascylinder mit 1—2 ccm verdünnter Schwefelsäure (1 : 3) und dann mit 1 ccm einer farblosen Lösung von schwefelsaurem Metaphenylendiamin (5 g Metaphenylendiamin mit verdünnter Schwefelsäure bis zur sauren Reaktion versetzt und auf 1 l gefüllt) versetzt; je nachdem wenig oder viel salpetrige Säure vorhanden ist, entsteht eine braune bis gelbbraune, selbst röthliche Färbung eines Azofarbstoffes (Triamidoazobenzol, Bismarckbraun).

γ) E. Riegler[1] weist die salpetrige Säure durch Natriumnaphtionat und β-Naphtol nach. 2 g chemisch reines Natriumnaphtionat und 1 g β-Naphtol puriss. werden in 200 ccm Wasser gebracht, mit diesem kräftig durchgeschüttelt und die Mischung filtrirt. Die Lösung ist farblos und soll sich im Dunkeln ohne Veränderung aufbewahren lassen.

Behufs Prüfung eines Wassers giebt man etwa 10 ccm Wasser in ein Proberöhrchen, fügt 10 Tropfen von dem Naphtolreagens zu, ferner 2 Tropfen koncentrirte Salzsäure und schüttelt die Mischung einige Male gut durch; lässt man alsdann in das schief gehaltene Proberöhrchen etwa 20 Tropfen Ammoniak einfliessen, so tritt bei Gegenwart von salpetriger Säure an der Berührungsgrenze ein mehr oder weniger roth gefärbter Ring auf; schüttelt man dann gut durch, so wird die ganze Flüssigkeit je nach der Menge der vorhandenen salpetrigen Säure mehr oder weniger roth oder rosa gefärbt erscheinen.

Da verdünnte Lösungen des Reagens veilchenblau fluoresciren, so muss die Farbenerscheinung im durchfallenden Licht betrachtet werden.

Die salpetrige Säure soll sich noch in einer Verdünnung von 1 : 100 Millionen im Wasser nachweisen lassen.

Ist salpetrige Säure in einem Wasser qualitativ nachgewiesen, so empfiehlt sich

b) die quantitative Bestimmung derselben. Diese kann am einfachsten nach dem kolorimetrischen Verfahren[2] ausgeführt werden, und man kann sich, wenn die kolorimetrische Bestimmung nach Trommsdorff mit Zinkjodidstärke ausgeführt wird, der Kolorimeter von J. König[3] bedienen.

---

[1] Zeitschr. f. analyt. Chemie 1896. *35*. 677 u. 1897. *36*. 377.

[2] Ueber die kolorimetrische Bestimmung mittels Metaphenylendiamin nach Preusse und Tiemann vergl. Walter-Gärtner: Die Untersuchung und Beurtheilung der Wässer 1895 4. Aufl. S. 201.

[3] J. König, Die Untersuchung landw. u. gewerbl. wichtiger Stoffe. 1898 S. 611.

Zur Bestimmung der salpetrigen Säure durch Titration bereitet man $1/100$ Chamäleonlösung (0,315 g Kaliumpermanganat in 1 Liter), ferner $1/50$ Normal-Eisenammonsulfatlösung (3,9208 g in 1 l Wasser), von welcher bei genauer Einstellung 10 ccm = 10 ccm $1/100$ Chamäleonlösung entsprechen; 1 ccm der letzteren entspricht 0,19 mg salpetriger Säure.

100 ccm des zu prüfenden nitrithaltigen Wassers werden mit einem Ueberschuss von $1/100$ Chamäleonlösung (5, 10 etc. ccm) versetzt und mit 5 ccm verdünnter Schwefelsäure (1 : 3) angesäuert. Darauf setzt man eben soviel oder die der Anzahl ccm der zugesetzten Chamäleonlösung entsprechende Anzahl ccm Eisenammonsulfatlösung zu und titrirt mit Chamäleon bis zu eben eintretender Rothfärbung zurück.

Zieht man von der Gesammtmenge der verbrauchten ccm Chamäleonlösung die zur Oxydation der hinzugesetzten Eisenammonsulfatlösung erforderlichen ccm dieser Lösung ab, und multiplicirt den Unterschied in ccm mit 0,19, so erhält man die in 100 ccm Wasser enthaltenen Milligramme salpetriger Säure.

Sind von der Chamäleonlösung z. B. im Ganzen verbraucht $10 + 2,4$ ccm und entsprechen 10 ccm der Eisenammonsulfatlösung = 9,9 ccm Chamäleonlösung, so sind:

$10 + 2,4 = 12,4 - 9,9 = 2,5$ ccm $1/100$ Chamäleonlösung zur Oxydation der salpetrigen Säure verwendet, also in 100 ccm Wasser $2,5 \times 0,19 = 0,475$ mg, oder in 1 l Wasser $0,475 \times 10 = 4,75$ mg $N_2 O_3$ vorhanden.

Wenn die Titration in der Kälte bei 15^0 vorgenommen wird, so wirken die organischen Stoffe nicht oder kaum schädlich.

6. Bestimmung der Salpetersäure.

a) Qualitativer Nachweis. α) In einem kleinen Schälchen werden einige Körnchen reinen Diphenylamins in 5 ccm reiner koncentrirter Schwefelsäure gelöst; hiernach lässt man langsam 1 ccm des zu prüfenden Wassers zufliessen und rührt um. Bei Gegenwart von Salpetersäure tritt eine blaue Färbung ein. Es ist nothwendig, dieselbe Reaktion mit salpetersäurefreiem, destillirtem Wasser nebenher zu machen, das man sich herstellt, indem man destillirtes Wasser nochmals mit etwas Kalilauge destillirt.

β) Man kann auch auf Salpetersäure prüfen, indem man sie zu salpetriger Säure reducirt und diese mittels Jodzinkstärke nachweist; zu dem Ende giebt man zu dem mit Schwefelsäure angesäuerten Wasser ein Stückchen Zink und prüft dann auf salpetrige Säure nach einem der vorstehenden Verfahren.

γ) Man kann weiter den Nachweis der Salpetersäure bewirken, indem man etwas Brucin in einer kleinen Porzellanschale in reiner koncentrirter Schwefelsäure löst und 1 ccm des zu prüfenden Wassers zufliessen lässt. Eine starke Rothfärbung zeigt die Gegenwart von Salpetersäure an.

b) **Quantitative Bestimmung.** Die quantitative Bestimmung der Salpetersäure geschieht

α) nach dem Verfahren von K. Ulsch. 1 l des zu untersuchenden Wassers wird in einer Schale rasch über freier Flamme bis auf etwa 30 ccm eingedampft. Diese werden in einen Kochkolben von ca. 600 ccm Inhalt gegeben, die Schale noch mehrmals nachgespült, so dass die ganze Menge des Wassers etwa 60—80 ccm beträgt. Nach dem Erkalten säuert man die Flüssigkeit schwach mit Schwefelsäure an, fügt 10 ccm verdünnte Schwefelsäure vom specifischen Gewicht 1,35 (1 Vol. koncentrirte Schwefelsäure und 2 Vol. Wasser) und 5 g Ferrum hydrogenio reductum hinzu und bedeckt den Kolben entweder mit einem kleinen, birnförmigen, mit kaltem Wasser gefüllten Gefäss, oder man verschliesst den Kolben mit dem kleinen Apparat, welchen Ulsch vorgeschlagen hat[1]). Der Kolben wird alsdann auf dem Drahtnetz über sehr kleiner Flamme angewärmt. Man steigert dann die Hitze so, dass eine lebhafte, aber nicht zu heftige Gasentwicklung vor sich geht, lässt die Flüssigkeit nach etwa 4 Minuten, von dem Beginn des Erwärmens an gerechnet, gelinde sieden und erhält ungefähr eine Minute lang im Sieden. Die Reduktion der Salpetersäure zu Ammoniak ist alsdann beendet. Man lässt den Kolbeninhalt völlig erkalten, fügt 50 ccm destillirtes Wasser und 20 ccm Natronlauge von 1,25 specifischem Gewicht zu und bestimmt das Ammoniak in bekannter Weise durch Destillation unter Vorlegen von $^1/_{10}$ Normal-Schwefelsäure. Als Indikator bei der Titration dient Methylorange. Die Destillationsdauer für das Uebertreiben des Ammoniaks beträgt etwa 20 Minuten. Mit den benutzten Reagentien ist selbstverständlich ein blinder Versuch auszuführen.

β) Nach der Methode von Schulze-Tiemann. Statt des Verfahrens von K. Ulsch durch Ueberführen in Ammoniak kann man sich zur Bestimmung der Salpetersäure auch der Ueberführung derselben in Stickstoffoxyd mittels Salzsäure und Eisenchlorürs nach Schulze-Tiemann bedienen, wobei je nach dem Gehalt an Salpetersäure 100 ccm bis 1 l auf etwa 50 ccm eingedampft werden[2]).

γ) Nach der Indigomethode von R. Warington.

Die hierzu erforderliche Indigolösung bereitet man sich, indem man 4 g sublimirtes Indigotin während einiger Stunden mit dem 5 fachen Gewicht rauchender Schwefelsäure behandelt, die Flüssigkeit alsdann mit Wasser verdünnt, filtrirt und auf 2 Liter bringt. Die Stärke der Indigolösung wird zunächst nach dem sogleich zu beschreibenden Verfahren mittels einer Normal-Salpeterlösung bestimmt. Durch Verdünnen stellt man die Indigolösung dann so ein, dass sie etwa viermal so verdünnt ist, als der Normal-Salpeterlösung entspricht, indem man, um die Lösung haltbar zu machen, auch so viel reine Schwefelsäure zufügt, dass die sich schliesslich ergebende verdünnte Indigolösung 4 Volumprocente enthält. Diese Lösung ist im Dunkeln aufzubewahren.

---

[1]) Zeitschr. f. analyt. Chemie 1891. *30.* 179.

[2]) Ueber die weitere Ausführung vergl. Walter-Gärtner: Untersuchung und Beurtheilung der Wässer 1895 4. Aufl. S. 154.

Da der Wirkungswerth der Indigolösung nicht einfach im Verhältniss zu der vorhandenen Salpetersäure steht, stellt man sich mittels einer Normal-Salpeterlösung (1,011 g Kaliumnitrat im Liter) Salpeterlösungen von $\frac{1}{4}$, $\frac{1}{8}$, $\frac{1}{16}$, $\frac{1}{32}$ und $\frac{1}{64}$ der normalen Stärke her.

Weiterhin ist für einen Vorrath reiner destillirter Schwefelsäure zu sorgen, damit dieselbe bei allen Versuchen stets gleichmässig ist.

Ein weiteres Erforderniss ist ein mit Thermometer versehenes Chlorcalciumbad, welches auf einer Temperatur von 140° gehalten wird.

Das Einstellen der Indigolösung wird folgendermaassen ausgeführt:

In einen weithalsigen Kolben von etwa 150 ccm lässt man zu 10 oder 20 ccm der eingestellten Salpeterlösung, je nach der Menge der in dem Wasser enthaltenen Salpetersäure, so viel Indigolösung aus einer Bürette zufliessen, als erforderlich erscheint, und mischt durch Umschütteln.

Man setzt dann die dem Gesammtvolumen gleiche Menge Schwefelsäure, aus einer Glashahnbürette in eine Proberöhre abgemessen, mit einem Male, so rasch als möglich und stets gleichmässig, zu, mischt rasch den Kolbeninhalt und bringt den Kolben in das Chlorcalciumbad.

Sobald der grössere Theil des Indigos oxydirt ist, schüttelt man den Flascheninhalt für einen Augenblick leicht um und beobachtet, in welcher Beziehung die Menge der angewendeten Indigolösung zu der Salpeterlösung stand.

Durch Anstellen einer Reihe von Versuchen mit wechselnden Indigomengen wird man den Indigotiter der Salpeterlösung kennen lernen; bei diesen Versuchen muss jedoch jeweils soviel Schwefelsäure zugesetzt werden, dass deren Volumen demjenigen der Salpeter- und Indigolösung gleich ist. Das Ziel ist erreicht, wenn 0,1 ccm der Indigolösung unoxydirt bleibt. Dieser Ueberschuss kann entweder mit dem Auge geschätzt oder bei mangelnder Uebung durch einen weiteren Versuch mit 0,1 ccm weniger Indigolösung kontrollirt werden. Der kleine Ueberschuss an Indigo wird am besten wahrgenommen, wenn man den Kolben mit Wasser auffüllt. Der angewendete Ueberschuss von 0,1 ccm Indigolösung ist von der an der Bürette abgelesenen Menge in Abzug zu bringen.

Von einem Wasser wendet man in der Regel 20 ccm an. Die Titration führt man genau in derselben Weise wie bei der Titereinstellung aus, doch ist es nothwendig, die Einstellung der Indigolösung mit je 20 ccm $\frac{1}{8}$, $\frac{1}{16}$, $\frac{1}{32}$ und $\frac{1}{64}$ Normal-Salpeterlösung vorzunehmen. Bei den an Salpetersäure ärmeren Lösungen nimmt die Reaktion einige Zeit, bis zu mehr als 5 Minuten, in Anspruch; es ist erforderlich, dass die Temperatur genau auf 140° gehalten wird.

Statt der oben angegebenen Einstellung der Indigolösung auf 4 verschiedene Gehalte der Salpeterlösung wird es manchmal hinreichen, nur auf $\frac{1}{8}$ und $\frac{1}{64}$ Normal-Salpeterlösung einzustellen und alle dazwischen liegenden Werthe durch Rechnung abzuleiten.

Wenn bei höherem Salpetersäuregehalt mit 10 ccm Wasser gearbeitet wird, so müssen selbständige Einstellungen mit $\frac{1}{4}$ und $\frac{1}{8}$ Normal-Salpeterlösung vorgenommen werden.

Mit 20 ccm Wasser soll man arbeiten, wenn der Gehalt weniger als 0,067 g N_2O_5 im Liter beträgt, mit 10 ccm Wasser bei einem Gehalt unter 0,134 g im Liter; an Salpetersäure reichere Wässer müssen zur Untersuchung verdünnt werden.

Bei den Versuchen spielt auch die Anfangstemperatur eine nicht unbedeutende Rolle; es ist daher immer unter gleichen Verhältnissen zu arbeiten.

7. Bestimmung des Chlors.

Das Chlor wird für gewöhnlich maassanalytisch nach Mohr bestimmt; bei etwaiger alkalischer Reaktion des Wassers neutralisirt man mit Essigsäure. Für sehr kleine Mengen von Chlor (unter 10 mg im Liter) ist jedoch dieses Verfahren weniger empfehlenswerth, da man in solchen Fällen das zu untersuchende Wasser vorher eindampfen muss. In diesem Falle bestimmt man das Chlor am besten gewichtsanalytisch. 500 ccm Wasser werden mit Salpetersäure angesäuert, sofort mit salpetersaurem Silberoxyd versetzt und zur Abscheidung des Chlorsilbers erwärmt. Die Wägung des Chlorsilbers geschieht am besten nach der Reduktion im Wasserstoffstrome als metallisches Silber. Sind grössere Mengen organischer Stoffe zugegen, so dampft man das mit kohlensaurem Natrium deutlich alkalisch gemachte Wasser in einer Platinschale ein, erhitzt den Rückstand zu gelindem Glühen und bestimmt das Chlor in dem wässerigen Auszuge.

Bei hohem Gehalt an organischen Stoffen muss man in folgender Weise verfahren:

100 ccm des filtrirten Wassers — bei hohem Gehalt entsprechend weniger, bei niedrigem mehr — werden zum Kochen erhitzt, ein oder mehrere Körnchen Kaliumpermanganat hinzugesetzt und so lange gekocht, bis die Flüssigkeit vollständig farblos bezw. violett geworden ist und die Manganoxyde sich flockig abgeschieden haben. Hat man etwas zu viel Kaliumpermanganat zugesetzt, so dass die Flüssigkeit roth gefärbt bleibt, so fügt man einen oder einige Tropfen absoluten Alkohol zu, bis Entfärbung eintritt. Dann wird filtrirt, ausgewaschen und das wasserhelle Filtrat wie üblich mit $^1/_{10}$ Normalsilberlösung titrirt.

Sollte man zur Zerstörung der organischen Stoffe viel Kaliumpermanganat verbraucht haben und das Filtrat eine ausgeprägte alkalische Reaktion besitzen, so neutralisirt man entweder vor der Titration mit Salpetersäure oder Essigsäure, oder man säuert mit Salpetersäure an und bestimmt das Chlor gewichtsanalytisch durch Fällen mit Silberlösung oder titrimetrisch nach Volhard.

8. Bestimmung der Schwefelsäure.

Je nach dem Gehalt werden 200 ccm bis 1 l des Wassers — bei einem trüben Wasser nach der Filtration — mit Salzsäure deutlich angesäuert, wenn erforderlich eingedampft und in üblicher Weise kochend heiss mit einem nicht zu schwachen Ueberschusse von Chlorbaryum gefällt. Hat man vorher die Kieselsäure abgeschieden, so ist zu berücksichtigen, dass der Rückstand wegen der Schwerlöslichkeit des Calciumsulfats genügend mit heissem, salzsäurehaltigem Wasser ausgewaschen werden muss. In dem Filtrat von der Schwefelsäurefällung lassen sich zweckmässig die Alkalien bestimmen.

9. Nachweis freier Kohlensäure und Bestimmung der Kohlensäure in verschiedener Bindungsform.

a) Nachweis und Bestimmung der freien Kohlensäure.

Zur qualitativen Prüfung auf freie Kohlensäure bezw. freie Säure überhaupt löst man 1 Theil Rosolsäure in 500 Theilen $80\,\%$-igen Weingeistes, versetzt mit etwas Aetzbaryt oder Natronlauge bis zur beginnenden röthlichen Färbung und verwendet von dieser Lösung etwa $1/_2$ ccm auf 50 ccm des zu prüfenden Wassers. Bei Gegenwart von freier Kohlensäure bezw. freien Säuren wird die Flüssigkeit farblos oder gelblich; bei Gegenwart nur von doppeltkohlensauren Salzen bleibt sie roth.

Auch kann man zur Kontrolle durch Alkali eben roth gefärbte Phenolphtaleïnlösung verwenden, welche durch Wasser mit dem geringsten Gehalt an freier Kohlensäure bezw. freier Säure entfärbt wird.

Es empfiehlt sich unter allen Umständen, Wasser, welches keine freie Kohlensäure bezw. freie Säure enthält, zum Vergleich in derselben Weise zu behandeln.

Zur quantitativen Bestimmung der freien Kohlensäure bezw. freien Säure misst H. Trillich[1]) 100 ccm Wasser in ein Erlenmeyer-Kölbchen ab, setzt 10 Tropfen Phenolphtaleïnlösung zu und titrirt nun über weissem Papier mit $1/_{10}$ Normal-Natronlauge, bis die Flüssigkeit deutlich roth bleibt. Der Versuch ist zu wiederholen, indem man die erst ermittelte Laugemenge nahezu auf einmal zusetzt und dann unter Umschütteln fertig titrirt.

b) Bestimmung der halbgebundenen und Gesammt-Kohlensäure.

Für diese Bestimmungen kann man sich des v. Pettenkofer'schen, von Trillich[2]) abgeänderten Verfahrens bedienen. Oder man verfährt nach R. Fresenius:

α) Gesammtkohlensäure. Wie in Mineralwasser (R. Fresenius, Quant. Anal., 6. Aufl. II 191, bezw. 211).

Die Einleitung der Versuche muss mit vorbereiteten Apparaten an Ort und Stelle geschehen.

Da die Kohlensäuremenge in der Regel sehr gering ist, verwendet man mit kohlensäurefreier Luft gefüllte Kochflaschen von etwa 600 ccm Inhalt, bringt in dieselben (um einen Gegenversuch zu ersparen) je 20 bis 40 ccm klares Barytwasser und füllt die Kochflaschen zu reichlich $2/_3$ mit dem zu untersuchenden Wasser an.

----

[1]) H. Trillich, Die Münchener Hochquellenleitung aus dem Mangfallthale. München, M. Rieger'sche Univ.-Buchhandlung 1890, II. Theil, S. 63 u. f., und Emmerich und Trillich, Anleitung zu hygienischen Untersuchungen. München 1892 S. 116.

[2]) Vergl. vorstehende Anmerkung.

Man kann dann die Kohlensäure direkt, ohne vorher den Niederschlag abzufiltriren, durch Zufügen von Säure austreiben und bestimmen.

β) Die halbgebundene Kohlensäure wird man gewöhnlich berechnen (R. Fresenius, Quant. Analyse, VI. Aufl. II, 164) oder zur Kontrolle titrimetrisch bestimmen.

10. Bestimmung der Phosphorsäure.

Zur Bestimmung der Phosphorsäure, die in einem Trinkwasser allerdings nur selten vorkommt, dampft man 1 l Wasser und mehr unter Zusatz von etwas Soda und Salpeter in einer Platinschale zur Trockne, glüht den Rückstand, nimmt letzteren mit Salzsäure auf, spült in eine Porzellanschale, scheidet durch Eindampfen mit Salzsäure die Kieselsäure ab, filtrirt, fügt dem Filtrate Salpetersäure zu und verdampft wiederholt mit Salpetersäure. Der Rückstand wird dann mit Salpetersäure aufgenommen und die Phosphorsäure nach dem Molybdänverfahren bestimmt.

11. Bestimmung des Schwefelwasserstoffs.

Der Schwefelwasserstoff bezw. die Schwefelalkalien geben sich meistens schon durch den Geruch zu erkennen. Für den qualitativen Nachweis entfernt man durch Zusatz von 1—2 ccm Natriumhydroxyd und Natriumkarbonatlösung (1 : 2) die Erdalkalien, lässt vollständig absetzen und prüft Theile der überstehenden klaren Flüssigkeit mittels alkalischer Bleilösung oder mit Nitroprussidnatrium. Unter Umständen kann man mit diesen Reagentien durch Vergleich mit Flüssigkeiten von bekanntem Schwefelwasserstoffgehalt den Gehalt des fraglichen Wassers annähernd kolorimetrisch bestimmen.

Man kann auch den Schwefelwasserstoffgehalt des Wassers nach Dupasquier-Fresenius maassanalytisch mittels einer $^1/_{100}$-Normal-Jodlösung bestimmen.

Für Ermittelung eines grösseren Gehaltes an Schwefelwasserstoff und Schwefelverbindungen vergl. die Lehrbücher der quantitativen chemischen Analyse.

12. Bestimmung der Kieselsäure.

1—2 l oder mehr Wasser werden nach dem Ansäuern mit Salzsäure in einer Porzellanschale auf dem Wasserbade eingedampft. Den Rückstand durchfeuchtet man nochmals mit verdünnter Salzsäure, trocknet auf dem Wasserbade und weiter unter entsprechender Vorsicht auf dem Sandbade aus und filtrirt nach dem Aufnehmen mit Salzsäure und Wasser die zurückbleibende Kieselsäure. Bei ganz klaren Wässern ist der so bestimmte Rückstand Kieselsäure, bei trüben kann ausserdem darin Thonerde in Silikatverbindung enthalten sein.

Hat man in einer Platinschale bei Gegenwart von erheblichen Mengen von Nitraten oder bei Anwesenheit von Eisen gearbeitet, so pflegt Platin in Lösung überzugehen, und ist der abgeschiedenen Kieselsäure durch

Reduktionsvorgänge leicht Platin beigemengt. In dem letzteren Fall muss man die Kieselsäure mit Flusssäure und Schwefelsäure verflüchtigen. Eine Verflüchtigung der Kieselsäure ist auch stets angezeigt, wenn opalisirende Wässer zur Untersuchung vorliegen.

Hat man in einer Porzellanschale gearbeitet, so lässt sich die abgeschiedene Kieselsäure häufig auch durch Reiben nicht leicht aus der Schale entfernen. Man erwärmt dann zweckmässig die gebliebenen Ringe von Kieselsäure wenige Minuten mit verdünnter, chemisch reiner Kalilauge und scheidet aus der alkalischen Lösung durch Eindampfen mit Salzsäure in einer Platinschale die kleine Kieselsäuremenge noch ab.

13. Bestimmung von Eisenoxyd und Thonerde.

Das nach Abscheidung der Kieselsäure erhaltene Filtrat versetzt man der Sicherheit halber mit etwas Chlorwasser[1]) und, wenn erforderlich, mit etwas Chlorammonium und mit Ammoniak bis zur deutlich alkalischen Reaktion. Nach kurzem Erwärmen beobachtet man, ob ein Niederschlag vorhanden ist. Tritt ein solcher nicht auf, so geht man sofort zur Bestimmung des Kalks über, im anderen Falle erst nach der Filtration und event. wiederholter Fällung mit Ammoniak.

Einen entstandenen Ammonniederschlag wird man je nach der Menge und dem Aussehen desselben verschieden weiter verarbeiten.

Ist das zur Untersuchung gelangte Wasser durch darin schwebenden Thon mehr oder minder stark opalisirend gewesen, so wird der Ammonniederschlag nur schwach gefärbt sein und im Wesentlichen aus Thonerde bestehen. Man wiegt dann denselben einfach und verzichtet gewöhnlich auf eine weitere Trennung. Einen weissen Ammonniederschlag als in Wasser gelöst gewesene Thonerde anzuführen, würde nur statthaft sein, wenn das Wasser absolut klar war, das Abdampfen in einer Platinschale stattfand und die Reagentien ganz rein waren.

Ist der Ammonniederschlag braunröthlich gefärbt und sollen seine Bestandtheile weiter getrennt werden, so löst man ihn in Salzsäure, versetzt die Lösung mit Weinsteinsäure, fügt Ammon zu und fällt mit Schwefelammonium. Den gut ausgewaschenen Niederschlag von Schwefeleisen löst man in Salzsäure und fällt nach dem Oxydiren mit Ammon. Das abfiltrirte Eisenoxyd wird gewogen. Anderenfalls kann man den Ammonniederschlag zunächst wiegen und dann erst die Trennung bezw. die Wägung des reinen Eisenoxyds ausführen. Einen sich hierbei ergebenden Gewichtsunterschied als Thonerde anzusprechen, ist nicht statthaft, da in der Regel sehr kleine Gewichtsunterschiede in Betracht kommen werden und diese nicht als allein aus dem Wasser stammende Thonerde gedeutet werden dürfen, sondern

---

[1]) Statt Chlorwasser Bromwasser oder Bromsalzsäure zu verwenden, ist nicht zweckmässig wegen des späteren Verjagens der Ammonsalze vor der Fällung der Magnesia in einem Platingefässe.

als aus den benutzten Gefässen und den Reagentien mit herrührend betrachtet werden müssen.

Geringe Mengen Eisen lassen sich, wie das häufig für die nach dem Enteisenungsverfahren gereinigten Leitungswässer zur Kontrolle des Betriebes erforderlich ist, recht gut mittels Rhodanammoniums kolorimetrisch bestimmen und können für den Zweck die von J. König[1]) eingerichteten Kolorimeter verwendet werden.

Anmerkung 1. Enthält ein Wasser Phosphorsäure, so ist zu berücksichtigen, dass der vorstehend enthaltene Ammonniederschlag Phosphorsäure als phosphorsaures Eisenoxyd, phosphorsaure Thonerde oder phosphorsauren Kalk enthalten muss. Es muss dann sinngemäss gearbeitet werden, da der weitere Gang davon abhängig ist, in welchem Verhältniss die Phosphorsäure zur Menge des etwa vorhandenen Eisenoxyds und der Thonerde steht.

2. War der mit Soda und Salpeter nach No. 10 geschmolzene Glührückstand des Wassers so stark grün gefärbt, dass auf eine bestimmbare Menge Mangan zu schliessen ist, so muss man zur Abscheidung und Bestimmung desselben eine grössere Menge Wasser verwenden und verfährt alsdann nach dem bei Mineralwässern üblichen Verfahren, vergl. R. Fresenius, quant. Analyse VI. Aufl. Bd. 2 S. 217. Zu berücksichtigen ist dann, dass man bei den in No. 13—15 besprochenen Bestandtheilen — einem eventuell erhaltenen Ammonniederschlag, dem Kalk und der Magnesia — mit der Möglichkeit zu rechnen hat, dass die Niederschläge Mangan enthalten können, welches eventuell zu bestimmen und in Abzug zu bringen ist.

14. Bestimmung des Kalkes.

Das auf Kalk und Magnesia zu verarbeitende Filtrat von dem Ammonniederschlage säuert man mit Essigsäure deutlich an und fällt aus essigsaurer Lösung mit oxalsaurem Ammon den Kalk als oxalsauren Kalk. Die Wägung des Niederschlags bewirkt man bei kleinen Mengen als Aetzkalk, anderenfalls als schwefelsauren oder kohlensauren Kalk.

15. Bestimmung der Magnesia.

Das Filtrat von dem oxalsauren Kalk verdampft man zur Trockne und verjagt durch Glühen in einer Platinschale die Ammonsalze. Den Rückstand nimmt man mit Salzsäure und Wasser auf und fällt in der klaren Lösung in bekannter Weise die Magnesia als phosphorsaure Ammonmagnesia[2]).

---

[1]) J. König, Die Untersuchung landw. u. gewerbl. wichtiger Stoffe 1898 S. 619.

[2]) Die gewogene pyrophosphorsaure Magnesia enthält leicht etwas phosphorsaure Thonerde, welche man als Korrektur zurückbestimmt, indem man den gewogenen Niederschlag in Salzsäure löst und die Lösung mit Ammon und dann mit Essigsäure übersättigt.

Die **Erdalkalien** bedingen die Härte des Wassers; man unterscheidet „**Gesammthärte**“, nämlich die Gesammtheit der in dem ungekochten Wasser enthaltenen Salze, „**vorübergehende oder temporäre Härte**“, die durch Kochen abgeschiedenen Salze und „**bleibende oder permanente Härte**“, die nach dem Kochen noch gelöst bleibenden Kalk- und Magnesiasalze.

Deutsche Härtegrade bedeuten Theile Ca O, **französische** Theile Ca CO$_3$ für 100000 Theile Wasser; durch Multiplikation der französischen Härtegrade mit 0,56 erhält man deutsche Härtegrade.

Einen zuverlässigen Ausdruck für die Härte erhält man nur aus der Berechnung mit den quantitativ ermittelten Werthen für Kalk und Magnesia, wobei die Magnesia durch Multiplikation mit 1,4 auf den äquivalenten Kalkwerth umzurechnen ist.

Die vorübergehende oder temporäre Härte kann man folgendermaassen bestimmen:

Man kocht 500 ccm Wasser in einem Kolben aus Jenenser Gerätheglas 2—2$^1/_2$ Stunden lang am Rückflusskühler, filtrirt noch heiss und wäscht Kolben und Filter mit ausgekochtem destillirten Wasser nach. Das Filter wird sodann in den Kolben zurückgegeben, an dessen Wandungen die grösste Menge der ausgeschiedenen Karbonate haften geblieben ist. Nach Zufügen von 20, bezw. 25 ccm $^1/_{10}$ Normalschwefelsäure und Nachspülen mit Wasser erhitzt man zum Kochen, bis die Kohlensäure ausgetrieben ist. Zeigt zugesetzte Lackmustinktur, dass man genügend Schwefelsäure zugefügt hat, so titrirt man mit $^1/_{10}$ Normallauge zurück und berechnet aus dem Säureverbrauch die vorübergehende oder temporäre Härte[1]).

16. Bestimmung der Alkalien.

1—3 l Wasser, je nach dem Gehalt an gelösten Bestandtheilen, werden auf etwa 100 ccm eingedampft und mit einer koncentrirten Lösung von Barythydrat versetzt. Man kocht auf und beobachtet, ob auch nach dem Aufkochen alkalische Reaktion vorhanden ist. In der Regel wird 1 g Barythydrat auf 1 l Wasser sich als ausreichend erweisen. Man spült nun Niederschlag sammt Flüssigkeit in einen Halbliterkolben, füllt bis zur Marke auf, schüttelt um und lässt absitzen. Von der klaren Flüssigkeit, mit dem Heber abgezogen oder durch ein trockenes Filter abgegossen, nimmt man 400 ccm. Diese fällt man in einem Halbliterkolben mit Ammon und kohlensaurem Ammon unter Zusatz von wenigen Tropfen oxalsaurem Ammon, stellt die Flüssigkeit wiederum auf die Marke ein, mischt dieselbe durch Schütteln und lässt 12 Stunden lang absitzen. 400 ccm der klaren Flüssigkeit dampft man in einer Platinschale ein, verjagt die Ammonsalze durch gelindes Glühen, nimmt den Rückstand mit wenig Wasser auf, fällt die Lösung nochmals mit geringen Mengen von

---

[1]) Dieses Verfahren liefert nur annähernd richtige Werthe, da die Menge der beim Kochen ausfallenden Karbonate von der Dauer des Kochens abhängig ist.

Ammon und kohlensaurem Ammon, filtrirt einen etwa entstehenden kleinen Niederschlag ab, wäscht denselben aus und wägt die nach dem Eindampfen der Lösung, Erhitzen des Rückstandes und nach Abdampfen desselben mit Salzsäure zurückbleibenden reinen, durch vorsichtiges Erhitzen entwässerten Chloralkalien.

Das gefundene Gewicht, mit 25 multiplicirt und durch 16 dividirt, liefert die Gewichtsmenge Chloralkalien, welche sich aus der ursprünglich angewendeten Wassermenge ohne jede Eintheilung bei der Verarbeitung ergeben haben würde. Diese Zahl rechnet man in der Regel einfach auf Natron um; nur in Ausnahmefällen wird man zu einer Trennung der Chloralkalien und zu einer Bestimmung des Kalis als Kaliumplatinchlorid übergehen.

17. Bestimmung des etwa vorhandenen kohlensauren Natrons.

Sofern das eingedampfte Wasser deutliche alkalische Reaktion auf Kurkumapapier zeigt, ist kohlensaures Natron zugegen.

1—3 Liter Wasser werden dann in einer Porzellanschale oder besser Platinschale auf einen kleinen Rest eingedampft und die Flüssigkeit durch ein kleines Filter filtrirt. Nach dem Auswaschen von Schale und Filter wird das Filtrat mit $^1/_{10}$ Normal - Salzsäure unter Anwendung von Methylorange als Indikator titrirt[1]).

In der titrirten Flüssigkeit prüft man auf Magnesia — Kalk ist bei Anwesenheit von kohlensaurem Natron in bestimmbarer Menge nicht vorhanden — und bestimmt die etwa vorhandene Menge derselben.

Zieht man die der bestimmten Magnesia entsprechende Säuremenge von dem obigen Säureverbrauch ab, so berechnet sich aus dem Unterschied das kohlensaure Natron.

18. Nachweis und Bestimmung von Blei, Kupfer,
Zink und Arsen.

Blei kann bei einem Gehalt des Wassers an freier Kohlensäure und Sauerstoff aus den Leitungsröhren in ein Wasser gelangen; wenn zu letzteren auch Zink oder galvanisch verzinkte, sogenannte galvanisirte Eisenröhren, bezw. Kupfer verwendet wurden, so können auch Zink bezw. Kupfer in ein Wasser übergehen. Zink und Kupfer können auch aus dem Boden herrühren, Arsen dagegen kommt ausser in Heilquellen wohl nur als ausnahmsweise Verunreinigung in Betracht.

Zum qualitativen Nachweis wie zur quantitativen Bestimmung der Schwermetalle werden ein und mehr Liter des Wassers je nach dem Gehalt unter Ansäuern mit Salzsäure auf ein geringes Volumen eingedampft, in die Lösung Schwefelwasserstoff geleitet und die Schwefelmetalle (Blei

---

[1]) Selbstverständlich kann man auch einen Säureüberschuss zugeben und mit $^1/_{10}$ Normallauge und Phenolphtaleïn oder Lakmus etc. als Indikator zurücktitriren.

und Kupfer) in üblicher Weise nachgewiesen bezw. quantitativ bestimmt. Das Filtrat wird nach dem Wegkochen des Schwefelwasserstoffs mit Salpetersäure oxydirt und durch Fällung mit überschüssigem Ammon etwaiges Eisen abgeschieden. In dem Filtrate prüft man mit Schwefelammonium auf Zink.

Will man das ursprüngliche Wasser bei Abwesenheit anderer Schwermetalle direkt auf Zink prüfen, so kann dies geschehen, indem man mit Chlorammonium und Schwefelammonium versetzt.

Arsen wird man zweckmässiger Weise immer wie bei Mineralwässern feststellen und bestimmen.

Bei geringeren vorhandenen Mengen der Metalle kann man sich zur annähernden quantitativen Bestimmung auch der kolorimetrischen Verfahren bedienen.

19. Bestimmung des in Wasser gelösten Sauerstoffs.

Die Bestimmung des in Wasser gelösten Sauerstoffs wird nur selten erforderlich sein; wenn sie nothwendig werden sollte, wird sie zweckmässig nach dem Verfahren von L. W. Winkler[1] ausgeführt. Ueber die Ausführung vergl. die unten aufgeführten Lehrbücher.

20. Bestimmung des in Wasser gelösten Stickstoffs.

Will man über vorhandenen gasförmig gelösten Stickstoff gleichzeitig ein Urtheil gewinnen, so wird man das gasvolumetrische Verfahren zur Anwendung bringen[2].

21. Aufführung der Ergebnisse der chemischen Untersuchung.

Die Ergebnisse der Untersuchung werden in Milligrammen (mg) für 1 l angegeben; die Metalle sind als Oxyde, die Säuren als Anhydride anzugeben und die chemischen Formeln stets beizufügen.

Bei denjenigen Bestandtheilen, für deren Bestimmung in diesen Vereinbarungen mehrere Verfahren angegeben sind, ist zu verzeichnen, nach welchem Verfahren gearbeitet worden ist.

Von einer Berechnung auf Salze durch Bindung der Einzelbestandtheile ist Abstand zu nehmen; solche Angaben sind nur zulässig, sofern sie analytisch festgelegt sind, wie etwa durch quantitative Bestimmung des kohlensauren Natrons (vergl. No. 17).

---

[1] Walter-Gärtner, Untersuchung und Beurtheilung der Wässer 1895 4. Aufl. S. 308 u. 309.

J. König, Untersuchung landw. und gewerbl. wichtiger Stoffe. 1898. 2. Aufl. S. 621.

[2] Walter-Gärtner, Untersuchung und Beurtheilung der Wässer. 1895. 4. Aufl. S. 298 u. f.

Mikroskopische Untersuchung des Wassers.

Die direkte mikroskopische Untersuchung des Wassers auf belebte und unbelebte Sink- und Schwebestoffe wird meist nur erforderlich sein, wenn dasselbe eine sichtbare Trübung oder vereinzelte schwimmende Theilchen aufweist. Um sich diese Stoffe zugänglich zu machen, filtrirt man sie ab oder lässt sie in einem Spitzglase (wenn erforderlich unter Bildung eines künstlichen Niederschlages durch Zugabe von etwas Alaunlösung und Ammoniak) absetzen oder sammelt sie durch Centrifugiren des Wassers.

Ein Urtheil über Menge und Art der vorhandenen Stoffe kann man nur bei Durchmusterung zahlreicher mikroskopischer Präparate erlangen.

Hierbei sind namentlich zu beachten:

1. Verunreinigungen durch menschliche und thierische Abfallstoffe, Abfälle durch den menschlichen Haushalt,
    a) Fasern von Wolle, Baumwolle, Leinen, Papier,
    b) Stärkekörner, pflanzliche Gewebe, Fleischreste, Reste von Stuhlentleerungen.

2. Sand, Lehm, Humus, Holztheilchen, Rinden- und Gewebstheile, Strohreste, Pollenkörnchen, Haare, Farbstoffreste, Insektenpanzer, Bakterien, Sporen niederer Pflanzen.

3. Lebende Thiere und Pflanzen, Pflanzenreste (Infusorien, Algen, Pilze, Diatomeen, Konferven u. s. w.), aus dem Wasser, der Quellfassung, dem Brunnenschachte u. s. w. stammend.

Für das Nähere hierüber muss auf Sonderwerke[1] verwiesen werden. Die Bestimmung der Arten der niederen thierischen und pflanzlichen Lebewesen des Wassers ist Aufgabe des Fachmannes; dieselbe wird nur in selteneren Fällen nothwendig sein.

Bakteriologische Untersuchung.

Die steril entnommenen Wasserproben sind, wenn das Wasser nicht auf Eis verpackt und aufbewahrt wird, längstens $1\frac{1}{2}$—2 Stunden nach der Entnahme zu den Kulturversuchen zu verwenden.

Zur Feststellung der Keimzahl in dem zu prüfenden Wasser sind 4 Kulturversuche mit Nährgelatine entweder in Petri'schen Schalen, oder auf Glasplatten anzustellen. Das Verfahren der Rollröhrchen ist

---

[1] Eyferth, Die einfachsten Lebensformen des Thier- und Pflanzenlebens. Naturgeschichte der mikroskopischen Süsswasserbewohner. 1885.

G. Schoch, Die mikroskopischen Thiere des Süsswasser-Aquariums 1886.

W. Ohlmüller, Die Untersuchung des Wassers. Berlin 1896.

Walter-Gärtner, Untersuchung und Beurtheilung der Wässer. Braunschweig 1895.

C. Mez, Mikroskopische Wasseranalyse. Berlin 1898.

weniger geeignet, da die Gelatinefläche frühzeitig durch verflüssigende Bakterienarten zerstört wird. Hierzu sind je nach dem vermuthlichen Bakteriengehalt 1 ccm oder Theile eines solchen, welche mittels einer fein eingetheilten Pipette abzumessen sind, zu verwenden; bei stärker verunreinigtem Wasser wird man zu Verdünnungen mit sterilisirtem Wasser schreiten müssen.

Für die Kulturversuche ist eine Fleischextraktpepton-Nährgelatine ausreichend, welche nach folgender Vorschrift hergestellt wird:

> 2 Theile Fleischextrakt Liebig,
> 2 Theile trockenes Pepton Witte und
> 1 Theil Kochsalz

werden in

> 200 Theilen Wasser

gelöst; die Lösung wird ungefähr eine halbe Stunde im Dampfe erhitzt und nach dem Erkalten und Absetzen filtrirt.

Auf 900 Theile dieser Flüssigkeit werden

> 100 Theile feinster weisser Speisegelatine

zugefügt; nach dem Quellen und Erweichen der Gelatine wird deren Auflösung durch (höchstens halbstündiges) Erhitzen im Dampfe bewirkt.

Darauf werden der siedend heissen Flüssigkeit

> 30 Theile Normalnatronlauge[1])

zugefügt und jetzt tropfenweise so lange von dieser Normalnatronlauge zugegeben, bis eine herausgenommene Probe auf glattem blauvioletten Lackmuspapier neutrale Reaktion zeigt, d. h. die Farbe des Papiers nicht verändert.

Nach viertelstündigem Erhitzen im Dampfe muss die Gelatinelösung nochmals auf ihre Reaktion geprüft und, wenn nöthig, die ursprüngliche Reaktion durch einige Tropfen Normalnatronlauge wieder hergestellt werden.

Alsdann wird der so auf den Lackmusblauneutralpunkt eingestellten Gelatine:

> 1 ½ Theile krystallisirter, glasblanker (nicht verwitterter) Soda[2]) zugegeben, die Gelatinelösung durch weiteres halb- bis höchstens dreiviertel-stündiges Erhitzen im Dampfe geklärt und darauf durch ein mit heissem Wasser angefeuchtetes, feinporiges Filtrirpapier filtrirt.

Unmittelbar nach dem Filtriren wird die noch warme Gelatine zweckmässig mit Hülfe einer Abfüllvorrichtung, z. B. des Treskow'schen Trichters, in (durch einstündiges Erhitzen auf 130 — 150⁰) sterilisirte Reagensröhrchen in Mengen von 10 ccm eingefüllt und in diesen Röhrchen durch einmaliges 15—20 Minuten langes Erhitzen im Dampfe sterilisirt.

---

[1]) An Stelle der Normalnatronlauge kann auch eine 4%-ige Natriumhydroxydlösung angewendet werden.

[2]) Statt 1,5 Gewichtstheile krystallisirter Soda können auch 10 Raumtheile Normal-Sodalösung genommen werden.

Die Nährgelatine sei klar und von gelblicher Farbe. Sie darf bei Temperaturen unter 26 ⁰ nicht weich und unter 30 ⁰ nicht flüssig werden. Blauviolettes Lackmuspapier werde durch verflüssigte Nährgelatine deutlich stärker gebläut. Auf Phenolphtaleïn reagire sie schwach sauer.

Die weitere Ausführung, Beobachtung, Zählung u. s. w. geschieht nach F. Hüppe „Die Methoden der Bakterienforschung" und den vorstehend aufgeführten Werken von Walter-Gärtner, Ohlmüller und Mez.

Die Feststellung von pathogenen Bakterien im Wasser gehört zu den grössten Schwierigkeiten und ist nicht Sache des Nahrungsmittelchemikers; sie kann nur von dem Bakteriologen von Fach geführt werden. Es dürfte also in solchen Fällen stets für einen Chemiker gerathen sein, die Beihülfe eines Fachmannes in Anspruch zu nehmen.

Anhaltspunkte für die Beurtheilung eines Wassers.

Die viel umstrittene Frage, ob für die Beurtheilung eines Trink- und Gebrauchswassers die physikalisch-chemische oder bakteriologische Untersuchung maassgebend sein soll, hat sich in den letzten Jahren wohl dahin geklärt, dass keine dieser Untersuchungen allein ausschlaggebend ist, dass vielmehr sämmtliche vereint entscheiden müssen, unter sorgfältiger Berücksichtigung der örtlichen Verhältnisse bei Oberflächen- und bei Grundwasser, unter Berücksichtigung der Möglichkeit einer Verunreinigung durch gelöste Bestandtheile und durch ungelöste Stoffe, sowie schliesslich unter Berücksichtigung der Tragweite solcher Verunreinigungen vom hygienischen Standpunkte aus.

Es sei schon hier darauf hingewiesen, dass die chemische Untersuchung eines Wassers zunächst nicht den Zweck verfolgt, zu ermitteln, ob etwa schädliche Bestandtheile in demselben in dem Maasse enthalten sind, dass dieselben die Gesundheit des Körpers schädigen; mit Ausnahme direkt giftiger Verbindungen sind die chemischen Bestandtheile im Wasser in der Regel nicht in der Menge vertreten, dass sie einen direkten schädigenden Einfluss auf die regelmässigen Lebensvorgänge unseres Körpers ausüben. Zudem handelt es sich hierbei durchweg um Salze, welche wir in anderen Nahrungsmitteln immerwährend in weit gehaltreicherer Form aufnehmen. Von diesem Gesichtspunkte aus und namentlich deshalb, weil die Zusammensetzung eines Wassers von der Beschaffenheit der Bodenverhältnisse abhängt, ist die Aufstellung von Grenzwerthen für die chemischen Bestandtheile des Wassers nicht richtig.

Die Kenntniss der chemischen Beschaffenheit eines Wassers soll vielmehr im Einklang mit den übrigen Untersuchungsergebnissen und den obwaltenden äusseren Umständen einen Einblick geben, welchen Veränderungen das Wasser auf seinen Wegen bis zu dem Punkte der Benutzung unterworfen war. Aus einer solchen Betrachtung werden sich einerseits die kennzeichnenden Eigenschaften des betreffenden Wassers erklären, andererseits werden gewisse Bestandtheile einen Rückschluss auf die Arten etwaiger Verunreinigungen gestatten.

Hiernach wird zu erwägen sein, ob die natürlichen Reinigungsvorgänge zureichend sind, Schädigungen der Gesundheit, welche aus solchen Verunreinigungen entstehen können, zu beseitigen oder dauernd hintanzustellen.

Beurtheilung nach der physikalischen und chemischen Untersuchung.

1. Das Wasser soll klar, farblos und geruchlos sein und keinen fremdartigen Beigeschmack besitzen.

Die Temperatur des Wassers soll für unsere Verhältnisse etwa der mittleren Jahrestemperatur entsprechen, möglichst beständig sein und thunlichst 12° nicht übersteigen.

Das Wasser soll weiter während 24 Stunden keinen nennenswerthen Bodensatz liefern.

An diesen Anforderungen kann man jedoch nicht unter allen Umständen streng festhalten.

Geringes Opalisiren des Wassers, ja auch geringe Trübungen eines Grundwassers, wie solche unter besonderen Umständen durch Thon oder Eisenoxyd in der Schwebe bedingt sind, geben bei sonst guter Beschaffenheit und wenn anderes Wasser nicht zu erhalten ist, zu einer Beanstandung keinen Anlass.

Hieraus folgt weiter, dass man auch hinsichtlich des Bodensatzes unter Umständen Zugeständnisse machen muss.

Unbedingte Farblosigkeit ist nicht immer zu beanspruchen; denn bei Tiefbrunnen (artesischen Brunnen), welche Wasser aus einer Braunkohlenformation zuführen, oder bei Brunnen in Moorgegenden kann gelbliche Färbung bei sonst einwandsfreier Beschaffenheit vorkommen. Wenn solches Wasser auch einen geringen Gehalt an Schwefelwasserstoff und Eisen aufweist, so muss es dann für die Zwecke der Wasserversorgung eines Gemeinwesens beanstandet werden, nicht aus gesundheitlichen, sondern aus technischen Gründen und in Rücksicht auf Wohlgeschmack und Aussehen; in dem Einzelfalle darf es aber unbeanstandet gelassen werden.

Bei Versorgung grösserer Gemeinwesen durch Grundwasser entspricht gewöhnlich das Wasser am Entnahmeort der Anforderung bezüglich der Temperatur, jedoch zeigt das Gesammtwasser und vor allem das Wasser der einzelnen Hausleitungen häufig bedeutend höhere Temperaturgrade. Bei Versorgung mit Oberflächenwasser sind höhere Temperaturen und Schwankungen derselben unvermeidlich.

Die Schwebestoffe eines Wassers sucht man durch geeignete Filter zu entfernen. Im Grossen sind Filter vorwiegend aus Kies, Sand oder porösem Sandstein oder künstlich hergestellten Filtersteinen im Kleinen solche aus Kohle, Eisenoxydgrus, Kieselguhr, Asbest in der verschiedensten Form, poröse Porzellanrohre etc. in Gebrauch.

Jedoch können nur gemeinsame, grosse Filter empfohlen werden (vgl. oben S. 146).

2. Die Gesammtmenge der gelösten Bestandtheile eines Wassers wird abhängig sein von den Bodenverhältnissen, aus welchen das betreffende Wasser stammt; sie ist daher nur eine unterrichtende Grösse. Wichtiger für die Beurtheilung ist die Kenntniss, aus welchen Bestandtheilen sie sich zusammensetzt; wird beispielsweise das Gewicht des Abdampfrückstandes im Wesentlichen durch die Menge der Kalksalze herbeigeführt, so wird die Beurtheilung sich der über die Härte des Wassers anschliessen (vergl. unter No. 11 S. 174); oder sind Salze in solcher Masse vertreten, dass sie den Geschmack des Wassers beeinflussen, so dass es die Eigenart eines Mineralwassers annimmt, so bildet die Kenntniss des Rückstandes eine Ergänzung des Befundes der Geschmacksprüfung.

In dieser Hinsicht wird immer der Abdampfrückstand im Zusammenhang mit den im Gewichte am stärksten vertretenen Bestandtheilen des Wassers besprochen werden müssen; durch organische Stoffe soll der Abdampfungsrückstand eines Wassers bei guter Beschaffenheit nicht wesentlich gefärbt sein, vor allem aber darf er sich bei dem Erhitzen nicht schwärzen.

Für die Zwecke der Wasserversorgung eines Gemeinwesens dürfte, wenn eine Auswahl zwischen verschiedenen vorhanden ist, ein an gelösten Bestandtheilen ärmeres Wasser immer vorzuziehen sein.

3. Der Permanganatverbrauch muss stets nach einheitlichem Verfahren bestimmt werden. Derselbe liefert einen Werth, welcher alle oxydirbaren Bestandtheile des Wassers umfasst und dabei den Gehalt an gelösten organischen Bestandtheilen desselben nur theilweise zum Ausdruck bringt.

Zur Wasserbeurtheilung dürfte der Permanganatverbrauch nur insoweit in Betracht zu ziehen sein, als er auch wirklich auf Rechnung der gelösten organischen Stoffe zu setzen ist.

In diesem Sinne ist der Permanganatverbrauch eines Wassers zur Beurtheilung nur insofern heranzuziehen, als er in Vergleich gestellt wird mit Ergebnissen von Wasser gleicher Herkunft an Stellen, wo dieses noch seine natürliche Beschaffenheit bewahrt hat.

Zuweilen wird dann ein höherer Permanganatverbrauch andere Untersuchungsergebnisse, welche auf eine Verunreinigung schliessen lassen, stützen; dies kann jedoch bei der Verschiedenartigkeit der organischen Stoffe und ihrem wechselnden Verhalten zum Permanganat nicht immer zutreffen.

4. Die Stickstoffverbindungen des Wassers anlangend, so pflegen in einem Wasser von natürlicher Reinheit Ammoniak, salpetrige Säure und eiweissartige Verbindungen nicht, Salpetersäure nur in geringen Mengen vorzukommen.

a) Das etwa vorhandene Ammoniak ist in der Regel ein Erzeugniss der Fäulniss und als solches in einem Wasser bedenklich. Die Menge des im Regenwasser vorkommenden Ammoniaks ist nur sehr gering und kommt auch insofern nicht in Betracht, als es durchweg bei der Filtration durch den Boden alsbald in Salpetersäure übergeführt wird.

Bei Tiefbrunnen, welche geringe Mengen von Eisen, reichliche Mengen gelöster organischer Stoffe enthalten und niedrige Keimzahlen aufweisen, kommen mitunter geringe Mengen Ammoniak vor, welches dann, weil durch Reduktion von Salpetersäure entstanden, für das Wasser als nicht belastend aufgefasst werden darf und daher nicht zu beanstanden ist.

Rührt das Ammoniak von mineralischen Verunreinigungen, z. B. von Ammoniakfabriken, Gasometer-Wasser, Ammoniak-Sodafabriken oder dergleichen Quellen her, so wird man in dem Wasser neben dem Ammoniak noch sonstige eigenartige Bestandtheile des verunreinigenden Abwassers finden.

b) Die salpetrige Säure in einem Wasser rührt entweder von einer Reduktion der Salpetersäure oder von einer unvollständigen Oxydation des Ammoniaks her.

Ihr Vorkommen zeigt daher stets an, dass es dem Wasser oder den Bodenschichten, welche das Wasser durchfliesst, an genügendem Sauerstoffzutritt fehlt, und erscheint in solchem Falle die Annahme gerechtfertigt, dass das Wasser bezw. der Boden etwaige Verunreinigungen durch Abfallstoffe nicht mit Sicherheit unschädlich machen kann.

c) Noch bedenklicher als Ammoniak und salpetrige Säure ist das sog. Albuminoid-Ammoniak, weil dasselbe das Vorhandensein leicht zersetzungsfähiger organischer Stoffe anzeigt.

d) Findet sich in einem Wasser als Stickstoffverbindung nur Salpetersäure, so ist dadurch eine vollständige Oxydation der Stickstoffverbindungen erwiesen. Kommt dieselbe aber in grösseren Mengen vor, besonders gleichzeitig neben viel organischen Stoffen (Permanganatverbrauch), Chloriden, Sulfaten und Bakterien, so lässt das auf eine direkte oder indirekte Verunreinigung durch menschliche oder thierische Abfallstoffe schliessen und bleibt dann zu erwägen, ob die vollständige Oxydation und mit ihr ein zuverlässiger Reinigungsvorgang beständig und von Dauer sein wird.

Zur Beurtheilung dieser Verhältnisse muss man auch hier die Beschaffenheit des fraglichen Wassers mit der des unbeeinflussten natürlichen Grundwassers der betreffenden Gegend oder des Ortes in Vergleich ziehen.

In Oberflächenwasser ist die Gegenwart von Ammoniak, salpetriger Säure und Salpetersäure auf ähnliche Vorgänge wie im Grundwasser zurückzuführen, nämlich auf die Zersetzung stickstoffhaltiger Stoffe durch Mikroorganismen und darauf folgende Oxydation, und ist sinngemäss zu beurtheilen. Wird jedoch das Oberflächenwasser einer

Reinigung durch künstliche Filtration unterzogen, so sind die erwähnten 3 ersten Stickstoffverbindungen von geringerem Belang für eine etwaige schädliche Wirkung, da die eigentlich schädlichen Stoffe, die pathogenen Keime, durch die Filter zurückgehalten werden.

Bei übersandten Proben ist mit der Möglichkeit zu rechnen, dass sich Ammoniak und salpetrige Säure durch Reduktionswirkung gebildet haben können, wie umgekehrt nachträgliche Oxydationsvorgänge das Bild verändern können.

5. Die **Chlorverbindungen** sind im Wasser zum Theil mineralischer Herkunft; in diesem Falle sind sie für die Beurtheilung nur dann von Belang, wenn sie in solcher Menge vertreten sind, dass sie den Geschmack des Wassers beeinflussen. Sie können aber auch aus Abfallstoffen bedenklicher Art herstammen; der menschliche und thierische Harn, die Abwässer des Haushalts und der Küche sind reich an Chlornatrium. Besteht letzterer Verdacht, so wird der Chlorgehalt des Wassers in Zusammenhang mit anderen ermittelten Bestandtheilen, welche auf derartige Verunreinigungen deuten, wie Ammoniak, salpetrige Säure verhältnissmässig grosse Menge von Salpetersäure zu prüfen sein; hier werden insbesondere die Berücksichtigung der örtlichen Verhältnisse und der Vergleich des Wassers mit dem gleicher Herkunft an unbeeinflussten Stellen die Beweisführung erleichtern.

6. Die **Schwefelsäure** tritt zumeist in der Verbindung als Gips auf und giebt hierdurch Aufschluss über die geologische Formation; in den Braunkohlen- und ähnlichen Formationen ist sie oft das Oxydationserzeugniss schwefelhaltiger Verbindungen. In ersterem Falle beeinflusst sie die bleibende Härte des Wassers und ist mit dieser zu beurtheilen.

7. Die **Kohlensäure** in festgebundener Form ist für die hygienische Beurtheilung ohne Belang; von Wichtigkeit ist nur die Ermittelung der freien Kohlensäure. Der Befund der halbgebundenen Kohlensäure kann als Kontrolle dienen für die Bestimmung der vorübergehenden Härte, welche letztere dadurch bedingt ist, dass diese Säure als solche bei der Siedehitze entweicht, worauf entsprechende Mengen Kalk und Magnesia als Monokarbonate ausfallen. Die freie Kohlensäure verleiht dem Wasser einen erfrischenden Geschmack, doch ist ihre Anwesenheit nicht erforderlich, da diese Eigenschaft auch Bikarbonaten zukommt. Bezüglich ihrer Mitwirkung bei der Lösung von Blei sei auf den Absatz „Blei" (S. 175) verwiesen.

8. **Phosphorsäure** ist für gewöhnlich in einem Trinkwasser nicht enthalten; ihr Vorkommen deutet immer auf eine Verunreinigung durch menschliche und thierische Abgänge und ist daher zu beanstanden.

9. **Schwefelwasserstoff** soll in einem für Genusszwecke bestimmten Wasser nicht vorhanden sein, höchstens kann man in Einzelfällen bei Tiefbrunnen Spuren unbeanstandet lassen, wenn dieses Gas im

Boden durch Reduktion von Sulfaten entstanden ist. Durch Lüftung ist es dann leicht zu beseitigen.

10. Kieselsäure, Thonerde und Eisen geben Aufschluss über die Art der Bodenschichten, mit welchen das Wasser in Berührung gestanden hat. Von besonderer Bedeutung ist nur das Eisen. Wie bereits oben angedeutet wurde, giebt ein geringer Eisengehalt im Einzelfalle zu einer Beanstandung keine Veranlassung, dagegen hat die Verwendung eines Wassers, welches sich bei dem Aufbewahren in nicht ganz gefüllter Flasche unter öfterem Schütteln und Lüften nach 48 Stunden trübt, für Leitungszwecke seine Bedenken, da in einem solchen Wasser Crenothrix polyspora gedeiht und zu Verstopfungen des Rohrnetzes führen kann.

Der Eisengehalt eines Wassers lässt sich leicht durch Lüftung und Filtration auf eine nicht mehr in Betracht kommende Menge verringern.

Mangan kommt nur selten und dann auch nur in sehr geringen Mengen im Trinkwasser vor.

Es wird demselben eine ähnliche Bedeutung in Bezug auf Wachsthumbeförderung von Algen zugeschrieben wie dem Eisen. In dem Einzelfalle dürfte das Vorhandensein sehr geringer Mengen zu einer Beanstandung keine Veranlassung geben.

11. Die Beurtheilung eines Wassers hinsichtlich des Gehalts an Kalk und Magnesia wird am bequemsten, wenn man sich auf die berechneten Härtegrade stützt.

Bei gemeinsamen Wasserversorgungsanlagen ist ein Wasser von mittlerer Härte einem solchen von hoher Härte vorzuziehen.

Gesundheitliche Bedenken stehen der Verwendung eines harten und auch sehr harten Wassers nicht im Wege, wohl aber machen sich bei Verwendung eines solchen Uebelstände für den Gebrauch im Haushalte, beim Kochen, Waschen u. s. w. fühlbar.

Es dürfte daher stets gerathen sein, auf das Eintreten letzterer Uebelstände mindestens aufmerksam zu machen, wenn sich die Gesammthärte, in deutschen Härtegraden ausgedrückt, 10—15 nähert.

Im Einzelfalle dürften keine gesundheitlichen Bedenken zu hegen sein, auch Wasser mit noch mehr als 30 Härtegraden — es sind sogar Leitungswässer mit über 50 deutschen Härtegraden im Gebrauch — zuzulassen, da die Erfahrung lehrt, dass diese von den regelmässigen Konsumenten gut vertragen werden, wenn sie auch für die an Wasser anderer Beschaffenheit Gewöhnten nicht gleich bekömmlich sind.

12. Die Alkalimetalle sind für die Beurtheilung von Wichtigkeit, wenn man ihre Herkunft nicht auf ein natürliches Vorkommen, sondern auf eine Verunreinigung zurückführen kann. So kann Natrium in seiner Chlorverbindung von menschlichen und thierischen Abfällen herstammen und wird dann sinngemäss mit dem Chlor zu beurtheilen sein. (Vergl. S. 173). Kann die Gegenwart von Kalium auf ähnliche Umstände zurückgeführt werden, so muss man einen strengeren Maassstab anlegen, da be-

kanntermaassen dieses Alkalimetall vom Boden stark zurückgehalten wird und demgemäss dann sein Auftreten im Wasser eine abgeschwächte Leistungsfähigkeit des Bodens anzeigt.

13. Blei soll in einem für Genusszwecke bestimmten Wasser nicht vorhanden sein. Bei der Verwendung von Bleiröhren für Hausleitungen muss das in den Röhren gestandene Wasser vor dem Gebrauch durch Ablaufenlassen entfernt werden.

Die Lösung von Blei erfolgt vorwiegend durch Vermittelung von Sauerstoff und freier Kohlensäure; an den Löthstellen der Rohre wird diese durch galvanische Wirkung begünstigt. Nach den Untersuchungen von M. Müller[1]) wirkt zwar nicht die freie Kohlensäure allein, sondern nur ein Gemisch von Kohlensäure und Sauerstoff in bestimmten Verhältnissen lösend auf das Blei der Leitungsrohre; da aber Sauerstoff stets mehr oder weniger in einem Wasser vorhanden ist, so kann bei Anwesenheit freier Kohlensäure eine bleilösende Wirkung vorausgesetzt werden.

Aus dem Grunde sind auch alle an organischen Stoffen reichen und gleichzeitig weichen Wässer für Leitungszwecke von vornherein bedenklich, weil sich in denselben leicht freie Kohlensäure neben Sauerstoff bilden kann.

Ein Mittel, die bleilösende Wirkung eines Wassers aufzuheben, besteht darin, dass man dasselbe, um die freie Kohlensäure zu binden, durch Marmor- oder Kalksteingrus filtrirt oder auch mit einer entsprechenden Menge Soda versetzt. Oder man wendet Zinnrohre für die Leitung an. Bleirohre mit einer Schutzdecke von Schwefelblei — erhalten durch Einwirkung von Schwefelnatrium auf Blei — haben sich nicht bewährt; Eisenrohre sind zwar unschädlich, liefern aber leicht ein Wasser, welches wegen des Gehaltes an Eisenoxydoxydulflocken unappetitlich erscheint.

Geringe Mengen von Zink und Kupfer, wie solche bei der Verwendung galvanisirter Eisenröhren oder Kupferröhren im Wasser vorkommen, dürften zu einer Beanstandung keine Veranlassung geben.

Ein Trinkwasser, welches Arsen enthält, ist stets vom Genusse auszuschliessen. (Vergl. auch S. 166 u. 178.)

14. Die Menge des freien Sauerstoffes lässt insofern einen Schluss auf die Reinheit eines Wassers zu, als sie in dem Maasse geringer wird, in welchem oxydationsfähige Stoffe vorhanden waren. Die Bestimmung des freien Sauerstoffs ist unterrichtend für die Möglichkeit der Bleilösungsfähigkeit des Wassers; sie kann ferner Aufschluss geben über die Abnahme des Eisengehaltes des Grundwassers in gewissen Tiefen des Bodens, bis zu welchen der Sauerstoff eindringt und das lösliche Oxydulhydrat zu unlöslichem Oxydhydrat oxydirt, in welcher Form das Eisen durch die filtrirende Wirkung des Bodens mechanisch zurückgehalten wird.

---

[1]) Journ. f. prakt. Chemie 1887, N. F., *36*, 317.

Beurtheilung des Wassers nach dem mikroskopischen Befunde.

Da ein gutes Trink- und häusliches Gebrauchswasser hell und klar sein soll, so sind schon aus dem Grunde alle mikroskopisch im Bodensatz erkennbaren Stoffe, besonders organischer Art, bedenklich und zwar um so mehr, je reicher die Schwebe- und Sinkstoffe an den erwähnten pflanzlichen oder thierischen Lebewesen sind.

Im Allgemeinen kann angenommen werden:

1. dass ein Wasser, welches neben Crenothrix- und anderen Pilzfäden, sowie neben Infusorien viel Diatomeen enthält, Zuflüsse von mehr pflanzlichen Zersetzungsherden erhalten hat; ein solches Wasser ist zwar unrein, aber deswegen noch nicht gesundheitsschädlich.

2. Finden sich aber neben den chemischen Anzeichen der Fäulniss auch die verschiedensten Pilzfäden, Zoogloeen von Bakterien, Infusorien und Radiolarien aller Art, oder gar körperliche Verunreinigungen, welche durch ihre Herkunft bedenklich sind, wie Abfallstoffe aus der Küche, dem Haushalt, Reste von Koth und dergl., so kann ein solches Wasser in besonderen Fällen direkt gesundheitsschädlich werden und ist dann die Beanstandung hiermit zu begründen.

Beurtheilung des Wassers nach dem bakteriologischen Befunde.

Die gewöhnlich im Wasser vorkommenden Bakterien sind an und für sich nicht gesundheitsschädlich; ihre Zahl ist aber ein Maassstab für die grössere oder geringere Reinheit eines Wassers; denn jede Verunreinigung, abgesehen von solchen aus manchen industriellen Betrieben, deren Nachweis leicht chemisch gelingt, bedingt eine Vermehrung der Keime.

Eine grosse Anzahl von Bakterien und besonders verschiedener Arten deutet also fast immer auf die Möglichkeit einer Infektion hin. Solche Infektionsmöglichkeit ist aber bei allen Oberflächenwässern, Bächen, Flüssen, Seeen gegeben, namentlich erstens bei solchen stark bewohnter Gegenden — solche Wässer sollen, wenn sie sonst chemisch rein sind, nur nach genügender Filtration genossen werden — oder zweitens bei Brunnen, welche gegen das Eindringen von Staub von oben her nicht genügend geschützt sind, oder drittens durch Zuflüsse stark bakterienhaltiger Wässer. Oberflächenwässer und Brunnenwässer, welche chemisch gut und nicht durch faulige Zuflüsse verunreinigt sind, können daher zum Genusse zulässig gemacht werden, erstere durch Filtration, letztere durch genügenden Abschluss von oben. Wässer aber, welche Zuflüsse von Fäulnissherden erhalten, sind vom Genusse auszuschliessen oder es müssen, wenn es Wasser aus Brunnen ist, diese gründlich gereinigt und so umgebaut werden, dass derartige Zuflüsse überhaupt nicht mehr stattfinden können.

Als Anhaltspunkte für die Beurtheilung eines Gebrauchswassers auf Grund des bakteriologischen Befundes können folgende dienen:

1. Ein reines gutes Wasser soll nur wenige Bakterien oder Keime von Mikrophyten enthalten.

Bei einem reinen Grundwasser aus nicht verunreinigten Bodenschichten übersteigt bei tadelloser Anlage die Anzahl der Keime von Mikrophyten selten 50 in 1 ccm. Ist die Anlage aber keine völlig vollkommene, so kann die Zahl der Keime bedeutend — auf 100 bis 200 Keime in 1 ccm — anwachsen.

Aehnliche Verhältnisse können bei neuen und umgebauten Anlagen vorkommen, besonders wenn erhebliche Erdbewegungen stattgefunden haben.

In anderen Fällen kommen aber, so besonders im Wasser aus Schiefergebirge, mehrere hundert und mehr Mikrophytenkeime in 1 ccm vor, ohne dass diese schädlich sind, zumal wenn sie nur von einer Bakterienart herrühren.

In diesen letzteren Fällen ist jedoch darauf hinzuweisen, dass solche Wässer nicht gleichmässig gut filtrirt sind, und damit die Möglichkeit einer Infektion nicht unbedingt ausgeschlossen ist.

2. Schwankt die Anzahl der Bakterien, d. h. ist sie zu gewissen Zeiten wesentlich höher als zu anderen Zeiten, so ist das ein Zeichen für zeitweise besondere Verunreinigungen eines Wassers, sei es aus den Bodenschichten oder durch besondere Zuflüsse, oder durch ungenügend wirkende Filtration.

3. Ein Wasser, welches pathogene Mikroorganismen enthält, oder begründeten Verdacht für das Vorhandensein derselben giebt, ist stets vom Genusse auszuschliessen, bis der Gegenbeweis erbracht ist (cfr. S. 170).

Gesammtbeurtheilung auf Grund des chemischen und bakteriologischen Befundes.

1. Trifft bei einem Wasser hohe Keimzahl mit dem Vorhandensein von Ammoniak, salpetriger Säure, grossen Mengen gelöster organischer Stoffe (hoher Permanganatverbrauch, Schwärzen des Abdampfungsrückstandes bei dem Erhitzen und Albuminoidammoniak u. s. w.) zusammen, so muss das Wasser unbedingt verworfen werden.

2. Liegt hoher Keimgehalt einerseits und liegen andererseits keinerlei belastende Umstände hinsichtlich der chemischen Zusammensetzung vor, so ist die Vermuthung berechtigt, dass das Wasser rein ist. Die hohe Keimzahl kann dann bedingt sein durch Fehler in der Wassergewinnungsanlage. In einem solchen Falle muss zunächst die Wassergewinnungsanlage einer genauen Musterung unterworfen werden.

3. Ist ein Wasser verhältnissmässig reich an gelösten Bestandtheilen im Gesammten und weist es hohe Gehalte an Nitraten und Chloriden auf bei gleichzeitigem Vorhandensein von Ammoniak und mittleren Mengen an gelösten organischen Stoffen, so entstammt das Wasser einem verunreinigten Boden, wie er sich als Untergrund von Städten, Gehöften u. s. w.

häufig findet. Ein solches Wasser kann bei einer einzelnen Untersuchung
niedere Keimzahlen geben, aber bei einer Wiederholung nach Wochen
hohe, ja auch sehr hohe Keimzahlen.

Wenn man bei niederem Keimgehalt auf Grund einer einmaligen
Untersuchung ein solches Wasser auch nicht geradezu beanstanden muss,
so dürfte es doch stets gerathen sein, darauf hinzuweisen, dass ein solches
Wasser unter anderen Verhältnissen verunreinigt werden kann. Denn
während zu einer Zeit die Filtrationsfähigkeit des Bodens noch eine genügende war, kann sie unter anderen meteorologischen Verhältnissen nicht
mehr ausreichen, und dann kann eine Verunreinigung des Wassers eintreten.

Anhang.

Vorschrift, betreffend die Entnahme von Wasserproben für die chemische und bakteriologische Untersuchung[1]).

Von jeder zur Untersuchung bestimmten Wasserprobe sind mindestens
2 Liter (3 Weinflaschen) einzusenden.

Die Flaschen, in denen die Wasserproben versendet werden, sind am
besten neue, vollkommen reine, weisse Weinflaschen, welche mit neuen Korkstopfen verschlossen werden.

Vor der Probenahme werden die Flaschen mit etwas grobem Sand und
etwa $1/_3$ Wasser mehrere Minuten lang geschüttelt und so lange ausgewaschen,
bis sie vollständig klar und rein sind. Alsdann werden sie mit dem zu prüfenden
Wasser 2—3 mal ausgespült, hierauf vollständig gefüllt, wieder entleert und
dann erst die zu untersuchende Probe eingefüllt. Die Flaschen werden mit
neuen, gesunden Korkstopfen, welche mit dem zur Untersuchung bestimmten
Wasser sorgfältig gereinigt sind, verschlossen.

Jede Flasche ist mit genauer Bezeichnung des Inhalts zu versehen und
der Verschluss durch ein Siegel zu sichern.

Zur Entnahme der Wasserproben für die bakteriologische Untersuchung
werden von dem Laboratorium die nöthigen Flaschen geliefert. Dieselben halten
ca. 100 bis 200 ccm, sind mit eingeschliffenem Stöpsel und luftdicht schliessender
Gummikappe versehen und werden nach Sterilisirung mit Wasserdampf vor der
Versendung mit $1/_{1000}$ Sublimatlösung gut ausgespült.

Bei der Entnahme der Probe werden Gummikappe und Stöpsel abge-
nommen und diese und die Flasche mit dem Wasser des Brunnens oder
der Leitung, aus der die zu untersuchende Probe entnommen werden
soll, 4—5 mal gründlich aus- und abgespült, um jede Spur der Sublimatlösung
zu entfernen. Erst dann wird die Flasche endgültig gefüllt und sofort mit Stöpsel
und Gummikappe versehen.

------

[1]) Diese Vorschrift ist von der Grossherzogl. Lebensmittelprüfungsstation
der technischen Hochschule in Karlsruhe ausgearbeitet und sei hier als Anhaltspunkt für die Fälle mitgetheilt, wo die Proben Wasser nicht von dem Sachverständigen selbst, sondern von Laien entnommen werden.

Die Abnahme der Gummikappe sowie das Oeffnen der Flasche darf jedoch unbedingt erst unmittelbar vor der Probeentnahme erfolgen.

Die Füllung der Flasche darf bei Pumpbrunnen erst geschehen, wenn das Wasser eine Zeit lang ausgepumpt worden ist, bei Wasserleitungen erst, wenn es eine Zeit lang abgelaufen ist. (Vergl. S. 146.) Bei offenen Brunnen, aus welchen das Wasser vermittelst eines Schöpfers entnommen wird, darf die Füllung der Flasche nicht durch Eintauchen geschehen, sondern das Wasser muss in dieselbe gegossen werden. Doch ist darauf zu achten, dass der Schöpfer bei niedrigem Wasserstande keinesfalls den Boden berührt und durch Aufwirbeln von Schlamm oder anderen Bodentheilchen in das Wasser selbst Verunreinigungen bringt, die sonst in demselben nicht vorhanden sind.

Für jede Untersuchung sind 2 Proben erforderlich. Die Versendung der Proben muss sofort nach ihrer Entnahme und unbedingt durch die Post erfolgen in derselben Kiste, in welcher die Flaschen übersendet worden sind.

Den Proben sind ausserdem folgende, durch die nachstehenden Fragebögen zu erledigende Angaben beizufügen:

Fragebogen[1]), Brunnen betreffend.

1. Welches ist die Veranlassung zu der gewünschten Untersuchung?
2. Welcher Art ist die Brunnenanlage (Ziehbrunnen, Kesselbrunnen, Röhrenbrunnen oder Schurflöcher, mit welcher Vorrichtung zur Wasserhebung)?
3. Wie tief ist die wasserführende Schicht von der Erdoberfläche entfernt (Flach- oder Tiefbrunnen)? Ist der Wasserstand in dem Brunnen beständig, oder wechselt er mit der Jahreszeit, Regengüssen oder mit dem Wasserspiegel eines benachbarten Flusses?
4. Ist die oberflächliche Erdschicht eine gewachsene (natürliche) oder eine aufgeschüttete (künstliche)?
5. Was ist über den geologischen Aufbau der Erdschichten, in denen der Brunnen steht, insbesondere über die wasserführende Schicht bekannt?
6. Befindet sich der Brunnen im Bereiche menschlicher Niederlassungen oder auf freiem Felde?
7. Befinden sich in der Nähe des Brunnens, und in welcher Entfernung, Abtrittsanlagen, Mistgruben, Ställe oder Fabriken (und welcher Art)? Führen in der Nähe des Brunnens Abflusskanäle oder Abzugsgräben vorbei, und wie ist das Gefälle derselben?
8. Wann ist der Brunnen angelegt? Ist der Brunnen augenblicklich in gutem Zustande? Sind in der Zwischenzeit Ausbesserungen ausgeführt worden und welcher Art?
9. Wie ist die gewöhnliche Beschaffenheit des Wassers in Bezug auf Aussehen, Geschmack, Geruch und Temperatur?
10. Zeigten diese Eigenschaften gelegentliche Veränderungen und welcher Art?

---

[1]) Diese Fragebögen sind von dem Laboratorium von Geh. Hofrath Prof. Dr. R. Fresenius in Wiesbaden entworfen und für genannten Zweck beachtenswerth.

Fragebogen[1]), Quellen betreffend.

1. Welches ist die Veranlassung zu der gewünschten Untersuchung?
2. Wo ist die Quelle gelegen, und wie ist ihre Umgebung beschaffen (Wald, Wiese, Acker, Nähe eines Flusses, Baches, Ablaufs etc.)? Wie weit sind die nächsten menschlichen Niederlassungen entfernt, und welcher Art sind dieselben (Wohnungen, Fabriken etc.)?
3. Ist die Quelle gefasst und in welcher Weise?
4. Was ist bekannt über den geologischen Aufbau der Erdschichten, aus denen die Quelle entspringt?
5. Wie viel Wasser giebt die Quelle in Litern, für den Tag berechnet? Bestehen Unterschiede in dem Reichthum der Quelle nach Jahreszeiten, Regenfällen etc. oder dem Wasserstande eines benachbarten Flusses?
6. Besteht eine Leitung von der Ursprungsstelle der Quelle zu verschiedenen Entnahmestellen (zu öffentlichen laufenden Brunnen, in die Häuser etc.)?
7. Ist diese Leitung eine offene oder geschlossene? Sind die Röhren aus Holz, Thon, Cement, Eisen, Blei oder aus welcher sonstigen Masse angefertigt?
8. Wie lang ist diese Leitung? Führt dieselbe durch menschliche Niederlassungen?
9. Wann ist diese Leitung angelegt worden? Sind in der Zwischenzeit Ausbesserungen ausgeführt worden und welcher Art?
10. Wie ist die gewöhnliche Beschaffenheit des Wassers in Bezug auf Aussehen, Geschmack, Geruch und Temperatur?
11. Zeigen diese Eigenschaften gelegentliche Veränderungen und welcher Art? Treten gelegentlich Trübungen des sonst klaren Wassers auf?

---

[1]) Diese Fragebögen sind von dem Laboratorium von Geh. Hofrath Prof. Dr. R. Fresenius in Wiesbaden entworfen und für den genannten Zweck beachtenswerth.

Eis.

Man unterscheidet Natur- (auch Roheis genannt) und Kunsteis. Ersteres wird durch die natürliche Winterkälte, letzteres durch Eismaschinen gewonnen. Beide Eissorten können je nach dem verwendeten Wasser verschieden beschaffen, d. h. verschieden rein sein; denn das Eis schliesst mechanisch die in dem Wasser enthaltenen Bestandtheile, auch Bakterien mit ein, und wenn auch manche Bakterien bei längerer Einbettung in Eis absterben, so bleiben doch auch viele lebensfähig.

Auch die Art des Gefrierens ist von Einfluss auf die Beschaffenheit des Eises.

Wenn ein Wasser schnell zum Gefrieren gebracht und auf mehrere Grade unter Null, auf — 8⁰ bis 10⁰ abgekühlt wird, so bildet sich unter Umständen[1]) ein innerer trüber Kern (Trübeis) und eine farblose, durchsichtige äussere Schale (Klareis). Der innere Kern, das Trübeis, enthält dann nicht nur alle mechanisch beigemengten Schwebestoffe des Wassers eingeschlossen, sondern auch vorwiegend die gelösten Stoffe, während das äussere Klareis fast frei davon und fast chemisch rein ist. Wenn daher das Gefrieren allmählich erfolgt und der Frost nicht durch die ganze Wassermasse hindurchgeht, so werden sowohl die Schwebestoffe einschliesslich Bakterien, als auch die gelösten Stoffe mehr oder weniger ausgeschieden und wird ein reineres Eis erhalten. Aus dem Grunde kann ein aus einem verunreinigten Wasser gewonnenes Kunsteis, bei dem das Gefrieren schnell und durch die ganze Wassermasse erfolgt, unreiner sein als ein Natur- oder Roheis. Da, wo das verwendete Eis nicht direkt mit menschlichen Nahrungsmitteln in Berührung kommt, z. B. beim Kühlen in Eisschränken und Eiskellern etc., kann jegliches Eis, auch das Natur- oder Roheis, verwendet werden; dort aber, wo das Eis entweder direkt oder in Speisen oder Getränken genossen wird, ist reinstes Eis entweder aus sehr reinem Trinkwasser oder noch besser aus frisch destillirtem Wasser zu empfehlen und verdient das Kunsteis vor dem Natureis den Vorzug[2]).

Behufs chemischer, mikroskopischer und bakteriologischer Untersuchung des Eises wird eine grössere Menge in vorher sterilisirten Gefässen unter Bedecken bei gewöhnlicher Zimmertemperatur oder einer 25⁰ nicht übersteigenden Temperatur zum Schmelzen gebracht und das Wasser nach sorgfältigem Durchmischen wie gewöhnliches Trinkwasser untersucht.

Auch dienen zur Beurtheilung des Eises dieselben Anhaltspunkte, wie bei Trinkwasser.

---

[1]) Vergl. A. C. Christomanos, Berichte der deutschen chemischen Gesellschaft 1894, S. 3431.

[2]) Vergl. Renk, Zur Hygiene des Eises. Hygienische Rundschau 1894. 4. 342.

Mineralwässer.

Die Mineralwässer sind dadurch gekennzeichnet, dass sie einen grösseren Gehalt an gelösten festen oder gasförmigen Bestandtheilen besitzen, beziehungsweise dass sie eine höhere Temperatur bei ihrem Austritt aus der Erde aufweisen.

In den Handel kommen die Mineralwässer entweder in dem natürlichen unveränderten Zustande, oder es sind aus denselben einzelne Bestandtheile ausgeschieden, oder es sind durch Zusätze einzelne an und für sich in dem betreffenden Mineralwasser vorhandene Bestandtheile der Menge nach vermehrt worden.

Künstliche Mineralwässer sind, in Nachahmung der natürlichen, aus gewöhnlichem oder destillirtem Wasser hergestellt durch Zusatz von Salzen und je nach Verhältnissen unter Uebersättigen mit Kohlensäure.

Die Kohlensäure wurde früher aus Calcium- oder Magnesiumkarbonat durch Schwefelsäure oder Salzsäure erzeugt; jetzt verwendet man dazu fast allgemein flüssige Kohlensäure.

Durch Kaiserliche Verordnung „betreffend den Verkehr mit künstlichen Mineralwässern“ vom 9. Februar 1880 wurde Folgendes bestimmt:

„Unter künstlich bereiteten Mineralwässern sind nicht nur die Nachbildungen bestimmter in der Natur vorkommender Mineralwässer, sondern auch andere, künstlich hergestellte Lösungen mineralischer Stoffe in Wasser zu verstehen, welche sich in ihrer äusseren Beschaffenheit als Mineralwasser darstellen, ohne in ihrer chemischen Zusammensetzung einem natürlichen Mineralwasser zu entsprechen. Auf mineralische Lösungen der letztgedachten Art, welche Stoffe enthalten, die in den Verzeichnissen B und C zur deutschen Pharmakopöe aufgeführt sind, findet die vorstehende Bestimmung keine Anwendung; dieselben gehören vielmehr zu denjenigen Arzneimischungen, welche nach § 1 der Verordnung vom 4. Januar 1875 als Heilmittel nur in Apotheken feilgehalten oder verkauft werden dürfen.“

Die seit dem 1. Mai 1890 in Kraft getretene Kaiserliche Verordnung vom 27. Januar 1890 „betreffend den Verkehr mit Arzneimitteln“ (Reichsgesetzblatt 1890, No. 5, S. 9, Gesetznummer 1884), durch welche unter anderen auch die früheren für den Verkehr mit künstlichen Mineralwässern geltenden Bestimmungen vom 9. Februar 1880 aufgehoben wurden, enthält die auf künstliche Mineralwässer bezüglichen Bestimmungen in § 1:

„Die in dem anliegenden Verzeichnisse aufgeführten Zubereitungen dürfen, ohne Unterschied, ob sie heilkräftige Stoffe enthalten oder nicht, als Heilmittel nur in Apotheken feilgehalten und verkauft werden.

Diese Bestimmung findet auf Verbandstoffe (Binden, Gazen, Watten, und dergl.), auf Zubereitungen zur Herstellung von Bädern, sowie auf Seifen nicht Anwendung.

Auf künstliche Mineralwässer findet sie nur dann Anwendung, wenn dieselben in ihrer Zusammensetzung natürlichen Mineralwässern nicht entsprechen und wenn sie zugleich Antimon, Arsen, Baryum, Chrom, Kupfer, freie Salpetersäure, freie Salzsäure oder freie Schwefelsäure enthalten".

Von den im Verzeichniss A unter 4 aufgeführten trockenen Gemengen von Salzen oder zerkleinerten Stoffen sind übrigens auch ausgenommen Brausepulver, und zwar sowohl einfache, als auch mit Zucker und ätherischen Oelen gemischte, desgleichen Salze, welche aus natürlichen Mineralwässern bereitet oder den solchergestalt bereiteten Salzen nachgebildet sind, ferner Pastillen, aus natürlichen oder aus künstlichen Mineralwässern bereitet.

Gesichtspunkte für die Untersuchung der Mineralwässer.

Den Nahrungsmittelchemiker werden vorwiegend folgende Fragen beschäftigen:

1. Bei den künstlichen Mineralwässern die Verwendung von schlechtem, verunreinigtem Wasser, sowie Verwendung von unreinen Salzen. Es finden sich dann selbstverständlich in dem künstlichen Mineralwasser alle die Bestandtheile und Verunreinigungen, welche auch in dem verwendeten Wasser oder den benutzten Salzen vorhanden waren. Es ist deswegen an der Forderung festzuhalten, dass zu der Fabrikation von künstlichem Mineralwasser nur benutzt werden darf:

a) destillirtes Wasser oder

b) ein Wasser, welches nach Beschaffenheit und Ursprung in hygienischer Beziehung gemäss den bei dem Abschnitt „Wasser" dargelegten Grundsätzen zu einer Beanstandung keine Veranlassung giebt.

2. Verwendung von unreiner, Arsen- und Kohlenwasserstoffe etc. haltiger Kohlensäure.

3. Verwendung von blei-, kupfer- und zinkhaltigen Gefässen oder Flaschenverschlüssen.

4. Verwendung undichter oder schlechter Korke.

Die Untersuchung der Mineralwässer erfolgt für die gewöhnlichen Bestandtheile ähnlich wie bei gewöhnlichem Trinkwasser; für die Bestimmung der selteneren Bestandtheile muss auf R. Fresenius, Quantitative Analyse, Braunschweig, 6. Aufl. II. Bd. S. 180 u. ff. verwiesen werden.

Unter Umständen wird auch eine Untersuchung der verwendeten flüssigen Kohlensäure erforderlich sein, da sie zuweilen gewisse, wenn auch keine wesentliche, Mengen Luft oder andere Gase, ferner organische Nebenerzeugnisse enthält, welche dem Mineralwasser einen unangenehmen Nebengeruch und schlechten Geschmack ertheilen können.

Während die Reinheit des Kohlensäuregases durch Auffangen über Natronlauge ermittelt wird, lassen sich beigemengte organische Stoffe an der Bräunung von koncentirter Schwefelsäure und an der Oxydation von verdünnter saurer und alkalischer Permanganatlösung beim Durchleiten durch diese Flüssigkeiten erkennen. Mitunter findet sich in den Behältern mit flüssiger Kohlensäure nach völligem Ausblasen eine Flüssigkeit, die nach Abschrauben des Ventilkopfes entleert und gesammelt werden kann, in welcher sich dann noch besondere Verunreinigungen nachweisen lassen. Zweckmässig prüft man die flüssige Kohlensäure stets, indem man mit derselben ein rein schmeckendes Wasser übersättigt und dessen Geschmack feststellt. Es verräth sich dann z. B. durch einen Hopfengeschmack mangelhaft gereinigte Kohlensäure, welche durch Verdichten im Brauereibetriebe gewonnen wurde.

Bezüglich der eingehenderen Untersuchung der flüssigen Kohlensäure sei auf die Litteratur verwiesen.

Anhaltspunkte für die Beurtheilung der Mineralwässer.

Als Forderung muss aufgestellt werden, dass sie nicht verunreinigt sind (vergl. unter Trinkwasser).

Bei längerem Lagern von Mineralwässern können unter der Wirkung freier, unter Druck stehender Kohlensäure Alkalien, Kalk, Kieselsäure aus der Masse der Glasflaschen uud schlecht glasirter Krüge gelöst werden.

Diese Vorgänge werden wie bei Bier durch Temperatur- und Lichteinwirkung begünstigt.

Litteratur:

Bunsen, Gasometrische Methoden.

Winkler, Anleitung zur Untersuchung der Industriegase.

L. Grünhut, Ueber die Untersuchung flüssiger Kohlensäure, Chem. Ztg. 1895. *19.* 505 und 555.

J. Akunjanz, Die künstlichen Mineralwässer in Baku, Chem. Ztg. 1898. *23.* Repertorium 59.

Herm. Lange, Ueber Verunreinigungen flüssiger Kohlensäure, Wochenschr. f. Brauerei 1898. *15.* 71 u. Zeitschr. f. Untersuchung der Nahrungs- und Genussmittel 1898. *1.* 286.